飞机客舱设施安全人机设计

徐江华 著

北京航空航天大学出版社

内容简介

本书综合运用工业设计、人机工学、航空宇航科学技术等多学科知识研究飞机客舱设施安全人机设计理论及其应用，包括绪论、飞机客舱安全人机设计理论、飞机客舱设施造型安全人机设计要素与原则、飞机客舱设施造型安全人机设计方法研究、系统设计视域下的乘客座椅造型安全人机设计、国产双通道宽体客机C929设计应用六个章节。

本书适于设计学院、航空院校师生，航空工程技术人员，民航工作者及广大航空爱好者阅读与参考。

图书在版编目(CIP)数据

飞机客舱设施安全人机设计 / 徐江华著. -- 北京 ：北京航空航天大学出版社，2022.4

ISBN 978-7-5124-3757-9

Ⅰ. ①飞… Ⅱ. ①徐… Ⅲ. ①飞机—客舱—安全设计 Ⅳ. ①V223

中国版本图书馆CIP数据核字(2022)第046371号

飞机客舱设施安全人机设计

徐江华 著

策划编辑 蔡 喆　　责任编辑 董 瑞

*

北京航空航天大学出版社出版发行

北京市海淀区学院路37号(邮编100191)　http://www.buaapress.com.cn

发行部电话:(010)82317024　传真:(010)82328026

读者信箱: goodtextbook@126.com　邮购电话:(010)82316936

北京凌奇印刷有限责任公司印装　各地书店经销

*

开本:787×1 092　1/16　印张:13.25　字数:339千字

2022年4月第1版　2022年4月第1次印刷

ISBN 978-7-5124-3757-9　定价:49.00元

若本书有倒页、脱页、缺页等印装质量问题，请与本社发行部联系调换。联系电话:(010)82317024

前　　言

高端航空航天装备制造业是国家重点发展的战略性产业，航空装备设计不是单纯的工程技术或艺术活动，而是两者的有机结合。作者基于多年的教学、科研与设计实践经历，将航空宇航科学与设计学进行交叉融合，聚焦航空装备设计形态学、大飞机舱室空间及客舱设施设计方法创新研究，以航空装备设计为特色，提出了“智能航空、绿色航空、创意航空、尚美航空”的产品创意设计核心理念，在航空创意产品设计中融入中国传统文化元素，形成我国本土的航空创意设计风格和创意特色，服务国产大飞机、轨道交通、豪华游轮等智能高端装备的研发。

飞机客舱设施是国家重点发展的航空装备之一，与工业设计联系最为紧密，通过工业设计可提升品质与创新能力。飞机客舱安全人机设计能够保障物的安全状态、决策人的安全行为、满足客舱的生态安全。本书主要对民航飞机客舱事故发生前的预防进行研究与探讨，主要的创新性成果如下：

(1) 构建飞机客舱安全人机设计理论。针对飞机客舱设施技术性、安全性与人文关怀性进行系统性的研究，从飞机客舱适航标准、政策法规中寻找问题，结合安全人机设计理论（人-机-环境），系统研究飞机客舱安全人机设计（人-客舱设施-情景-文化与审美），从宏观到微观进行整体性研究，并对现有民用航空业相关标准、政策法规提出可行性修改建议。

(2) 辨识飞机客舱设施造型安全人机设计要素与设计原则。提炼并详细解析了飞机客舱设施安全人机人因、物性、情景、文化与审美四大要素。系统归纳出飞机客舱设施产品造型安全人机设计基本原则、物的安全状态原则、人的安全行为原则、人与物和谐原则。飞机客舱安全人机设计理论、飞机客舱设施造型安全人机设计要素与安全人机设计原则揭示了飞机客舱设施造型安全人机设计原理。

(3) 归纳飞机客舱设施造型安全人机设计方法。飞机客舱设施造型安全设计以物的安全状态、人的安全行为、生态安全为三个目标，分别通过 TRIZ 设计方法、感性工学设计方法、PSS 设计方法实现了为乘客提供安全和谐体验的终极目标。这三种方法解决了飞机客舱设施布局及设施造型原创设计与创新的难题。

(4) 系统解析乘客活动空间主要设施——经济舱乘客座椅造型布局及安全人机设计，构建经济舱乘客座椅造型安全人机设计模型。基于飞机客舱设施造型安全人机设计原理与方法，以正在研发的国产双通道宽体客机 C929 较典型的客舱区域布局及设施造型安全人机为例应用原创设计。

本书的主要特色在于融合多学科领域，交叉研究了飞机客舱设施造型安全人机设计理论。采用定量实证法进行数据分析和提炼，通过乘客问卷调查、分析相关飞机客舱设施的适航标准、调研飞机客舱设施研发制造企业及航空公司、搜集世界各地航空公司客舱设施的图片以及实验，对飞机客舱设施造型设计进行理性化、数据化解析，对飞机客舱设施造型安全人机设计原理与方法进行定性分析，首次界定了“航空设计文化”的概念与内涵，并研究融入航空设计文化的飞机客舱设施造型感性工学方法，形成了自己的本土风格和创意特色，完善了我国飞机客舱安全和工业设计理论体系的研究。以民航飞机客舱设施研发的一线企业和乘客的需求为导向，通过 200 余幅原创飞机客舱设施设计实践案例，将理论付诸实践，突出了创新性。

本书的完成离不开我的家人、师长、领导、同事的帮助与支持。感谢上海工程技术大学的领导和同事，他们为我完成本书提供了宽松的工作和研究环境；感谢南昌航空大学航空产品系统设计与感性工学研究团队的各位同仁、同学对本书各项实践与研究的大力协助与支持；感谢我的导师杨先艺教授、张福昌教授、郭莉教授、高瞩教授等对我的悉心栽培和不倦教诲；感谢北京航空航天大学出版社的大力支持。在此由衷感谢所有给予我关心、指导的朋友们！

由于作者水平、经验和实验条件所限，本研究还存在一些问题有待在今后的工作与实践中补充与完善，敬请读者批评指正。

徐江华

2022 年 2 月 22 日

目　　录

第1章 绪 论

飞机客舱设施安全人机设计研究的目标是尽可能满足飞机客舱乘员与客舱设施之间的匹配要求，从而达到乘员-客舱设施-情景-文化与审美的安全和谐。首先，飞机客舱设施设计的基本目标就是符合适航安全标准，民用运输类飞机客舱设施的适航标准就是规定设计依据、设计准则、设计程序和设计验证等符合安全的标准；其次，飞机客舱设施设计要符合物的安全状态；再次，飞机客舱设施设计要促使人的安全行为；最后，飞机客舱设施设计要实现经济能效最大化、生态可持续性的安全目标。

(1) 研究并构建飞机客舱设施安全人机设计原理

通过把工业设计与航空科技进行交叉融合研究，构建飞机客舱设施安全人机设计的理论框架。以航空安全为背景，以工业设计、客舱安全、人本主义、系统设计、人机工学、航空设计文化等理论为基础，以飞机客舱设施安全和谐为最终目标，从安全与舒适、人机与人因、生态安全三个方面构建并定义飞机客舱设施安全人机设计理论；通过系统研究与归纳分析安全人机设计的内涵，辨析飞机客舱设施安全人机设计的设计要素与设计原则。以飞机客舱布局与客舱设施设计为研究对象，进行系统设计分析，理论探索密切结合设计实践，基于设计学原理系统研究飞机客舱设施，重点探索飞机客舱区域分类、客舱设施分类等相关问题；一方面解决飞机客舱与客舱设施可能存在的不安全因素，避免事故发生；另一方面为乘客带来更健康、舒适的乘机体验，以设计研发支撑飞机客舱设施产业发展，为国家大飞机战略服务。用安全人机设计理论、设计要素与设计原则形成的较为系统的飞机客舱设施安全人机设计原理来解决当前飞机客舱设施研发设计的相关问题，预防客舱安全事故的发生，防微杜渐，为飞机客舱布局与设施设计提供理论指导及设计支撑。

(2) 探讨飞机客舱设施安全人机设计方法理论

在飞机客舱设施安全人机设计原理基础之上探讨并总结设计方法理论。用 TRIZ、感性工学、PSS 结合的方法研究飞机客舱设施安全人机设计，解决飞机客舱设施布局及设施造型原创设计与创新难题。TRIZ 设计方法用于解决飞机客舱设施造型安全人机功能特征设计层面的组件与结构可靠性问题，实现物的安全状态；感性工学设计理论通过感性意向获取的手段有效解决飞机客舱设施造型外形特征与情感特征设计层面的问题，促使人的安全行为；PSS 理论将飞机客舱设施造型与服务特征设计层面一体化，从而达到生态安全的目标。这三个目标的实现，最终促使实现系统为乘客提供安全和谐体验的目标。

(3) 形成飞机客舱设施造型本土设计风格和创意特色

以飞机客舱设施造型设计理论与 TRIZ、感性工学、PSS 的相关理论为基础，结合飞机客舱内饰与客舱设施造型安全人机设计实践，在飞机客舱设施设计中融入航空设计文化，为进一步研究我国飞机客舱设施设计探明方向。优化飞机客舱安全、航空美学、人机舒适性、可供性、人本主义等设计特征，以提升飞机客舱设施设计附加值。

1.1 我国飞机客舱设施安全人机发展历程

(1) 国家提出了重点发展"高端航空航天装备制造业"战略

我国自主研发的国产大飞机 C919 在 2017 年已实现首飞，目前处于取证阶段，订单已超过 1 000 架，国产宽体大飞机 C929 仍在研发中，通用航空业将是现在与今后我国经济的重要增长点。飞机客舱设施的研发对发展航空装备有着重要的意义，一方面，飞机客航设施的研发涉及与适航安全有关的材料、技术、制造的研发与创新；另一方面，消费者、市场与社会可持续发展需求等因素决定了我国飞机客舱设施产业的发展程度，与之密切相关的理论研究与设计方法都急需完善，如图 1-1 所示。

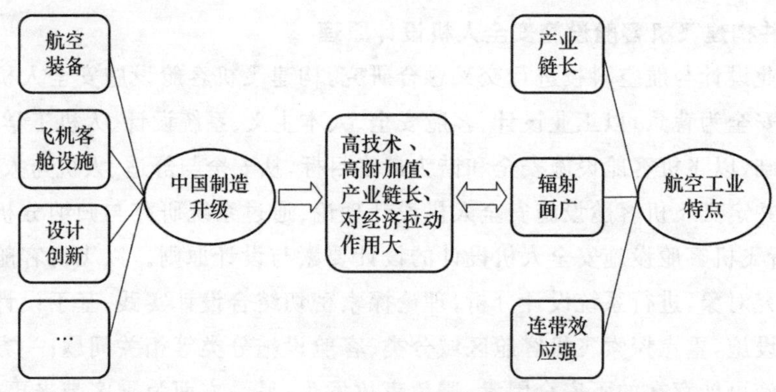

图 1-1 飞机客舱设施研究背景

(2) 以工业设计积极培育航空装备制造等领域的设计创新能力

工业和信息化部等部门印发的《制造业设计能力提升专项行动计划（2019—2022 年）》中提出以工业设计积极培育航空装备制造等领域的设计创新能力。航空装备中的飞机客舱设施是与工业设计联系最为紧密的部分，通过创新设计提升飞机客舱设施品质，实现绿色低碳发展，提升我国民航品牌影响力，满足旅客出行多元化、个性化、高端化的需求。

(3) 庞大的市场需求必然需要研究飞机客舱设施设计的理论与方法

中国稳定持久的经济发展水平、中产阶层人口比例的扩大、出境旅客数量的增长等主要因素促进中国民航业高速发展。欧洲空中客车公司、美国波音公司、加拿大庞巴迪公司已相继抢占中国民航业市场，中国航空业的飞跃发展必然带来飞机客舱设施巨大的市场需求。例如，欧洲最大的航空座椅制造商卓达（Zodiac）宇航集团已在我国天津设立独资制造企业，主要生产与销售航空座椅，是率先进入我国的外资航空座椅制造企业；世界顶级飞机座椅制造企业德国瑞凯威（RECARO）2014 年已在我国青岛建厂投产。而目前国内学术界还缺乏成熟完善的飞机客舱设施设计理论与方法，以及与之相关的适航取证研究。

(4) 满足乘客与航空公司的需求

飞机客舱设施首先要满足适航安全，同时提升乘客的飞行体验、降低经济成本、减少消耗、提高航空公司的竞争力。首先，火车在固定的铁轨路基上行驶，它的运动是可以预知的，因此可以较轻松地根据需求配置设备设施；民航飞机可以以很快的速度远距离提供点对点服务，易

受到突然和不可预见的运动影响,因而要考虑的第一要素就是安全。其次,乘客期望在飞行旅途中能享受到更多舒适的环境与服务;航空公司要在移动的交通工具内部创造一个舒适的活动空间,就必须根据民航飞机的尺寸、速度、旅途长短、承载量和奢侈程度、经济成本等因素来进行思考与设计,以最低的成本提供给乘客最快的速度和安全感、舒适感,同时实现盈利。最后,航空公司需要降低成本,提高收益;降低能耗,保护环境。因此,为保障乘客的安全舒适体验与达到可持续发展生态安全的要求,需要研究飞机客舱造型安全人机设计相关理论,并应用到产品开发中。

(5) 多学科交叉研究是必然趋势

飞机客舱设施研发涵盖了飞机总体设计、工业设计、飞机客舱安全、人机工程、TRIZ、感性工学、产品服务系统、航空设计文化、机械设计、材料工程、制造工艺、品牌管理等专业领域。产品设计中的安全性要素涉及范围极其广泛,只要有人类活动的领域,都有可能存在产品带来或者传递的安全影响,因此飞机客舱安全要求更加严格。飞机客舱设施设计从国内外目前的研究状况看,要么是有关飞机总体设计安全的客舱安全工程、安全文化、安全管理科学等宏观层面的研究,要么是涉及工业设计、人机与人因设计等舒适性层面的研究,或者是安全材料与结构研究,而在飞机客舱设施造型设计领域的一般安全人机理论的研究还不多见。飞机客舱设施设计的安全问题应该是跨学科的,如从安全与舒适、人机与人因、生态安全以及文化审美等角度探讨安全人机的问题。

1.2 飞机客舱设施安全设计研究现状

1.2.1 飞机客舱设施造型设计

飞机客舱设施造型设计是科学与艺术方法的交叉与融合。科学与艺术的互补与共生能创造出更有想象力、更安全、更经济、更生态化、更艺术化的生活方式与环境。“设计学之父”郝伯特·西蒙(Herbert A·Simon)提出产品造型设计就是以理性工程技术为基础研究多学科交叉的“创造人工物的科学”。德国的产品造型设计发展存在两种并行的倾向:一种是强调以理性、系统性、逻辑性为特点的思维模式;另一种是与之相对立的人性化、人情化的设计理念。产品的艺术形式并不是几何意义上的简单比例和谐的问题,而是通过直观的理解来创造和欣赏的。英国诗人和文艺评论家郝伯特·里德在《艺术与工业——工业设计原理》中提出,为人设计的产品造型体现出尺寸和比例的形式因素、情感和理智的表现因素、感知和无意识因素三种形式。因此,飞机客舱设施造型设计艺术审美形式的功效是渲染有感染力的感受,这个感染力可能既是直观的,也是理性的。

飞机客舱设施造型设计的特点如下:

① 首先要满足严格的适航要求和技术标准。飞机严格的安全要求,必然要求设计师了解飞机客舱设施的可燃性测试、力学性能测试、静态与动态破坏力测试等基本测试体系、适航标准以及技术标准,还要求长期关注最新适航公告等。当前,国内大部分民航飞机客舱设施只获得了CAAC适航证,获得美国FAA或欧洲EASA认证的企业少之又少。

② 种类多、批量小、定制化、复杂程度高。民航飞机客舱设施主要涵盖座椅及其零部件、

行李架、厨房、盥洗室、衣帽间、餐车、视频播放器、航空耳机、救生衣、救生船、窗帘、舷窗板等多种类;我国的民航与通航产业发展快,但起步晚,飞机客舱设施需求存在批量小的特点;国内航空公司庞大的飞机客舱设施替换主要还是以进口定制化为主,原因是研发、制造以及安全指标复杂程度高,尤其是租赁飞机在退租时都会换成 OEM 件或者具有国外认证的产品。因此更加需要系统性的客舱设施创新设计理论。

③ 体现出多元化的优良设计。乘客功能需求的多样性,必然要求飞机客舱设施造型体现出多元化。当今国际飞机客舱设施造型设计的特征:第一,确保安全性、重视舒适性;第二,乘客多元化需求使飞机客舱设施设计趋于个性化、功能多样化;第三,工业设计、人机工学、客舱安全等多学科知识交叉研究使得飞机客舱设施造型设计更加系统化。

1.2.2 飞机客舱设施造型安全人机设计的研究现状

1. 国外研究现状

美国的波音公司、欧洲的空中客车公司、英国欧洲航空公司、德国汉莎航空公司等代表着飞机客舱设施设计与创新的发展方向,它们的共同特点是交叉融合了飞机客舱安全、人机工程学、工业设计、品牌设计、美学等学科。世界顶级飞机座椅研发及制造公司德国瑞凯威就创建了多学科的设计团队:首先,人机工程学设计师研究、测试和评估"安全的""正确的"飞机座位的空间因素和原则;其次,在飞机制造商和德国瑞凯威设置的范围内,工业设计师负责座椅功能和造型的研发,在设计中反映航空公司的企业形象,同时延续德国瑞凯威品牌和质量等因素;再次,CAD 专家更了解工业设计和人体工程学设计的三维立体构思,按技术要求评估和比较设计方案,负责传递工程制造单位的信息;最后,造型设计师制造样机模型来测试产品的人体工程学、设计和功能。

国外学者与研究机构对于飞机客舱设施造型安全人机设计的研究主要体现在以下几个方面:

第一,从飞机客舱设施的角度,研究与造型有关的人机工程、安全材料与技术、舒适性量化等因素,并进行仿真实验。在影响飞机客舱设施安全性与舒适性的因素中,人体测量学与生物力学、气候环境、振动、噪声、照明和气味这些因素是乘客在客舱中感到不适的主要原因,其中人机工程学是最主要的因素。例如,代尔夫特理工大学一直对飞机经济舱座位上的乘客人体测量进行研究;Abbasov 等探讨了 BE-200 型客机客舱根据人机工程学原理进行不同概念的布局,并使用 3DS MAX 图形系统软件建立场景仿真模型。荷兰的彼得·温克博士、克劳斯·劳布尔一直致力于飞机客舱设计与乘客舒适性设计领域的研究,其著作《飞机客舱舒适性设计》量化分析、评价了影响乘客在飞机客舱中舒适性的主观因素(乘客心理状态等)与客观因素(如客舱压力、色调、气味、噪声等)。相关学术研究机构还研究了乘客对飞机客舱温度的偏好、期望及其对舒适性评估的影响;封闭的飞机客舱空间空气品质对乘客身体健康的影响,提高飞机客舱空气质量、减少疾病传播、提高舒适度的方法;飞机客舱声学设计,降低噪声、改变噪声特性的措施。有研究机构还专门研究了飞机客舱设施安全材料、技术、布局与逃生等,如弗劳恩霍夫界面工程和生物技术 IGB 研究人员在斯图加特研究具有自洁、自修复功能的飞机客舱材料。葡萄牙航空复合材料机构、Alma 设计公司、INEGI(墨西哥国家统计局)、SETSA(加工公司)、里斯本大学以及巴西航空公司共同研发了双通道窄体飞机座椅的创新布局。Tatarenko Vladimir Nikolaevich 设计的"可分离式模块化客舱"将模块化方法融入飞机客舱安全逃生创新设计中。

第二，从乘客的飞机客舱活动、感官感觉的角度，研究影响乘客安全、健康与身心愉悦的主要因素，并进行相关实验测试。有学者研究飞机客舱中乘客的主要活动及影响健康的因素，如有关飞机客舱中乘客健康风险评估的研究。代尔夫特理工大学 Akerstedt 等进行了一项关于乘客在飞行过程中影响精神振作的有关因素的研究，运用生物研究的方法针对乘客睡眠质量进行了测试；Lueder 通过研究认为乘客在座椅上变换坐姿可以减少久坐带来的不舒适感，有利于身体健康；Franz 等在座椅研究报告中提出，在座椅的靠背中加入一个轻量级的按摩系统可以增加乘客的舒适性。有学者从感官的角度研究乘客在飞机客舱中的愉悦感与幸福感，如研究乘客情绪的平静、身体健康等感知体验和诱发条件，分析飞机客舱舒适体验的主位结构及其与客舱情境特征的关系。

第三，系统研究乘客活动-客舱设施-环境之间的关系，预测并评估飞机客舱设施造型安全人机设计。例如，有学者通过人-客舱设施-环境的相互关系研究提升客舱设施安全性与舒适性的方法。例如通过 3D 人体扫描与压力分布测试提升乘客座椅造型质量、研制基于人机安全工程的婴幼儿乘客座椅以及量化乘客-情景-座椅特征预测模型。

第四，有些设计师针对飞机客舱设施的安全人机做了一些可行性的创新设计方案，如马来西亚 Alireza Yaghoubi 设计的“Air Go”经济舱乘客座椅，设计师 Adam White 以人体工学为基础创新设计的“可扭转座椅”，极大地改善了乘客乘坐舒适性体验。

2. 国内研究现状

国内从事飞机客舱设施研发、生产与制造的企业不多。我国飞机客舱设施制造企业以加工制造零部件为主，自主研发还属于摸索成长阶段。一些大中型国企通过设计创新为飞机客舱设施的研发与制造服务，通过工业设计提升品牌价值，如我国自主研发的大型客机 C919 客舱设计荣获第十七届中国国际工业博览会工业设计金奖，但因为缺乏系统性的飞机客舱设施创新设计理论与方法研究，新产品开发相比国外同行还是存在一定的差距，国内外民航市场认可度较低，很多时候只能走廉价路线，发展缓慢。一些国外企业已在国内独资建厂或者合资建厂以降低成本，如德国 RECARO、法国 WEBER 等，其规模不大，但是产品技术实力强、管理先进、生产效率高、发展迅猛。

国内学者对于飞机客舱设施造型安全人机设计的研究主要集中在飞机客舱设施安全性与舒适性、色彩与材料、人机工效学与人因设计、客舱布局与选型设计、安全管理与安全文化，以及在民航飞机安全事故分析的基础上提高人员生存率的原则与方法等。

飞机客舱设施色彩、材料以及布局选型设计研究主要包括：①飞机客舱内饰材料的适航物理性与情感化设计要求。②飞机客舱设施配色工具与方法。如白晓论述了飞机客舱内饰及生活设施的色彩设计所用的配色工具及配色方法，通过分析调研问卷后，认为自然、轻松、愉快的中灰色调是配色方案的主流方向。③飞机客舱布局方法与制造商的客户化选型流程。

飞机客舱设施人机与人因设计研究主要包括：①飞机客舱设施研发要体现人机功效学与人因学理论。如阳娟等人研究了适合人体生态曲线的乘客座椅。②飞机客舱设施人机与人因设计的评价方法与评估体系的研究。如蒋超等人提出了飞机客舱内环境人机设计评价指标体系的层次性与灰色性，确立了评价指标的权重值，采用模糊评价理论对相同的对象进行对比评价；付秀民以相应的评估方法建立了科学、合理、适用的飞机客舱空间尺寸人机工程评估体系；李耀华提出将温环境、光环境及声环境纳入飞机客舱人机工效综合评价之中的方法。

飞机客舱设施安全性与舒适性设计研究主要包括：①机载设备与设施适航安全研究。如宋靓提出飞机客舱设施的无障碍设计中共用性的基本原则，阐述了欧美地区在实施适航规章时的各类相关要求。②基于飞机客舱与客舱设施安全性的设计与要求。③紧急疏散与逃生的安全性研究。如林红兵等人基于乘客逃生疏散仿真实验得出6个逃生现象、4个总体效应。④飞机客舱安全文化与安全管理方面的研究。如田玲玲、李虹分别从飞机客舱安全管理的角度论述安全危险源识别、安全风险评价以及风险控制等问题。⑤飞机客舱舒适性设计因素及评价模型的研究。如冯立飞通过分析与研究影响飞机客舱舒适性的因素，提出了提高乘客舒适性的方法；郭天鹏等人通过分析民用飞机客舱舒适性主观体验调查阐述了有关舒适性各项指标在乘客主观体验中的轻重主次。

飞机客舱设施设计原则、方法与流程研究主要包括：①飞机客舱设施工程技术的设计方法研究与评价。如吴洪提出了民用飞机客舱盥洗室主要设施的关键技术及盥洗室更洁净、更人性化的发展趋势。②基于感性设计与用户体验设计方法的飞机客舱设施研究与评价。③工业设计理论与方法在飞机客舱设施造型设计中的应用。如任和等人系统地阐述了国内外民用飞机工业设计理论、设计流程与方法；冯振安提出将工业设计切入儿童、残障人员这类特殊人群的专用客舱设施设计中。④飞机客舱设施设计因素、原则与流程。如白晓论述了飞机客舱内饰设计所用到的具体设计流程。

因此，为解决当前国产飞机客舱设施造型安全与舒适性设计、功能创新、文化与审美、资源优化配置与生态可持续性等问题，需要系统研究飞机客舱设施造型安全人机设计原理与方法。

1.3 飞机客舱设施安全人机设计基本概念

(1) 安全人机工程学

安全人机工程学主要研究各种工作环境中人的安全、健康和舒适等问题，是安全科学、系统科学、人机工程学的分支，以安全为目标研究人-机-环境系统的相互作用、相互协调关系。本书所指的安全人机设计特指民航飞机客舱环境设计。

(2) TRIZ

TRIZ(Theory of Inventive Problem Solving)是通过研究人类发明创造、高水平的发明专利而总结出的基本科学原理，是解决产品设计的工程技术问题，系统改良与优化工程技术中矛盾的方法。TRIZ 也是一种产品安全创新设计理论，即用系统化的解题流程来消除功能、组件、结构等技术与物理矛盾，使产品更具可靠性，其核心是如何做的问题。TRIZ 理论解决飞机客舱设施造型安全人机设计问题的一般程序如下：第一，定义要解决的安全人机问题；第二，将安全人机问题转化为类似的标准问题；第三，用 TRIZ 工具解决飞机客舱设施结构、组件等可靠性的问题。

(3) 感性工学

感性工学(Kansei Engineering)综合交叉了设计艺术学与工学等学科的研究，涉及艺术科学、人文科学和自然科学等领域。感性工学在飞机客舱设施设计中的应用，即以乘员的感官体验与意向需求为导向并将其转化为设计要素的开发技术。首先是解码的过程，即研究乘客对飞机客舱设施形态、色彩、文化、美学产生的生理与心理感受，然后通过感性工学方法将这种情感意向进行编码，最后转译为飞机客舱设施造型设计的特征要素。

(4) PSS

PSS(Product Service System)即产品服务系统。PSS是在消费者、企业、社会和自然环境可持续发展背景下提出的设计理念,将物质化的产品与非物质化的服务有机整合来满足消费者的需求,系统地研究产品与人、产品与社会、产品与环境的关系。Mazzini、Mont等学者认为PSS是一项经济模式的创新,将单一的物质产品设计转变为产品、服务与支持服务的技术,并进行系统整合,共同实现某种满足消费者需求的功能,减少对环境的影响并优化资源的利用,实现可持续性、经济性的发展,达成经济与生态共赢。飞机客舱PSS是和谐设计与平衡模式的创新:首先,为乘客营造安全与舒适的体验,节省时间与金钱;其次,航空公司能够高效率、低成本运营,提升民航企业品牌价值与竞争力、扩大业务范围等;第三,实现社会资源优化、生态环境可持续发展。

(5) 系统设计

我国航天之父钱学森提出,系统是由多元性、关联性子系统依据其内在或外在规律组合构建某种特定功能。系统设计就是为实现某种特定目的,通过分析外延系统与内层系统各个相互关联因素的逻辑结构来解决问题的过程。产品系统设计核心思想包括聚类归纳分析问题、形象外显的创新形式与可持续设计观,相互联系、相互作用、相互制约地解决问题。

(6) 人本主义设计

人本主义设计就是一切以人为核心的设计观。人本主义设计从低到高分为五个层次:人欲化设计、人性化设计、人情化设计、人际化设计与人道化设计。

1.4 本书研究的重点与特色

1.4.1 飞机客舱设施安全人机设计研究的重点

当前,民航飞机客舱设施所涉及的民用航空业标准更多的是对客舱设施的结构、材料的隔热与阻燃等物理性安全的要求与规范,缺乏飞机客舱设施技术性、安全性与人文关怀性的要求。本书从飞机客舱适航标准与政策法规里寻找问题,结合安全人机设计理论(人-机-环境)系统研究飞机客舱安全人机设计(人-客舱设施-情景-文化与审美),从宏观到微观进行整体性的研究,并对现有民用航空业标准、政策法规提出可行性的修改建议。

(1) 系统研究飞机客舱安全人机设计理论

以航空安全为背景,以工业设计、人本主义、系统设计、人机工学、TRIZ、感性工学、PSS、航空文化等学科理论为基础,以飞机客舱设施造型和谐安全设计为目标,构建飞机客舱安全人机设计基础理论。从安全与舒适、人机与人因、生态安全三个方面构建并定义了飞机客舱设施造型安全人机设计理论与主要设计内容。

(2) 辨识飞机客舱设施造型安全人机设计要素与原则

针对当前民航飞机客舱设施的客观现状进行调研与分析,以大量优秀的飞机客舱设施设计作品作为研究依据,并在实践中检验分析。通过系统研究与归纳分析,详细解析了飞机客舱设施安全人机人因要素、物性要素、情境要素、文化与审美要素;归纳飞机客舱设施产品造型安全人机设计基础原则、物的安全状态原则、人的安全行为原则、人与物和谐原则。安全人机设计理论、安全人机设计要素、安全人机设计原则阐释了飞机客舱设施造型安全人机设计原理。

(3) 基于飞机客舱设施造型TRIZ、感性工学与PSS设计方法的理论研究

通过对TRIZ设计方法、感性工学设计方法、PSS设计方法的研究，分别解决飞机客舱设施布局及造型安全人机功能特征的设计层面、外观特征的设计层面、情感特征的设计层面、服务特征的设计层面的问题，满足物的安全状态、人的安全行为、生态可持续性安全的要求，从而实现安全和谐体验的系统终极目标。

(4) 系统观视域下的飞机客舱设施造型安全人机设计实践验证

系统解析乘客活动空间的主要设施——经济舱乘客座椅造型及布局安全人机设计，构建经济舱乘客座椅造型安全人机设计模型。基于飞机客舱设施造型安全人机设计原理与方法，以正在研发的国产大型客机C929较典型的客舱区域布局及设施造型安全人机为例进行原创设计，检验飞机客舱设施造型安全人机设计理论，探索基础理论的核心与设计新方向，满足国产大飞机客舱设施研发自主创新要求。

1.4.2 飞机客舱设施安全人机设计研究的特色

结合安全人机工程与工业设计，跨领域研究飞机客舱设施造型设计，拓展了研究范围；用研究理论指导飞机客舱设施设计实践，结合原创设计案例进行求证。

(1) 理论价值

飞机客舱设施的文化与审美要素是一种正能量的感性认知，能引导人的安全行为。因此，飞机客舱安全人机就是研究人-客舱设施-情景-文化与审美之间的安全和谐关系，初步构建飞机客舱设施造型安全人机设计理论框架，对安全人机工程理论研究进行补充，也进一步完善我国飞机客舱安全和工业设计理论体系的研究。

(2) 创新设计方法

飞机客舱设施造型安全设计就是要实现物的安全状态、人的安全行为与可持续发展的生态安全三个目标，分别通过TRIZ设计方法、感性工学设计方法、PSS设计方法达成安全和谐的体验目标；首次提出航空设计文化的概念与内涵，并研究融入航空设计文化的飞机客舱设施造型感性工学设计方法，形成本土风格和创意特色。因此，飞机客舱设施造型安全人机设计方法理论体系也具有创新工业设计方法的意义。

(3) 指导设计实践

当前，国内飞机客舱设施的研发缺乏系统、有效的设计理论与方法。飞机客舱设施造型安全人机设计的理论研究为我国大飞机发展战略服务，更具针对性。同时，飞机客舱设施造型安全人机设计理论与方法对通用航空飞机、轨道交通、游轮客舱、航天装备具有普遍的设计指导意义。

1.4.3 内容安排

本书的编写思路是：飞机客舱设施造型安全人机设计原理的构建→安全人机设计方法的研究→设计实例验证。第1章为绪论；第2、3章为飞机客舱设施造型安全人机设计原理；第4章为飞机客舱设施造型安全人机设计方法；第5、6章为飞机客舱设施造型安全人机设计实例验证。本书研究框架如图1-2所示。

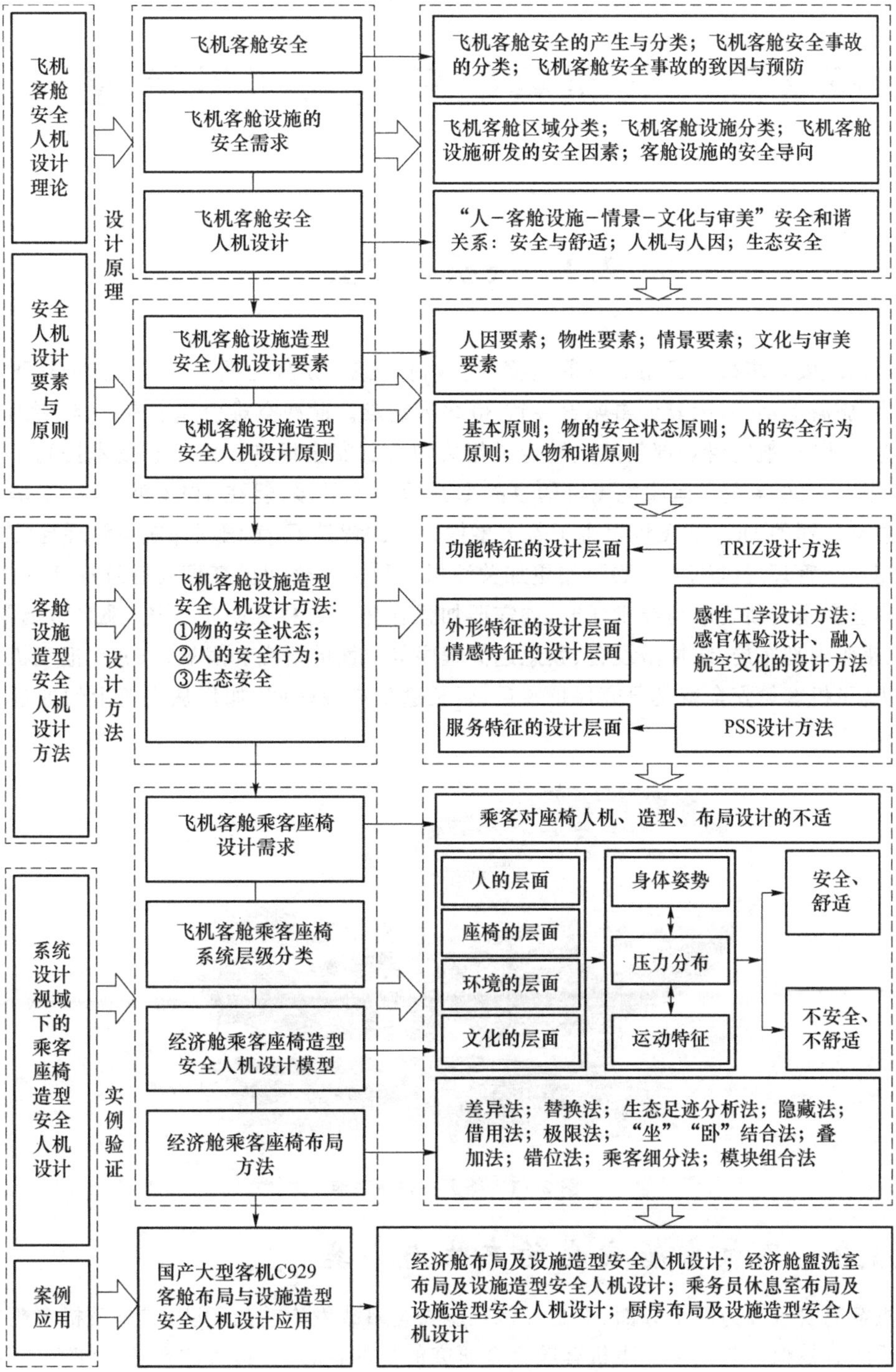

图 1－2　飞机客舱设施造型安全人机设计研究框架

第 2 章　飞机客舱安全人机设计理论

2.1　飞机客舱安全

最早出现安全事故的民用航空器是德国齐柏林飞艇 LZ7(见图 2－1)。齐柏林飞艇主要用于观光、旅游等活动,因其失事坠毁导致 30 多人遇难。此次空难引起了专家、学者对航空器客舱安全的研究,航空管理部门陆续制定了相关的适航安全标准。由于新技术提高了飞机性能和可靠性,1980 年左右运输类飞机的事故率开始趋于平缓,但在 1983 年 6 月,辛辛那提市加拿大航空公司的 DC－9 飞机发生了着火事件。在此背景下,美国联邦航空管理局(FAA)和英国民用航空管理局(UK CAA)开始更加关注保障乘员安全和提高事故后续存活率的问题,提出了客舱安全的新要求与技术研究,如需要加强在防火材料和防护系统、乘客防烟罩、飞机防撞性、座舱内部布局、防冲击设备、紧急逃离程序等方面的研究和发展。FAA 把飞机客舱安全解释为:飞机客舱安全就是研究保护乘员、延长逃生有效时间、如何从飞机上快速逃生等方面的学科。

图 2－1　德国齐柏林飞艇

2.1.1　飞机客舱安全的产生与分类

飞机客舱安全分为两个方面:一是飞机客舱安全事故发生前的预防;二是飞机客舱安全事故发生后的有效保护与逃生。飞机客舱安全研究的目的:以人类最大的智慧与细心的设计,预防飞机客舱安全事故的发生或降低事故发生率;在飞机意外事故中尽量减少伤亡,防止客舱设施对乘员的二次伤害;方便事故发生后紧急逃生设备与落水救援设施的操作使用,对事故发生的原因开展调查并修正客舱设施设计等。本书主要研究飞机客舱事故发生前的预防,即飞机客舱环境的安全设计,主要涉及乘员、客舱设施造型与布局、客舱环境与社会环境相互关系的系统研究。

2.1.2　飞机客舱安全事故的分类

参照民航飞行事故等级、破坏程度以及安全事故来源，飞机客舱安全事故可划分为重大安全事故、一般安全事故、轻微安全事故三个等级，即：飞机失事或飞机及重要设备设施严重损坏就是重大安全事故；由于人的不安全行为与物的不安全状态导致乘员在事故中受伤、乘客重要随身财产与客舱设施受损属于一般安全事故；无乘员受伤与财产受损的事故，以及潜在或诱发飞机客舱安全事故的因素属于轻微安全事故。

按照飞机客舱事故对乘员造成的伤害强弱，飞机客舱安全事故还可分为直接与间接伤害、短期与长期伤害、显性与隐性伤害。直接伤害包括飞机加速与减速过程中引起的惯性冲击而导致的身体撞伤，因空气对流而引起的飞机振动所造成的乘员伤害，乘客长时间在座椅上久坐导致肌肉损伤与颈椎病、腰椎病等；间接伤害包括温度、空气、水源等飞机客舱环境所导致的人体生病等。通常飞机客舱事故造成的显性直接伤害最为明显，也容易预防与纠正；一般间接伤害都是隐性伤害，人们常常会忽略或忽视它，但对人的伤害却更严重。飞机客舱设施不恰当的设计会对乘客造成隐性伤害，如功能、形态、材质、色彩、审美等带给使用者的不健康、不可靠与不舒适等。

直接的长期伤害有一定的隐蔽性，在设计飞机客舱设施时应深入研究，如在座椅上长时间保持一个姿势而导致的身体健康问题，这种伤害一般都是逐渐形成的慢性病。可以通过两种设计方式来解决：第一种设计方式是让飞机客舱设施有更多的使用条件、更灵活的选择权和智能功能。乘客长时间阅读或使用机载娱乐系统会产生身体疲劳等生理反应，通过智能提醒或智能关闭功能，定时提醒乘客休息，甚至强制智能关闭机载娱乐系统，都能避免或减少对乘客身体的隐形伤害；另一种设计方式是让飞机客舱设施的人机尺寸尽量满足不同乘客需求，设计师更需要系统深入研究机上特殊乘客（残疾乘客、肥胖乘客等）的行为方式、设施无障碍使用、紧急情况下的逃生等。

2.1.3　飞机客舱安全事故的致因与预防

飞机客舱安全事故的发生是有因果关系的，如果多维度互为因果关系的内在因素、外在因素连续性发生，只要这些诱因不消除，就必然发生事故。这就需要系统分析飞机客舱乘员、客舱设施、环境（客舱氛围与设施使用的环境）相互之间互为因果的安全事故要素。针对飞机客舱设施安全事故的致因研究，我们可以对不安全的因素进行提前预测预防，设计师通过预防原则在设施设计上尽量消除或隔离不安全隐患。因此，系统地研究飞机客舱不安全事件、事故致因的目的是改进与完善乘员与设施系统的安全设计，研究事故的预防是为了更有效地控制乘员的不安全行为以及设施的不安全状态，使系统运行更安全、更可靠。

安全事故的预防，一般采取消除、降低、隔离客观存在事故诱因，防止事故的发生。海因里希提出的事故三角形法则，总结了安全事故产生的一定规律，即如要消除 1 次重大事故或者 29 次轻伤事故，就必须要预防或消除 300 次轻微的无伤事故，如图 2－2 所示。近几年，世界各国的民用航空器适航管理部门对民用飞机客舱设施的设计、制造、使用与维修采取严格监管与

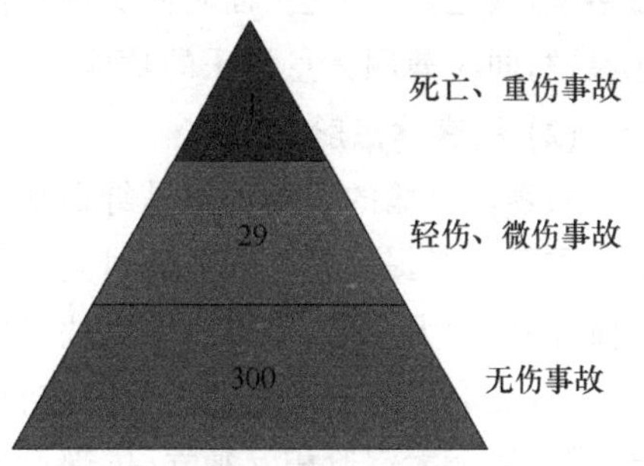

图 2－2　海因里希的事故三角形法则

取证制度，飞机客舱一般安全事故越来越少（一般安全事故如乘客在飞机客舱内因座椅扶手之争而导致机闹事件、误操作应急滑梯与应急舱门等），客舱重大安全事故更是少之又少。民航飞机无疑是最安全的交通工具。但是，历史上航空事故导致高死亡率的事件还历历在目。当前，随着飞行的距离与时间变长、旅客的增多，飞机客舱轻微安全事故时有发生，如果不预防或杜绝这些事故诱因，按照事故三角形法则必产生重大的恶果。因此，更需要系统研究飞机客舱轻微安全事故及潜在诱因，并提出相应的解决方案。

2.2 飞机客舱设施的安全需求

乘员在飞机客舱中主要与飞机客舱设施产生直接或间接的关系，多元化、关联性的客舱设施作为子系统组成飞机客舱的功能系统。因此，飞机客舱设施的安全设计是客舱安全的主要载体与呈现。

2.2.1 飞机客舱的分类

1. 按照乘员活动范围分类

飞机客舱是指民用航空器乘载旅客的隔舱。飞机客舱区域按照乘员活动的范围可分为乘客活动区域、公共服务区域、乘务员服务与休息区域。

2. 按照乘客功能需求分类

在社会中，人与人之间相互联系与交流形成了基于多种标准与喜好的群体。然而，在现实飞行旅行中，相邻座位的乘客往往是航空公司随机安排的陌生人，但不可避免地要与之交互，从而导致各种不适感与投诉。创造一个新的飞机客舱区域，乘客可以选择符合自己愿望的特定空间，使人与人之间能够很好地互动，同时还能提供隐私保护，提升飞行体验。因此，以乘客功能需求为本，在当前技术与管理可实现的前提下提出新的客舱设计概念，可以将飞机客舱分为商务工作舱、乘客休息舱、休闲娱乐舱与餐饮服务舱四个区域，从而打破当前民航客机经济舱、商务舱、头等舱的单一功能布局。

(1) 商务工作舱

商务工作舱为目标乘客提供没有干扰的工作空间，配备机载固定的办公设施、个人数字办公系统，满足商务办公、面对面交谈与沟通功能，设计上体现工作状态的舒适性、效率性与隐私性保护，同时兼顾休息娱乐的功能。

(2) 乘客休息舱

乘客休息舱的主要功能是舒适地睡眠休息，同时还提供可安静阅读的环境，乘客可根据自己的需要选择提供餐饮服务的时间。图 2-3 所示为乘客休息舱布局设计方案，乘客休息舱有座椅、卧铺、“太空舱”卧铺三个模块可供乘客选择。“太空舱”卧铺在休息舱的第一层，票价最高，通过提取蜂巢的六边造型元素进行再设计与布局，内置仿生人体骨骼的 20 根可调节的骨架结构，每个太空舱相互独立，内部设置有睡眠系统和娱乐设施；卧铺位于休息舱二层上部位置，票价低于“太空舱”卧铺，满足乘客全卧平躺休息，充分利用垂直空间；座椅位于二层卧铺下

方，价格低廉，无附加便利设施，采用一体式造型设计，外观上简洁干净，采用固定式靠背，避免了发生紧急事故时逃生路线被遮挡的风险。

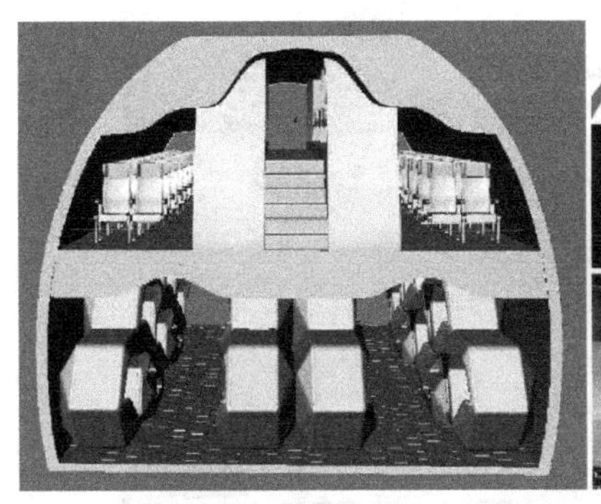
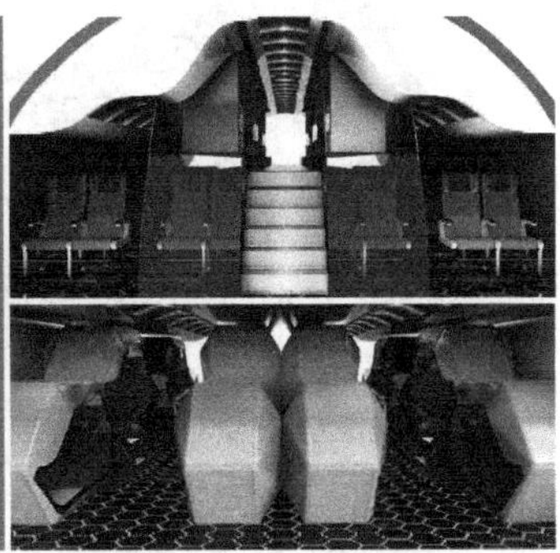

图 2－3　休息舱布局设计方案

(3) 休闲娱乐舱

休闲娱乐舱是在机载娱乐区域，通过机载娱乐系统、机载互联网以及相关娱乐购物设施，采用虚拟现实与全息投影智能技术提供一种休闲放松的飞行体验，从而消除或缓解乘客因长时间飞行所产生的疲劳。机载休闲娱乐分为动态休闲娱乐体验（如自助购物、运动、散步等）、静态休闲娱乐体验（如影音、游戏、阅读、环境体验等）、互动休闲娱乐体验（如社交互动体验、亲子互动体验、游戏互动体验等）。图 2－4 所示为休闲娱乐舱布局设计方案，分为智能互动休闲娱乐区域、运动体验区域与亲子互动区域三个部分。

图 2－4　休闲娱乐舱布局设计方案

(4) 餐饮服务舱

餐饮服务舱是未来民航客机的重要组成部分，能为乘客提供良好的就餐与交流体验。图 2－5 所示为未来客机餐饮服务舱布局设计方案，它由自助取餐机、可自动回收餐具的餐桌、可模块组合的座椅以及个性时尚的吧台区等设施组成，可为乘客在长途飞行中的高效取餐、方便就餐、休闲交流提供便利，为解决乘客的个性化餐饮服务以及健康需求提供更多的可行性方案。

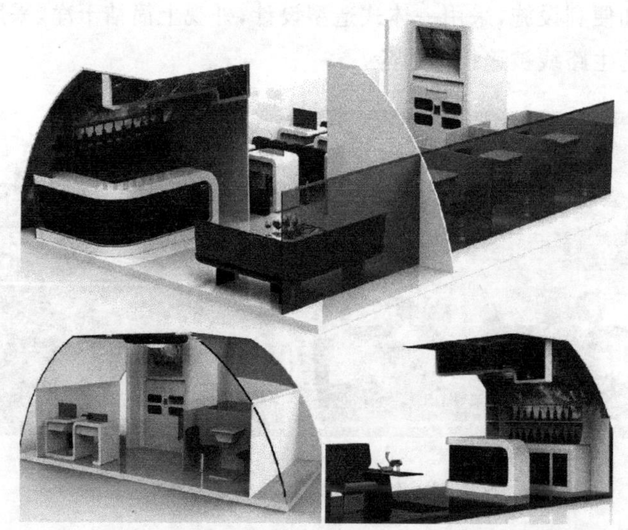

图 2-5 餐饮服务舱布局设计方案

2.2.2 飞机客舱设施的分类

飞机客舱设施主要为乘客与乘务员的安全与舒适提供保障，根据功能与用途可分为四个类型，如图 2-6 所示。

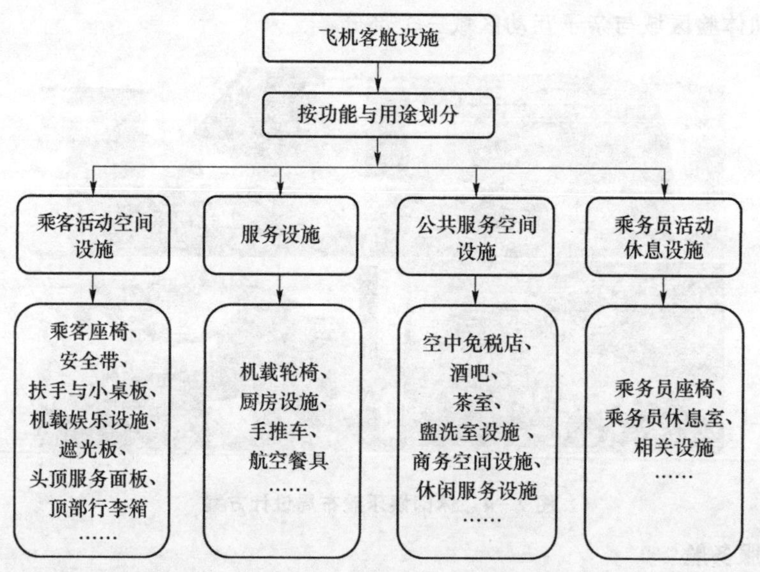

图 2-6 飞机客舱设施分类

1. 乘客活动空间设施

乘客活动空间设施主要包括乘客座位及周围的设施，具体分为乘客座椅、机载娱乐设施、遮光板、座位上方的服务面板、顶部行李箱等。乘客座椅是乘客活动空间的最主要构成，也是飞机客舱最重要的设施，本书将在第 5 章对经济舱乘客座椅造型安全人机设计进行系统解析。

2. 服务设施

服务设施主要包括机载轮椅、加长安全带、手推餐车与航空餐具等厨房设施。

3. 公共服务空间设施

公共服务空间设施主要包括盥洗室设施、商务空间设施、空中免税店以及酒吧与茶室等休闲服务设施。

4. 乘务员活动休息设施

乘务员活动休息设施主要包括乘务员座椅、乘务员休息室相关设施。

2.2.3　飞机客舱设施研发的安全因素

1. 飞机客舱设施的研发模型

如图 2－7 所示，飞机客舱设施的研制分为优化设计阶段与开发设计阶段，安全因素是飞机客舱设施研发、加工技术、生产管理需要考虑的重要因素。以智能航空座椅研制为例：首先，围绕智能航空座椅的设计问题展开，对座椅智能化控制系统、人体舒适性、座椅轻量化的高强度材料应用、新型座椅吸能结构等进行拓扑优化设计，大幅提高座椅非金属材料的阻燃性能；其次，在优化设计的结果上建立新产品的有限元设计模型并进行分析，并可运用模块化结构件加工、复杂结构件 3D 打印等新型加工技术；最后，延续智能化、信息化生产，构建条形编码追踪、溯源座椅构件的生产制造环节，实现更严格、更高效、更直观、更流畅的安全管理体系。

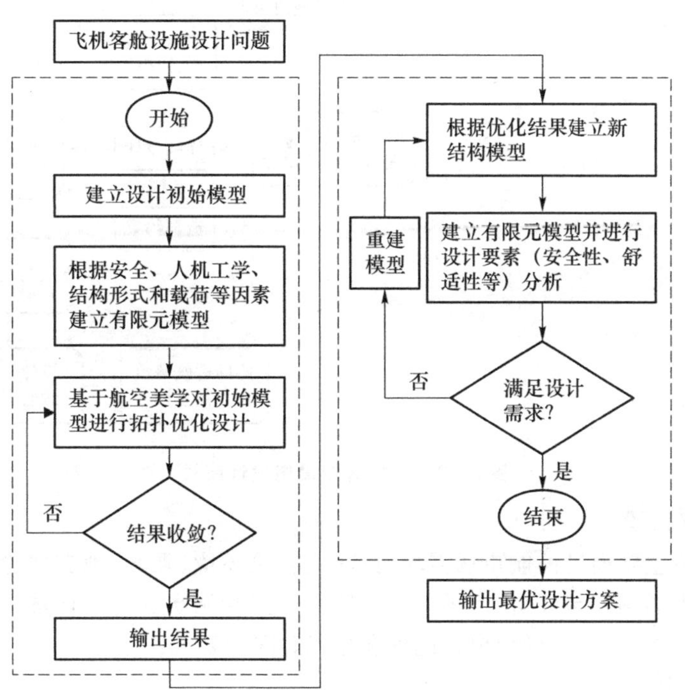

图 2－7　飞机客舱设施的研制模型

2. 飞机客舱设施设计流程

飞机客舱设施设计流程需遵循飞机总体设计与一般产品造型设计的基本程序与原则，从市场需求定义到进入民航市场使用共有五个阶段，如图 2－8 所示。飞机客舱设施研发设计必须受造型与安全人机评估的约束。

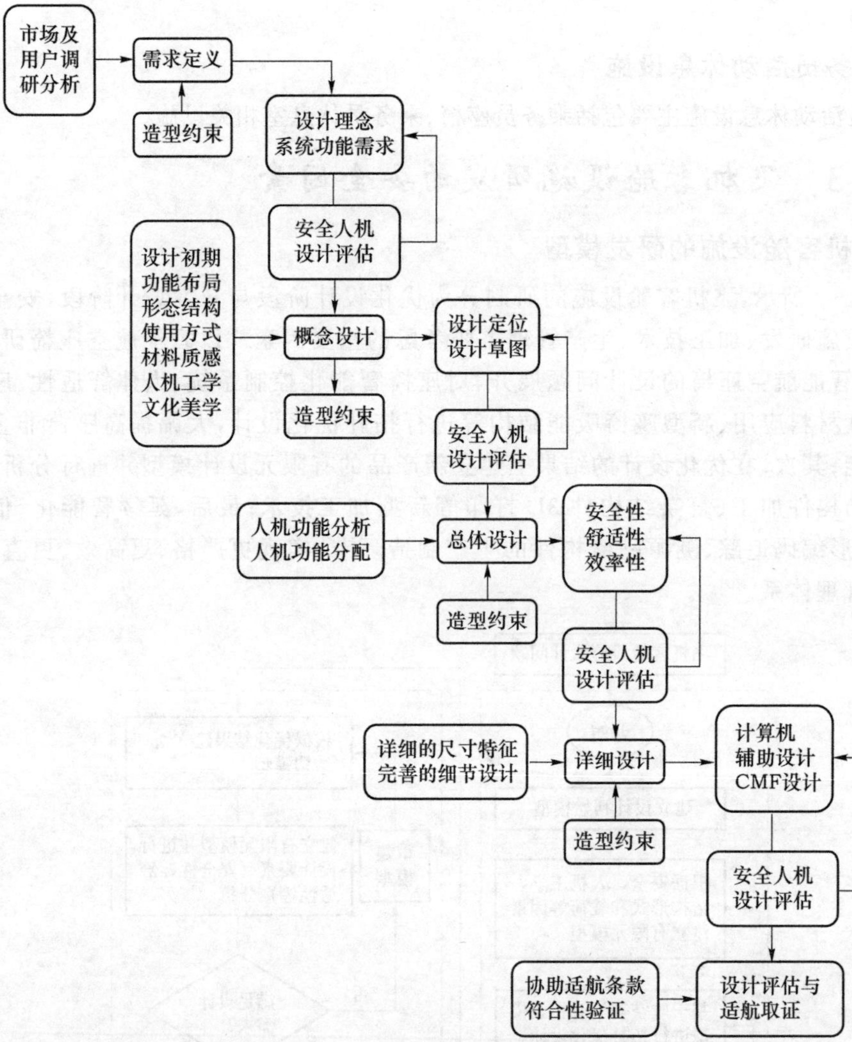

图 2－8　飞机客舱设施设计流程

(1) 需求定义阶段

需求定义阶段主要通过民航市场需求与竞争、客舱环境、乘客、现有客舱设施市场与消费行为细分等进行市场调查与分析，市场调查一般采用问卷调研法与访谈法。飞机客舱设施造型安全人机设计应首先制定“设计项目进程和总体时间计划”。

(2) 概念设计阶段

概念设计阶段分为设计定位与设计草图两个部分。首先确定飞机客舱设施的目标市场，明确是改良现有客舱设施还是开发新的产品。设计草图是设计师发散性设计思维与设计构思可视化的转化过程，即对飞机客舱设施造型简化概括，注重逻辑性，一般使用艺术的手法快速

表达客舱设施的形态与结构、色彩与材料质感等美学特征，沟通探索客舱设施的使用方式、整体功能布局的可行性。设计草图通常分为飞机客舱设施功能创意设计草图与情景交流创意设计草图两种类型，如图 2-9 所示。

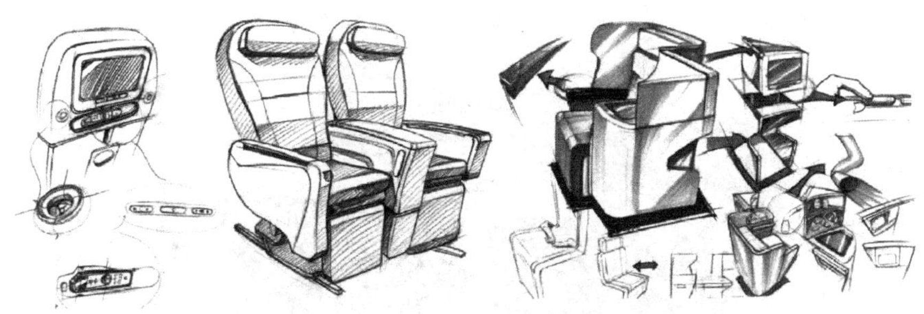

图 2-9　商务舱座椅创意设计草图

(3) 总体设计阶段

总体设计是对飞机客舱设施布局进行人机功效分析与人机功能分配。首先考虑飞机客舱空间的安全性，如应急通道的数量与位置、乘客座椅的间距、通道的宽度等；其次考虑飞机客舱空间的舒适性，如乘客活动空间及与设施相关的尺度等；最后考虑空中乘务员服务效率与操作便利性。

(4) 详细设计阶段

详细设计阶段是对选定的飞机客舱设施设计方案细化深入，提供更详细的尺寸特征，完善各部分细节，并将最终确定的方案进行计算机辅助设计与 CMF 设计。三维概念计算机辅助设计通常使用 Rhino 软件建模，并存储为 CATIA 软件能打开的 stp 格式文件，能够对飞机客舱设施造型进行新技术、新功能基础实验，协助结构工程师进行结构设计，如图 2-10 所示。

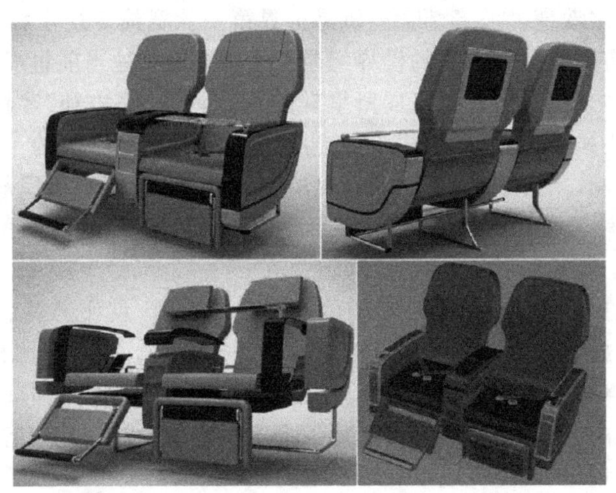

图 2-10　商务舱座椅计算机辅助设计

(5) 设计评估与适航取证阶段

设计评价与优化包括设计方案评估、操作评估、市场反馈与设计优化等。3D 打印快速成型技术可以将设计方案制作成样机模型，真实感受设施的空间尺度，如图 2-11 所示，从而检验设计的合理性，为后期生产做好准备。针对飞机客舱设施样机模型，评估其实用性与安全性、人体工程学的舒适性、造型形式的创新性与合理性、审美的艺术性与语意性。

图 2-11　飞机客舱设施 3D 打印模型与智能航空座椅关键骨架

选择适航符合性方法，综合飞机客舱设施造型设计要素集成演示验证等，协助适航条款符合性验证与取证。

2.2.4　飞机客舱设施安全设计导向

1. 与多样化民航客机的契合

民航客机的发展呈现出宽体、快速与高效的特征，对飞机客舱安全也提出了新的要求，客舱设施设计也必然随之改变。波音 747 客机是世界第一款宽体双层甲板的民用客机，从 1970 年诞生至今，一直保有承载旅客数量的世界纪录。空客 A380 是当前世界上最大的客机，可容纳超过 850 名乘客，体现出民航客机发展所呈现的宽体特征。“协和”客机是世界上第一种超声速客机，相比传统飞机，“协和”客机横跨大洋的时间只需其他客机的一半，为乘客提供了无与伦比的航空旅行体验。“协和”客机堪称精美的航空艺术品，体现出民航客机发展的快速特征。21 世纪，飞机设计领域的重大改变是提高了燃油效率，这也体现出民航客机发展的高效特征。

宽体客机将运载更多乘客，一方面要满足乘客高效登机、就座与紧急状况安全逃生的需求；另一方面，客舱设施设计要让乘客感受到更加舒适和奢华。超声速客机客舱设施设计要符合其技术特点，如超声速客机为了安全的需要，舷窗尺寸要小一些，舱内设施色彩搭配必须更为明亮。为提高客机的燃油效率，一方面优化大型客机客舱设施布局以容纳更多的乘客，另一方面减轻客舱设施重量，从而降低成本和增加运力。

2. 安全乘机体验的创新

安全乘机体验以用户体验设计为基础，是指乘客在乘机旅途中对客舱环境、客舱设施的操作使用、客舱餐饮质量以及客舱服务等产生的良好生理与心理综合感受。用户体验设计是心理学在设计技术层面上的应用，是对用户一种有目的的影响。良好的用户体验设计需要对航空公司和使用人群进行调研，寻求二者之间潜在需求并使之达到平衡，从而制定体验的目标、

范畴、特性，以飞机客舱设施或某个服务流程的衡量标准为设计准则，通过测试、验证各项活动，最终寻找用户期望的结果。飞机客舱中体验的种类很多，如乘客对客舱服务与客舱设施使用的体验、乘务员以任务为导向的体验、反映某种价值观的商业体验、提升飞行旅途质量的日常体验等。飞机客舱安全体验主要分为安全使用体验、安全消费体验、安全服务体验与安全感知体验四个类型。在进行飞机客舱设施体验设计时，要把乘员体验与乘客体验加以区分，两者的体验功能与体验感受不一样，如乘务员使用客舱服务设施提供服务，但并不像乘客那样消费。乘客安全体验设计不仅仅是安全需求的设计，更是安全体验过程的设计，有助于体验者植入深刻记忆与回忆美好过程，更有助于提升航空公司品牌的价值。

乘客所感知的飞机客舱环境与客舱设施的体验是由设计师营造出来的，保持良好的体验能够帮助航空公司留住更多的乘客。以未来超声速客机客舱与设施体验设计为例，如图2－12所示，旨在为乘坐超声速客机的乘客营造一个难忘的飞行体验：第一，速度的体验。当飞机加速到 4.5 倍声速（3 500 mph①）时，乘客座椅将面向窗口旋转，欣赏从高空俯瞰大地的壮观景色，体会白天和黑夜之间的界限等。第二，服务体验。航空公司为乘客提供刻录有第一次乘坐超声速客机时间的手表，乘客可以在个人社交媒体上发布 3 万米高空超声速旅行的信息，还可以体验更多的虚拟现实环境等。第三，客舱设施的使用体验。体验多功能、灵活、安全与舒适的座椅，座椅内置有冷却和加热系统，具有按摩功能和头枕式降噪系统，可旋转方向的座椅可满足乘客的各种习惯需求，如起飞时座椅面朝前方，着陆时座椅面向窗外，晚餐时座椅满足面对面进餐等。

图 2－12　未来超声速客机客舱与设施体验设计方案

3. 个性与共性的互补

飞机客舱设施既要满足大多数乘客的安全使用功能需求，也要考虑不同乘客差异性使用功能的需求，这也是人本主义设计思想的根本体现，可以采用细分飞行旅途中各个年龄层乘客诉求的方法来解决问题。如在乘客活动舱单独分割出儿童活动空间，还可根据乘客的年龄与性别提供客舱娱乐设施及服务；考虑为夫妇、恋人、亲友等小群体提供独处分享的空间，既可以

① 1 mph≈1.609 3 km/h。

是客舱中的开放空间,也可以是私人套房;更多考虑乘客的健康保障,在客舱内增设不同功能的休息室与多用途的空间,如客舱商务会议空间、客舱按摩服务空间、酒吧与茶室等。

4. 复杂化与矛盾化的呈现

飞机的特殊性决定了其客舱设施安全设计有别于其他产品,表现为安全设计中的复杂化与矛盾化。飞机客舱设施安全性设计复杂化是指既要考虑静态的安全,还要考虑动态的安全;造型上既要体现出轻与薄,还要满足高牢固性;尽量体现轻巧、简洁,还要体现出多功能的使用。飞机客舱设施安全性设计矛盾化是指从安全使用与逃生功能考虑,同一飞机客舱设施的设计体现出矛盾的一面。一方面,飞机客舱应急设施(应急舱门手柄、应急滑梯等)的造型设计必须满足可视化需求,功能设计务必易理解、易使用,从而保障乘员在紧急情况下非常容易操作,节省逃生时间;另一方面,为了预防这些应急设施被乘客误操作,应急设施在造型设计上又必须有一定的隐藏性和操作使用难度化,杜绝乘客误操作应急舱门或应急滑梯等行为频繁发生。为解决这一矛盾,通常采用反向应用的安全设计方法,既让操作有规律可循,又可避免乘客发生误操作飞机客舱应急设施的安全事故。

5. 体现系统性

所有的飞机客舱设施安全性设计必须具备与人、技术、经济、生态相关的功效系统,这就需要建立在人机、技术和艺术(文化与美学)各个子系统的分析基础之上。飞机客舱设施与人有关最优化的系统安全设计要满足三个方面内容:第一,视觉因素的协调,即飞机客舱设施外观形象和形态风格的设计;第二,实现飞机客舱设施功能信息传达的造型方案与设计原理;第三,确保乘客-客舱设施-环境协调和谐的生态关系。

2.3 飞机客舱安全人机设计

物的安全状态、人的安全行为与生态安全组成飞机客舱安全,其中人的安全行为处于最重要的地位。在飞机客舱中,正能量的文化与审美会引导人的正确积极的安全感知,并进一步激励人的安全行为。因此,在研究人、客舱设施、环境(活动情景)三大要素的基础之上,还需要对文化与审美要素进行研究,使其相互之间安全和谐。飞机客舱安全人机设计就是以客舱安全为目的,以人机工程为基础,系统研究人-客舱设施-情景-文化与审美各个要素以及要素之间安全和谐的关系,从而保障物的安全状态,引导与决策人的安全行为,满足飞机客舱可持续发展的要求。安全与舒适、人机与人因、生态安全构成了飞机客舱安全人机设计的主要内容,安全人机设计也是飞机客舱设施造型设计的关键。飞机客舱设施安全人机设计的目标就是尽可能满足乘员与设施之间的最佳匹配,从而改进飞机客舱设施的安全性与舒适性,提升性能与效率。

2.3.1 安全与舒适

1. 安 全

安全在静态或动态条件下可以看作是正常运行状态的常态属性,不会对人的生理与心理健康造成伤害。从以人为本的设计观出发,安全首要指的是外界条件使人保持良好的状态,其

次指的是在遭受不利身心健康的外界因素影响时为人提供保障。如图 2－13 所示，在著名行为科学家马洛斯的需求层次理论的基础上，国内学者提出安全是当代人所有需求与活动的基础。

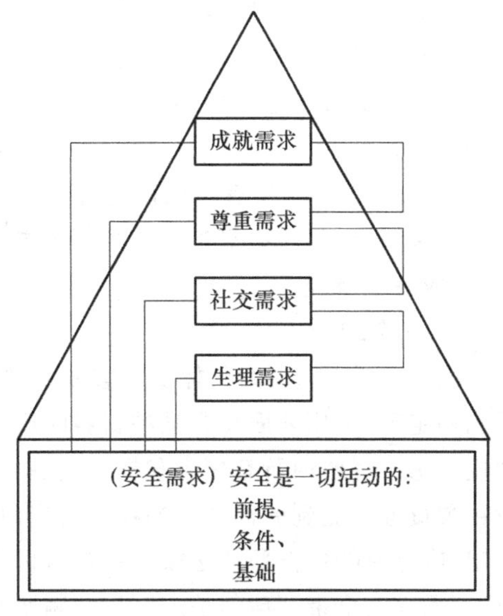

图 2－13　当代人层次需求论示意图

安全是飞机客舱设施的首要属性。首先，产品要确保自身安全，也就是产品的可靠性。可靠性侧重于确保整个产品系统的外在功能与内在结构的安全，如飞机客舱设施结构的可靠性即指基本不发生永久变形，即便加载到极限载荷也能保持原来的状态。其次，产品的安全性能更侧重与系统相关联的人身安全，也就是指更需要关注产品与使用者或操作者之间的安全关系。飞机客舱设施系统、外观结构的可靠和实现预定功能的可靠是保障乘员安全的前提条件。有时为了追求更高的安全性，使飞机客舱设施系统变得很复杂，甚至引起可靠性降低，这样安全性反而没有了保障。

飞机客舱设施安全设计是为了发生事故时减少死亡和伤害。飞机客舱安全性特征主要体现在以下几个方面：

① 安全功能。主要功能或辅助功能可靠性，还应设置安全装置及险情报警装置。飞机客舱险情报警装置应具备通过目视或仪器检查即可判断该装置是否失效的功能，并且这些险情报警装置或指示装置本身的失效不应引发对人员或飞机的不安全影响。

② 安全人机。避免对人产生不必要的压力与伤害因素。如图 2－14 所示，对于飞机客舱座椅上的乘客，首要考虑头部撞击范围的安全人机设计，在乘客座位半径内对头部有伤害的物体必须消除掉。未压缩前的座椅垫与背垫平面的交点通常被称为衬垫的参考点（CRP），头部击打半径为 35 英寸（889 mm）的圆弧范围。分舱板安装必须提供超过 760 mm 宽的无障碍安全通道等。

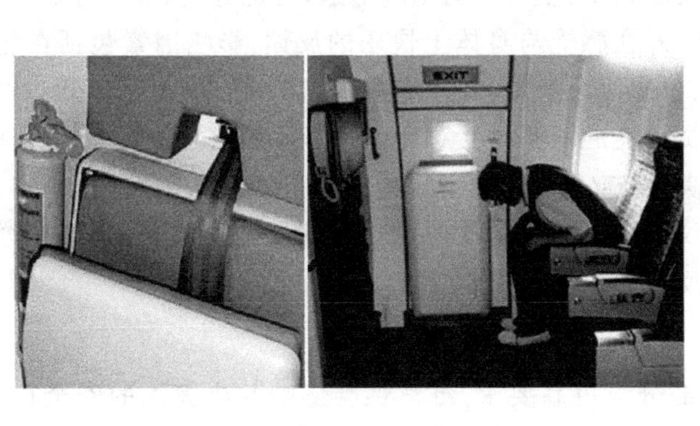

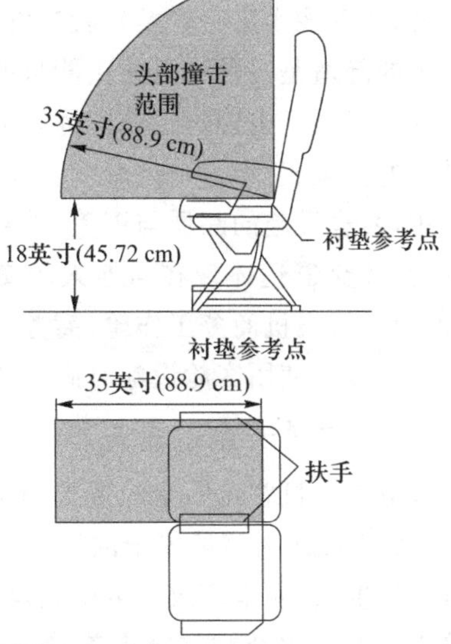

图 2－14　飞机客舱座椅上乘客的头部撞击范围

③ 安全形态。客舱设施在不使用时应尽可能不凸出结构表面,包括舱内普通门把手和锁。乘务员座位旁的客舱灭火器手柄存在对乘务员造成伤害的隐患。客舱内只要有对坐着或走动的乘客可能造成伤害的凸起物,就必须在其外表加软垫包起来。在可能碰到坐着或走动人员躯体或头部的范围内,必须避免可导致乘员受伤的硬质凸出物和尖角。考虑乘客随身行李和其他物品的放置,同时防范其在飞行阶段成为危险的可能。

④ 安全材料。所有客舱设施材料必须符合适航规定的阻燃、烟雾及毒性指标的要求,还应具有坚固性、耐污染等特点。用于登机门区域、盥洗室及厨房的地板覆盖物,应能防水、防滑,并应易于清洗。

⑤ 安全结构。

⑥ 安全色彩、图案与标识。客舱内部的色彩和图案应柔和、协调,并尽可能增加乘员的舒适和稳定感,使用表面反光强的材料时应考虑避免使乘员产生眩晕感,减少乘员的压抑、拥挤和疲劳感。客舱内所有标志和标牌应醒目,说明标牌应设在被说明设备的附近,而提示标牌应设在乘员容易见到的部位。如在所有应急通道和应急出口必须设置应急撤离标牌、标志,在应急门、应急窗的操作部位必须设置警告标志。必须在所有坐在座位上的旅客都能见到的地方设置“系好安全带”“请勿抽烟”以及“厕所有人”的信号标志等。

⑦ 安全环境。飞机客舱设施设计应努力降低对自然环境的影响程度。

⑧ 安全装配与维修。

2. 舒　适

牛津英语词典把“舒适”定义为“身体轻松”“免受痛苦或约束的状态”“放松”或“缓解一个人的悲伤或痛苦的感觉”等,并以美国方言“温暖的被子”来形容舒适性。乘客在飞机客舱的舒适性受多种因素影响,除了触觉(人机测量、振动、温度、压力、触感等)、听觉(噪声)、视觉(形状、色彩、照明)、嗅觉(气味)等物理性因素对客舱舒适性的评价有影响,地域文化与审美、机上服务质量也对舒适性的评价有影响。例如,在北美,舒适性通常被认为类似于沙发一样非常柔软;在西欧,舒适性被认为类似于高速行驶的跑车一样更加稳固;在亚洲,更加坚固意味着舒适,但是按照西方的标准,这种坚固仅被认定为更加结实;在南美洲,倾向于将舒适感与超柔软相结合,几乎像水床一样柔软就是舒适。

人的舒适是一种快乐的正能量的情感认知,主要分为生理舒适、心理舒适、社交舒适、精神舒适几个层面。生理舒适体现为乘客的外在感受与身体上快乐的反馈,影响因素包括在舱内活动中的视觉、色彩、声音、温度、气味、口感以及触觉;心理舒适体现在乘客的心理认知与思索过程中,客舱设施的品质与审美、乘务员微笑的服务以及对环境的尊重都能改善乘客的心理舒适程度;社交舒适体现在与他人的交谈、交流、交互与互动中,如飞机娱乐休闲舱(咖啡室、茶室、酒吧等)、飞机商务工作舱(商务会议空间)、飞机餐饮舱是社交活动的主要地点;精神舒适体现为乘客在使用客舱设施时满意的反应和愉悦的心理状态。

3. 舒适是安全的更高境界

舒适是飞机客舱安全的重要组成部分与更高要求,舒适性会影响并决策人的安全行为。从FAA、EASA对客舱安全的解释就可以看出,民用航空器客舱安全一切以乘员为中心,在安全事故发生前、安全事故发生中以及安全事故发生后,要避免飞机客舱中的人受伤害。另外,随着飞机客舱安全越来越完善,乘员已不满足基本的安全需求,还有对情感、服务感受、价值

观、审美等更高层次的需要，这是舒适性的体现。飞机客舱设施安全性设计是为了在飞机发生事故时减少死亡和伤害，并在整个飞行中为乘客和机组提供一个安全的环境。客舱舒适性设计是指从客舱环境与布局、设施造型、使用方式、情感设计以及文化与审美方面进行优化。在研发飞机客舱设施时要确保安全性，力求舒适性。

舒适是乘客综合性的感觉，飞机客舱舒适性是乘客选择航空公司的重要因素之一。据空客调查研究发现，乘坐长途客运飞机的 54%乘客认为宽大的座位与舒适性是最重要的，41%的乘客为了长途飞机客舱旅程中的舒适性而愿意支付更多的费用，5%的乘客有考虑升级座位的需求。乘客曾经经历的飞机客舱环境与在当前客舱中的感受作为舒适感信息输入，通常用感性形容词汇描绘舒适性的强弱，则对应输出的词汇如舒适—安全与安心、不舒适—紧张与不满、非常不舒适—急躁与恐慌。

影响乘客舒适性的主要因素依次为：①人体工学设计。飞机客舱设施的数量和服务空间尺寸应等于并力求大于适航规定的使用标准；②乘客座位活动空间，特别是腿部膝盖处的空间；③乘务员的服务质量；④续航时间的长短，通过增加科技体验、减轻乘客的疲劳、防止身体的疼痛来提高舒适性；⑤飞机客舱内的温度、湿度等气候环境；⑥噪声与振动，以及飞机的加速或减速；⑦照明；⑧客舱布局与内饰设计；⑨盥洗室的卫生；⑩乘客在舱内的活动空间。图2－15所示为国外学者对乘客在飞机客舱不舒适感的研究结果。

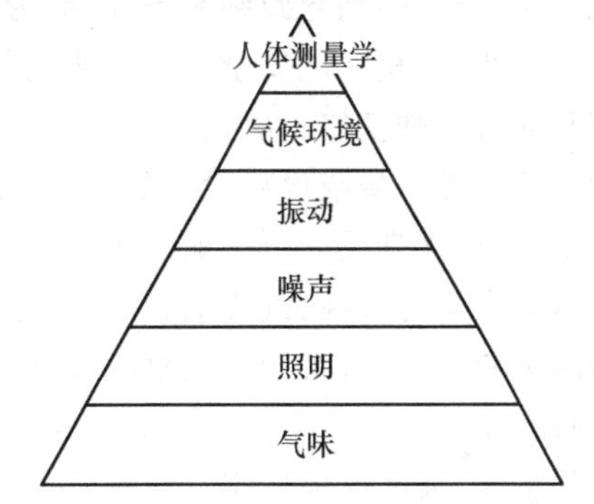

图 2－15　影响乘客客舱舒适性的主要因素①

4. 人性化安全设计观

“有‘理’则明，有‘情’则灵”体现出产品人性化安全设计观。这里的“理”是指产品的形态、色彩、尺度、使用方式等安全物理属性，理性安全的外形特征简洁明了，符合人的生理特征；“情”是指产品的安全情感特征，情感特征包括文化与美学，符合人的感性意向需求。

人性化设计也是一种安全设计哲学观。人本主义设计的五个层次体现出了“以人为本”的本质，是飞机客舱舒适性的重要表现形式。首先，人欲化设计满足人的原始欲望需求，是最低层的设计活动，是以安全为前提的欲望需求设计；其次，人性化设计比人欲化设计高一层次，更多体现在物质层面，是以人体测量、生物力学等人机工程为基础，使产品的功能、形态、尺度、机能与人更协调，满足人对产品的差异化需求；再次，人情化设计比人性化设计高一层次，是以产品物化功能与非物化服务相结合的服务设计为基础，在产品设计中将人的情感因素切入，注重人心理层面的体验需求，使人心理更愉悦；然后，人际化设计比人情化设计高一层次，人际化设计以人的生活方式设计为基础，注重人与人之间的沟通以及人际关系，顺应人的自然天性与兴趣爱好；最后，人道化设计是人本主义设计的最高层次，以“天人合一”设计哲学观为基础，促进人、环境、社会、时代的协调发展，一方面体现对人的关怀，另一方面体现人与社会、人与自然的相互依存、互惠共生的理想境界。

① Bubb(2008)关于乘客在飞机客舱不舒适感研究结果。

在飞机客舱设施系统中，乘员是主体，任何客舱设施的功能与造型不仅要满足乘员在使用过程中的功能安全需求，还要满足其精神安全需求以及乘员在使用产品过程中对客舱周围环境影响程度的要求。在飞机客舱公共空间，出于卫生、洁净的考虑，多数乘客都有不愿意接触公用设施的心理，因此出现了一次性马桶垫、一次性餐具等。因此，“无触摸式设计”是飞机客舱设施人性化安全设计的一个重要特征，“无触摸式设计”在盥洗室体现最突出，一般采用感应技术来实现。

2.3.2 人机与人因

客舱设施的稳定结构与状态被破坏、人的失误或不当行为、不利的环境条件或使用情景这三个因素会导致飞机客舱安全事故的发生。飞机客舱中的安全人机研究的就是乘员、设施、飞机客舱环境三者之间的相互关系，从而增加人的幸福感，减少差错。所有的乘员是安全的主体，客舱设施是保障乘员安全的条件，人与机系统和谐匹配，必然能为乘客带来舒适体验并促使乘客产生积极美好的情绪，提高乘务员的工作能效，飞机客舱系统必然处于安全的常态；当人机系统失控，轻则导致乘客不安、疲劳、疼痛，致使乘务员工作差错，重则导致飞机客舱事故发生。因此，飞机客舱安全不仅要研究与物有关的功能、造型、技术、维修等方面的安全，更要研究与人有关的情绪、性格、习惯等方面的安全。设计师在设计飞机客舱设施时要考虑周全，尽量避免人类自身或设施设计的缺陷，预防人为失误或者误操作等一些不安全行为方式带来的后果，通过优良设计更好地满足乘客多方面的需求。乘客的不安全行为方式或使用方式与飞机客舱人机与人因、设施造型等潜在不安全因素有关，当这些潜在的不安全因素逐渐积累而不加改进和预防时，大的安全事故就可能发生。

乘客在飞机上的不安全行为方式与使用方式包括：掉入座椅缝隙处的乘客手机被挤压后起火的事件、乘客误操作应急滑梯、应急舱门的行为、乘客因座椅靠背的调节与后排乘客产生的纠纷、与邻座乘客争夺座椅扶手、空中飞行过程中乘客强开手机等随身携带的电子产品等。

1. 人体测量学与生物力学

人体测量学与生物力学是两个相关的领域，它们都依赖于人体尺寸量度、人体生理特征与人体功能属性，通过人体测量学与生物力学可以设定乘员使用飞机客舱设施时的不同状态。人体测量学是关于测量不同人群的人体尺寸的科学，它涉及人体整体和各部分的骨骼尺寸、形状、轮廓、面积、重心、重量等。需要注意的是，人体的测量通常从骨头上某特定的参考点开始测量，与皮肤组织相比，骨头是没有弹性的。人体测量学涉及应用人体测量数据到符合人体工学设计的产品评估中。生物力学主要涉及尺寸与身体不同部位的质量特征、连接身体不同部位的关节、产生身体动作的肌肉、关节可动性、身体对作用力场(例如静态和动态力的应用、振动和冲击)的力学反应，以及在外部(例如控件、按键、手柄)施加力(力矩、能量/功率)时人体的自主运动。生物力学用来评估人的身体和身体部位在操作或使用飞机客舱设施时是否安全和舒适。

涉及飞机客舱中的人体测量，以静态的人体骨骼尺寸与外形尺寸数据应用为主，还涉及人的手在三维作业空间的范围、人体尺寸百分位数在客舱设施设计中的应用等。针对民用航空公司空乘人员患肌肉骨骼疾病(WMSDs)概率的调查显示，空乘人员总患病率高达64.4%，空乘人员对客舱设施的使用效率与使用安全有一定要求；乘客是飞机客舱设施的主要使用者，对负荷要求相对比较低，对舒适性的要求较高。

飞机客舱与客舱设施设计第一步就是要确定人体测量参数和生物力学特征。飞机客舱座椅设计中使用静态人体测量尺寸的一些案例如下：①最大坐垫宽度可以以女性第 95 百分位臀宽为依据估计得到 432 mm；最小坐垫长度可以以女性第 5 百分位坐深为依据估计得到 440 mm。②乘客头部以上空间可以以男性第 99 百分位坐高、躯干角和变形座椅顶部为依据来测算。③客舱内肩宽可以由男性第 95 百分位肩宽(或男性第 95 百分位坐姿两肘肩宽度，即 620 mm)的一半比较得到，被定为座椅椅背的横向距离。④飞机客舱内把手的长度，可以由除了手指之外的手掌宽度的第 95 百分位数来测算，该值为 98 mm。人体测量数据有助于确定飞机客舱设施的基本尺寸，生物力学数据有助于乘员在使用时不需要施加或承受超出其忍耐力或舒适等级的力量。

飞机客舱设施设计中的人机工程还涉及乘员的坐姿与立姿的身体特征、工作施力范围以及有关乘员的健康与舒适性的极限尺寸、心理特征等综合领域。乘客从进入飞机客舱到下飞机，有关生物力学的问题如下：①乘客进入飞机客舱寻找座位；②乘客座椅空间与舒适性问题，如肥胖乘客、婴幼儿、行动不便乘客等的安全使用问题；③乘客在顶部行李箱放与取行李；④残疾人在盥洗室空间使用设施的问题；⑤乘务员休息室布局及设施功能设计；⑥乘务员对于厨房设施的使用效率；⑦在紧急事故中保护乘员不受内部硬物的碰撞等。

2. 人的知觉与无意识行为

人对信息接收、筛选以及处理，是因为物体的特征、环境因素对人的感官刺激而引起的。人的行为受到个体的生理与个体情绪、社会文化与价值观、环境与物的特征影响。在飞机客舱中，乘客有意识的不安全行为、人因失误等过错容易识别，需要通过法治手段强行制止；人的无意识不安全行为一般具有隐藏性，需要深入分析。人的无意识不安全行为可以通过以下两种方式解决：第一，通过设计改变物的状态，使其符合人习惯的无意识操作行为等，避免事故的产生；第二，通过设计传达信息进行引导与提醒，通过客舱安全文化管理，尽量抑制事故的发生。

(1) 人的知觉

知觉是建立在人的五大感觉之上的对事物的主动性、整体感性认知，是人脑对直接作用于身体感觉器官的事物的主观反映。人对人工物的判断是建立在内部表征所依赖的知觉系统之上，通过对有关人工物的功能、形态、语义符号、操作使用等知觉信息和知识经验进行记忆、推理与思考等，最后产生决策行为。外部表征是建立在情景条件之上的外部环境结构，人工物的外部表征可以刺激与影响内部特征的信息和输入。人的不同感觉器官会各自接受不同的信息刺激，气味、音乐、色彩都可以传递信息给人的嗅觉系统、听觉系统、视觉系统。当乘客走进飞机客舱，闻到来自自然的芬芳花香的气味、听到舒缓的民族音乐、看到干净整洁的客舱环境、摸到赏心悦目的地域文化色彩与图案搭配的座椅面料，这些沁人心脾的舒适感与回家的归属感信息就会刺激乘客知觉的内部表征。相反，闻到烟火味道就会让人变得警觉，立即感受到危险与恐惧的信息。

个体对事物的知觉有差异性，情绪是客观现实所引发的个体主观知觉的一种特定状态。在飞机客舱中，有关情绪、心情等心理认知因素对安全感与舒适感起着很重要的作用。情绪与飞机客舱环境有直接或间接的关系，环境会影响乘员的知觉过程、判断与选择、行为效率与结果，这些因素会诱发事故的发生。个体情绪分为正性情绪与负性情绪，稳定良好的情绪体现在安静、喜悦与惊喜的体验中；负面的情绪会体现出沮丧、痛苦与焦虑，会增加客舱安全事故的可能性。因此，洁净整齐的客舱设施、明快靓丽的客舱环境、清新的客舱空气以及乘务员的服务质量都会影响乘客的情绪知觉。在飞机客舱中，不仅要关注乘客的情绪，还要关注乘务员的工作活动与休息活动所产生的情绪，这些情绪会影响到对乘客服务效率与质量上。

(2) 人的无意识行为

人的大脑或肌肉已储存了一些客观存在、相同或类似的反复发生的行为或者潜意识行为，当使用环境或使用情景再现时，大脑就会非常快地传达出指令来，这就是人的无意识行为。日本著名设计大师深泽直人首次提出"无意识设计"理念，无意识设计是人在特定环境下自然直觉的行为，是寻找与捕捉人与物之间本质的观察、感觉与认知能力，是人本主义设计核心理念的体现。乘客走进民用飞机客舱，就会按照自己的潜意识或感觉习惯去感知信息，从而传达指令：首先，为了寻找自己座位的信息，根据直觉或经验观察乘客座椅左前上方或右前上方的部位；其次，当乘客来到自己的座位，想到的就是把随身行李放进顶部行李箱，设计师在研发乘客座椅时就预留了座位下方可放置小件行李的功能，并有行李挡杆防止行李滑出，但往往顶部行李箱塞满而座位下方却空置，发生这样的现象与乘客经常乘坐高铁或大巴出行时放置行李的方式、习惯有关，当然也有乘客认为接触客舱地板会弄脏行李。首次乘坐飞机的乘客会有许多捕捉感知的信息与已储存大脑中的信息相抵触，如民航飞机乘客座椅的安全带系扣、打开方式与汽车上的安全带完全不一样，乘客会感到不知所措，这样为紧急逃生埋下了事故安全隐患。

无意识设计的方法是把人工物的设计转变为人的行为设计，无意识设计本质体现在人的行为上"顺应而为"的简洁，就是符合主体的简单、流畅行为方式的设计，目的使生活变得更为简单。人是组成环境的重要部分，无意识设计的方法就是把人放在环境当中去思考，通过设计定位提炼设计行为的目的与步骤，并以关键词定义，这样的设计结果有力而不拖沓。针对飞机客舱乘员从进入客舱到下机以及紧急逃生过程中无意识行为细节的研究至关重要，例如有数据表明50%的乘客都是结队旅行，紧急逃生时乘客也往往会结伴一起逃生，这个危险的无意识行为会错过最佳逃生时间。

3. 人机系统中的环境条件

(1) 人机设计是飞机客舱空间造型设计的起点

飞机总体设计涵盖多学科的工作内容，如气动、结构、推进、控制等，飞机客舱设计是机身设计的重要组成部分。飞机客舱空间造型概念设计是一个比较独立的综合设计阶段，既要考虑飞机总体设计安全、技术与经济、客舱空间尺寸与有效乘客人数等物质层面的因素，还要考虑客舱空间布局的舒适性、文化与审美、艺术风格等精神层面因素。

民航飞机以综合性与目的性原则选择客舱剖面，确定客舱剖面后，以人机设计为主构成客舱设计的起点，然后进行客舱内饰与设施设计风格的选择。民航飞机机身剖面的选择是一个平衡的结果，主要分为圆形客舱剖面、多圆形客舱剖面和其他客舱剖面三种类型。飞机客舱圆形剖面就是由一个完整的圆构成，如图2-16所示。飞机客舱其他剖面适用于无法采用圆形或多圆剖面的情况，如机身剖面尺寸较小时，为了满足使用要求而必须采用其他类型的剖面。为了提高舒适性，民航飞机客舱的剖面尺寸(高度与宽度)逐渐增加，大的剖面必然为乘客提供宽大的客舱空间，从而给乘客提供更大的舒适性，但是机身重量与气动阻力也会增加，航空公司的成本相应地也会增加。

(2) 飞机的运动特性

飞机是一种封闭式、高速运动的交通工具，"安全第一"的理念必然会对飞机客舱中的物与

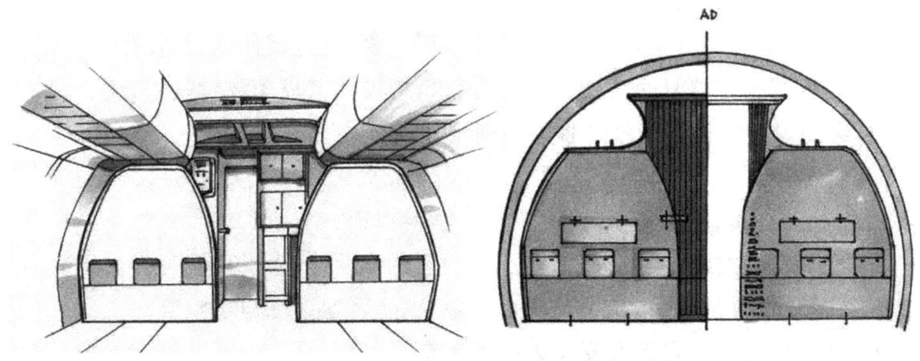

图 2-16　飞机客舱圆形剖面

人有约束性，包括：①对飞机客舱设施的约束。飞机客舱中的物要承受加速时的强度与牢固测试，飞机客舱中的座椅、顶部行李箱以及厨房设施（手推车、门、抽屉、物品收纳箱等）都需要有约束或固定，以免在颠簸或撞击中对乘员产生二次伤害。②对乘客的约束。安全带的设计本身就是对乘客身体的约束与保护，飞机客舱禁止抽烟与机闹事件发生也是对乘客不安全行为的约束。③乘客心理、生理上的不适感。乘客在高速运动的飞机客舱会产生方位错觉、晕机等生理与心理现象。④客舱空间狭小、经济舱乘客密集度高、不能任意走动等条件约束；飞机起飞或下降时，乘客的耳朵因为气压失衡，会导致耳朵堵塞或者有刺痛感；飞机的颠簸与振动也会对乘客产生较大影响，振动影响最大的是人的上半部分，1～20 Hz 的振动会引起处于坐姿的乘客整个上半身发生共振，强烈的振动易使乘客感到疲劳，如图 2-17 所示。

图 2-17　人体对振动的敏感状况

基于民航飞机高速运动的特点，飞机客舱设施本身必须具备稳定性、牢固性与质量可靠性，保护或避免乘员不受伤害；通过飞机客舱设施的稳定系统与降噪系统技术消除或改善噪声，以设计为手段降低共振频率；还要对人的不安全行为进行约束。

4. 飞机客舱设施造型设计

(1) 飞机客舱设施造型设计是基本要素

人发出认为安全的行为指令之前，是结合了脑部已有记忆的信息与接收到的外界信息，外界信息相比脑部记忆的信息更直观丰富，但外界信息的传达有自然限制条件与文化限制条件。人接收这些信息需要一个介质，这个介质就是产品的造型。飞机客舱设施的造型是功效与性能所赋予的外在形态的展现，是各个子系统间的和谐。飞机客舱设施的造型设计需要考虑以下几个方面因素:①外观因素,形态、色彩、材质是否安全与绿色环保;②技术因素,采用的技术是否存在安全隐患;③环境因素,是否符合使用环境的要求;④操作因素,操作动作是否合乎逻辑;⑤装配因素,安装与维修是否方便;⑥人机因素,机尺寸与界面设计是否合理。

(2) 飞机客舱设施造型设计涉及多学科理论

飞机客舱设施造型设计是安全、舒适、实用、认知、文化与审美功能的综合,主要涉及航空宇航科学技术、民航运输、安全科学、设计学等多学科理论。

第一,航空宇航科学技术学科理论,涉及飞行器总体设计、人机环境工程。

第二,民航运输学科理论,涉及民航安全管理、民航客舱系统与设施等。

第三,安全学科理论,主要涉及安全人机工程学。

第四,设计学科理论,主要涉及:①造型,飞机客舱设施造型要从乘员的行为方式与使用方式出发,考虑外形的体积感和尺度处理;②设计心理学,在处理飞机客舱设施造型的整体与细部的关系时涉及到知觉理论;③人机工程学,有关飞机客舱设施造型设计的人体测量与生物力学规范;④信息学,飞机客舱设施的尺寸、形式、色彩、材质、完成功能的方式等都是传达造型信息的"语言符号";⑤美学,乘客对飞机客舱设施造型的审美感受,与设施表现出的秩序感成正比,与对飞机客舱设施所花费的认知努力成反比。

(3) 飞机客舱设施造型设计基本规范

飞机客舱设施造型设计准则:①目的性,造型应符合安全与舒适性的目的;②合适性,应有增之则多、减之则少的分寸感;③完整性,功能、形态与审美的整体统一性;④一致性,外部造型与内部功能的匹配、五觉感知与使用的匹配;⑤艺术性;⑥差异性。

(4) 飞机客舱设施造型设计内容

原研哉认为,设计既是理性的也是感性的,设计是超越技术层面的,是从生活中发现新问题的行为,具有信息传达的本质功能。飞机客舱设施造型是展现物的功能、使用方式、文化内涵的表层介质,将系列信息传达给乘客与乘务员。因此,所有与飞机客舱设施造型有关的设计要素都要经过理性与感性双重维度的检验。飞机客舱设施造型设计包括内在结构设计与外在造型设计,内在结构设计是解决有关工程技术的问题,外在造型设计所传达出来的是综合性的功能信息,涉及功能、人机工程、材料、工艺、色彩、文化、艺术、心理等各个层面以及人的行为方式等内容。

5. 民航进餐推车人因设计案例

民航进餐推车是空乘人员为旅客提供备餐、送餐服务中最重要的厨房设施,其设计的优劣直接影响到空乘人员的工作效率、使用舒适性以及服务满意度。随着空中服务延伸到短途飞行的上升和下降飞行阶段,在狭小机舱环境中大量重复的备餐动作及飞机颠簸等引发的潜在不安全性因素,使空乘人员患肌肉骨骼类疾病的概率大幅上升。当前,民航进餐推车研发多集中于结构、材料的隔热与阻燃等物理安全方面的研究,较少考虑从事故预防与舒适性角度进行造型设计。在此背景下,本书提出基于 STAMP 模型的民航进餐推车人因设计方法,力求预防进餐推车事故发生的同时,提升空乘人员使用舒适性与安全性。

STAMP(Systems - Theoretic Accident Model and Process)即事故分析模型,又称为事故预防与风险控制模型,由 Nancy Leveson 教授于 2004 年提出。模型指出在一个系统的开发和

建设过程中，其发生故障的概率和隐含的结果代表了一种风险，而设计的主要目标就是降低和消除风险。STAMP 模型主要应用于调查系统中寻找安全事故发生的成因、预防事故发生、系统安全性校验方面，并以模型方式将系统中风险防控的执行机构与流程呈现出来。STAMP 模型由安全约束、分层控制结构和过程模型三个部分组成，强调系统安全的本质是控制问题，在整个系统中分层控制结构采用由上至下的层级关系进行划分，各控制层次之间的交互关系用过程模型表示，一般过程模型包含控制器与控制过程以及二者间的输出与反馈过程，过程输入和输出，外界信息的干扰。当分层控制结构中的个别或部分层级之间的控制回路存在缺陷时，一系列复杂的过程最终会使系统行为违反安全约束，促使事故发生。由于航空领域对于安全性的特殊强调，若在民航进餐推车设计初期没有预先考虑到潜在事故发生的可能性，在飞行过程中一旦发生事故，后果往往是巨大而惨重的。因此，本案例将 STAMP 模型与人因设计方法相结合，从系统层面将事故预防与使用舒适性纳入设计范畴。

(1) 系统安全约束识别

为保障民航进餐推车在厨房系统中正常运行，安全约束包括：①民航进餐推车的最低性能应满足适航标准规定；②空乘人员按照规定行为准则正确操作餐车；③起飞前空乘人员应检查餐车，确保餐车在飞行过程中正常运行；④维修人员定期对餐车开展故障排查与维修。

(2) 构建民航进餐推车 STAMP -人因模型

将进餐推车代入飞机厨房系统人因-事故预防模型中进行分析，针对控制结构核心部分，即对处于使用阶段的航空公司控制层级进行详细展开，得出在使用阶段的局部控制结构和控制回路，如图 2 - 18 所示。

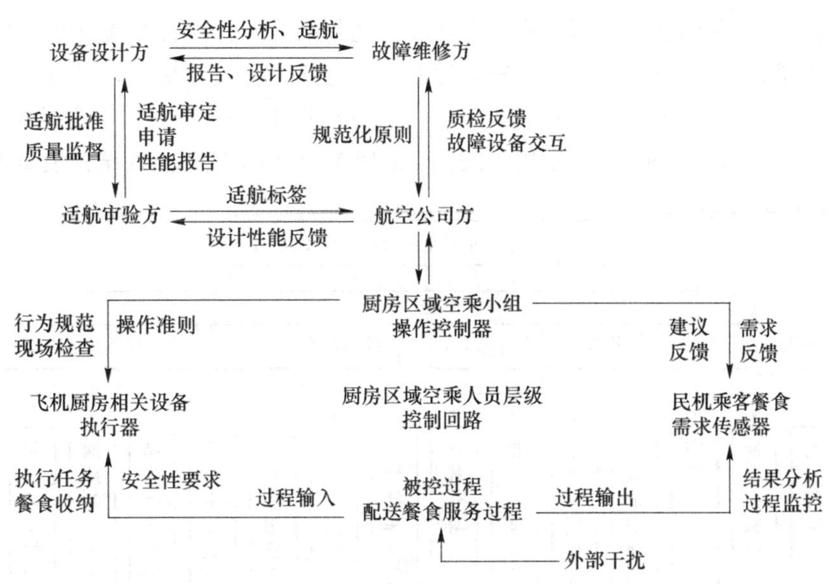

图 2 - 18　民航进餐推车使用阶段分层控制结构与过程模型

(3) STAMP -人因模型中不安全行为识别

对安全控制模型中处于使用阶段的民航进餐推车层级控制回路和安全约束进行分析，识别餐车层级系统中不安全控制行为，并将人-机-环境系统中六要素与潜在事故过程原因进行

对照，识别结果如表 2-1 所列。

表 2-1　民航进餐推车设施潜在不安全控制行为识别与分析

不安全控制行为类型	不安全控制行为	可能发生的行为过程	人因关系
没有提供所需要的控制行为	① 推车无法提供服务； ② 无法使用进餐推车配餐	① 起飞前未检查民航进餐推车； ② 进餐推车在飞行过程中出现故障； ③ 颠簸等突发状况导致无法服务	人-环 机 环-人
提供错误或不安全控制行为	① 民航进餐推车自身存在故障； ② 空乘工作存在不安全控制行为	① 未按照操作准则使用进餐推车； ② 未遵循正确流程进行配餐服务； ③ 进餐推车不便使用导致出错频率高； ④ 误操作导致使用过程中出现故障	人-机 人 机-人 人-机
控制行为延迟	进餐推车在配餐过程出现延迟	① 整理使用过的进餐推车耗时过长； ② 设法解决出现的故障； ③ 使用进餐推车过程中人员受伤； ④ 进餐推车没有固定导致碰撞舱内设施	环-人 人-机 环-人 机-人
控制行为过早结束	提前结束使用进餐推车进行配餐的操作	① 结束配餐流程前未整理设施； ② 漏掉配餐操作等工作环节； ③ 未按照反馈需求进行备餐服务	人-机 人 人-环

(4) 不安全行为 AHP(层次分析法)筛选

首先，建立目标层的层次分析结构。为对民航进餐推车设计过程中应该规避的不安全控制行为进行定量化分析，以筛选出占比较大的控制行为并进行设计优化，需针对上述“可能发生的行为过程”基于层次分析法构建层析结构。将目标层不安全控制行为重要性用 A 表示，准则层用 $B_i(i=1,2,3)$ 表示，要素层用 B_{ii} 表示，采用 1—9 标度法对层次结构模型中的各因素进行赋值，如图 2-19 所示。

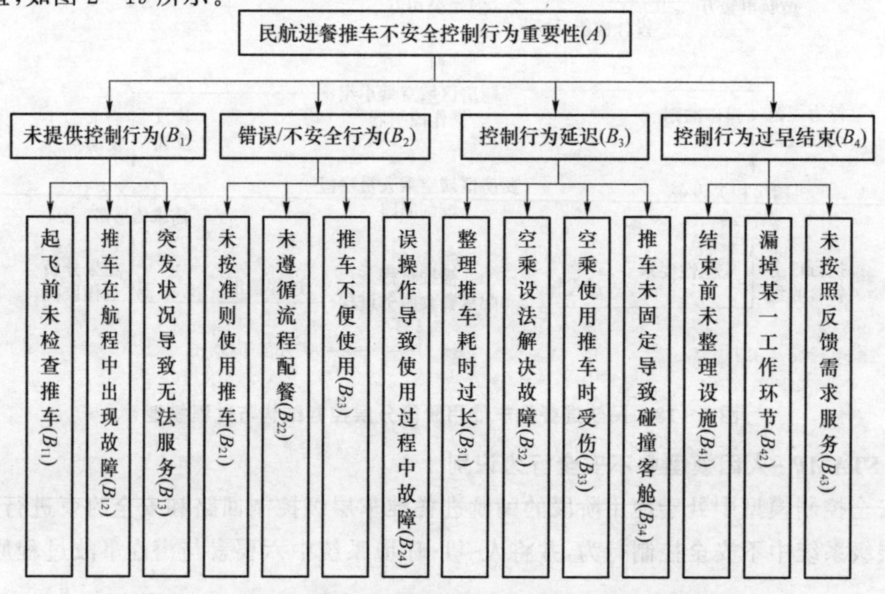

图 2-19　民航进餐推车使用阶段局部控制结构和控制回路

其次，各控制行为对应判断矩阵。为保证不安全控制行为评估过程中的客观性，由民航进餐推车结构设计人员、现役南航空乘人员及设计学类专业老师形成的专家小组构建判断矩阵，分析如下：

$$\boldsymbol{A}=\begin{bmatrix}1 & 3 & 3 & 8\\ 1/3 & 1 & 2 & 5\\ 1/3 & 1/2 & 1 & 4\\ 1/8 & 1/5 & 1/4 & 1\end{bmatrix},\quad \boldsymbol{B}_1=\begin{bmatrix}1 & 5 & 7\\ 1/5 & 1 & 3\\ 1/7 & 1/3 & 1\end{bmatrix},\quad \boldsymbol{B}_2=\begin{bmatrix}1 & 1/3 & 1/8 & 1/3\\ 3 & 1 & 1/6 & 1/2\\ 8 & 6 & 1 & 7\\ 3 & 2 & 7 & 1\end{bmatrix}$$

$$\boldsymbol{B}_3=\begin{bmatrix}1 & 1/2 & 3 & 1/6\\ 2 & 1 & 2 & 1/5\\ 1/3 & 1/2 & 1 & 1/7\\ 6 & 5 & 7 & 1\end{bmatrix},\quad \boldsymbol{B}_4=\begin{bmatrix}1 & 3 & 5\\ 1/3 & 1 & 2\\ 1/5 & 1/2 & 1\end{bmatrix}$$

最后，层次总排序与优化内容确定。利用 Yaahp 层次分析软件计算方案层中各要素权重值并排序，结果如表 2-2 所列，评价结果均通过了一致性检验。“进餐推车不方便使用”“起飞前空乘人员未检查进餐推车”“进餐推车没有固定导致撞伤机上乘员”是可能导致事故发生的三个重要潜在不安全控制行为。因此，有必要以此为中心进一步开展人因分析与设计优化。

表 2-2　民航进餐推车潜在不安全控制行为综合权重

准则层因素权重	决策层因素及权重		综合权重	综合排名
未提供控制行为(B_1) 0.249 1	起飞前未检查推车(B_{11})	0.723 5	0.180 3	2
	推车在航程中中故障(B_{12})	0.193 2	0.048 1	6
	突发状况使无法服务(B_{13})	0.083 3	0.020 8	11
错误/不安全行为(B_2) 0.530 2	未按准则使用推车(B_{21})	0.056 8	0.030 1	8
	未遵循流程配餐(B_{22})	0.120 0	0.063 6	5
	推车不便使用(B_{23})	0.666 4	0.353 4	1
	误操作导致使用过程中故障(B_{24})	0.156 8	0.083 1	4
控制行为延迟(B_3) 0.168 7	整理推车耗时过长(B_{31})	0.129 9	0.021 9	10
	空乘设法解决故障(B_{32})	0.160 9	0.027 1	9
	空乘使用推车时受伤(B_{33})	0.069 7	0.011 8	13
	推车未固定导致碰撞客舱(B_{34})	0.639 5	0.107 9	3
行为过早结束(B_4) 0.052 0	结束前未整理设施(B_{41})	0.647 9	0.033 7	7
	漏掉某一工作环节(B_{42})	0.229 9	0.011 9	12
	未按照反馈需求服务(B_{43})	0.122 2	0.006 3	14

(5) 不安全行为人因分析与设计优化

① 手推餐车“不便使用”人因分析与优化。

首先，为保证实验过程中数据样本多样性，选取包括现役空乘和空乘服务专业学生共 33 名成员作为数据测量对象，其中女性 18 人，年龄区间为 19～35 岁，男性 15 人，年龄区间为 20～36 岁。为精确捕捉空乘人员服务动作以获取与真实状况最为接近的实验结果，将测试人员按照身高区间平均分为 5 组，以随机抽样方式从每组被测人员数据库中提取身高、体重、蹲立高度、手臂长度、腿部长度的有效测量数据，如表 2-3 所列。同时，调整各关节部位和角度并建立尺寸数据以创建虚拟模型。

表 2-3 被测人员部分身体尺寸数据

被测者	1	2	3	4	5
身高(S_1)/mm	165.2	168.2	172.5	180.2	185.7
小臂长(b_1)/mm	23.5	24.2	25.6	26.9	27.5
全臂(b_2+b)/mm	52.4	53.4	56.1	59.1	59.8
小腿长(t_1)/mm	45.2	46.5	46.8	48.2	49.1
全腿长(t_2)/mm	95.2	96.3	97.9	101.9	103.3
蹲立高(D_1)/mm	104.0	105.5	108.1	113	117.8

其次，通过观察空乘人员重复进行“直立-下蹲-直立”的作业姿势，可将其转化为 4 个固定姿势的过渡与循环，依次表现为：①直立姿势，多用于空乘人员在前期使用烤箱加热餐食或发放餐食过程中的初始状态；②半蹲姿势，空乘人员取放中间层餐车内餐食、饮料时往往稍微弯下身子，每次动作持续时长约 3～6 s；③下蹲手臂拿取姿势，空乘人员下蹲打开车门拿取下层餐食，每次动作持续时长约为 3～5 s；④下蹲手臂抬升姿势，多出现在空乘人员回收餐盒、整理餐车等状态，持续时间较长，约为 10～30 s。

运用 Jack 软件中的 Animation 工具，模拟空乘人员在备餐、送餐的服务流程中与推车的交互行为，将整个流程划分为四个阶段：第一阶段，直立工作状态至半蹲备餐状态；第二阶段，屈膝半蹲工作状态至全蹲手臂拿取餐食状态；第三阶段，全蹲拿取餐食状态至手臂上抬整理餐车内物品状态；第四阶段，完成工作任务由蹲姿转为直立状态。如图 2-20 所示。

图 2-20 空乘人员工作流程仿真分析

再次，进行服务流程虚拟仿真与结果分析。运用静态强度预测(Statistic Strength Prediction)分析工具对空乘人员完成指定任务时的姿势进行强度预测，仿真结果如图 2-21 所示。Percent Capables 代表在对应强度下可以完成某一动作的人数百分比，在对整个服务过程进行静力强度预测分析时发现，当空乘人员处于下蹲备餐过程中时，对比膝盖与其他关节受力程度，所对应的 Percent Capables 数值从接近 100%下降到约 72%。

(a)　(b)

(c)　(d)

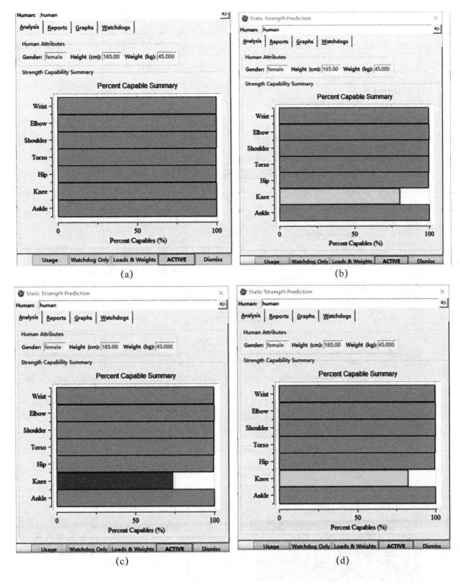

图 2-21　静态力分析过程中各阶段对应的仿真结果

对整个流程进行 OWAS(Ovako Working Posture Analysis System)分析，如表 2-4 所列。OWAS 能够提供数值来评估该姿势下空乘人员的不适度，并提供纠正必要性等级来评价姿势纠正的必要性。主要通过分析姿势负荷级别来确定空乘人员负荷情况，一般认为评价级别不超过二级即可认为处于正常状态，超过二级时说明姿势负荷有不良影响，应当及时纠正。当空乘人员以“直立”姿势推动进餐推车时，OWAS 分析结果为 1 级，OWAS Code 为 1121，说明姿态并没有不良影响；当空乘人员从“直立推车”姿势转为“下蹲取餐” 姿势时，OWAS 分析结果从一级逐渐过渡为标红 4 级，OWAS Code 为 4341，表明该姿势在空乘人员工作过程中并不合理，需要及时修正。

表 2-4　OWAS 工作姿势分析个人动作对应结果

姿态	仿真结果	OWAS 级别	系数对应姿势影响
直立姿态	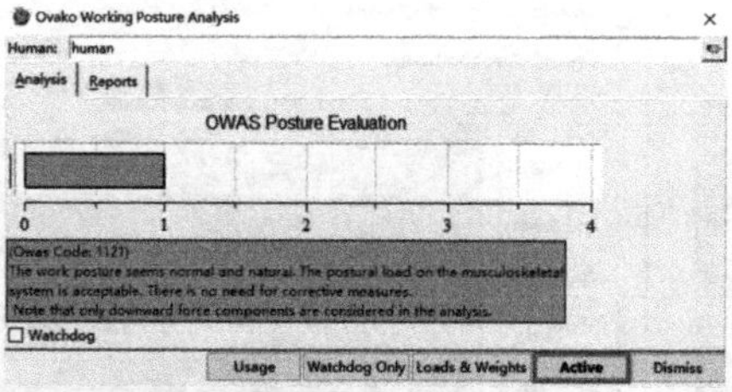 Ovako Working Posture Analysis Human: human Analysis | Reports OWAS Posture Evaluation 0 1 2 3 4 (Owas Code: 1121) The work posture seems normal and natural. The postural load on the musculoskeletal system is acceptable. There is no need for corrective measures. Note that only downward force components are considered in the analysis. Watchdog Usage | Watchdog Only | Loads & Weights | Active | Dismiss	级别:第 1 级别 OWAS Code:1121	正常的姿势,不需要纠正
半蹲姿态	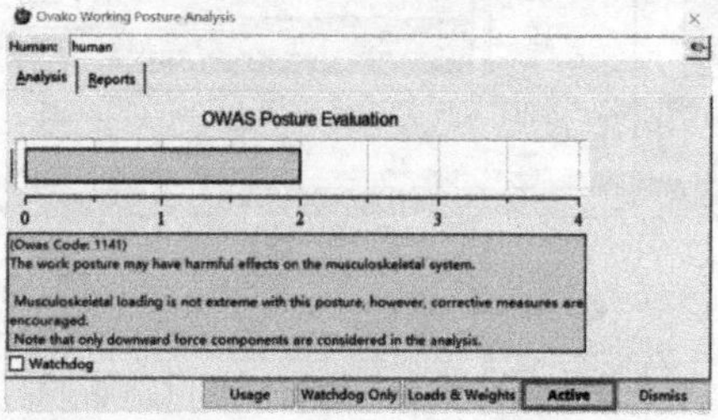 Ovako Working Posture Analysis Human: human Analysis | Reports OWAS Posture Evaluation 0 1 2 3 4 (Owas Code: 1141) The work posture may have harmful effects on the musculoskeletal system. Musculoskeletal loading is not extreme with this posture, however, corrective measures are encouraged. Note that only downward force components are considered in the analysis. Watchdog Usage | Watchdog Only | Loads & Weights | Active | Dismiss	级别:第 2 级别 OWAS Code:1141	在没有保持或重复更长时间的情况下,该姿势是可行的
下蹲手臂拿取姿势	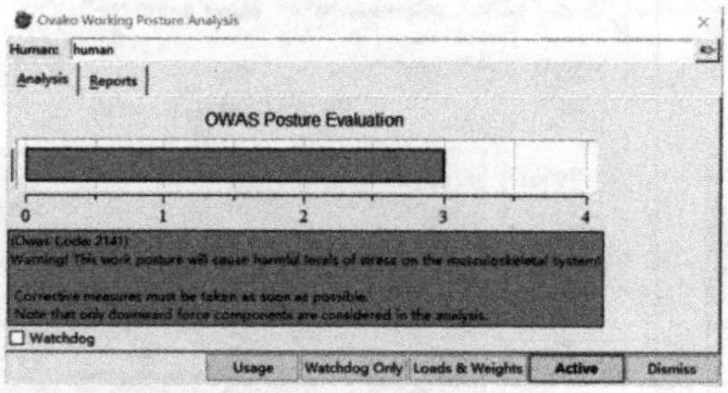 Ovako Working Posture Analysis Human: human Analysis | Reports OWAS Posture Evaluation 0 1 2 3 4 (Owas Code: 2141) Warning! This work posture will cause harmful levels of stress on the musculoskeletal system! Corrective measures must be taken as soon as possible. Note that only downward force components are considered in the analysis. Watchdog Usage | Watchdog Only | Loads & Weights | Active | Dismiss	级别:第 3 级别 OWAS Code:2141	警告！这种工作姿势会对肌肉骨骼系统造成有害的压力,必须尽快采取纠正措施
下蹲手臂抬升姿势	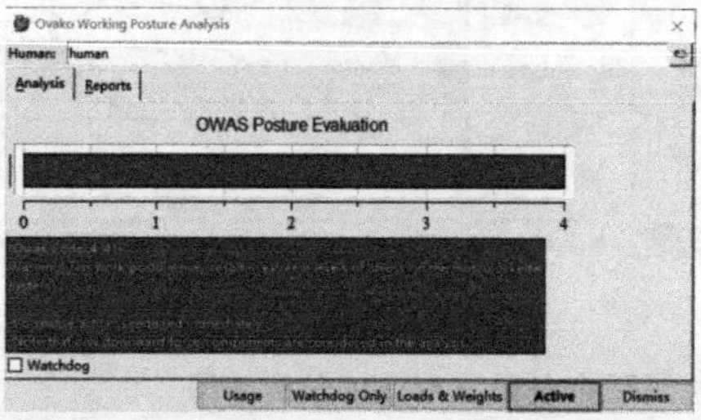 Ovako Working Posture Analysis Human: human Analysis | Reports OWAS Posture Evaluation 0 1 2 3 4 Watchdog Usage | Watchdog Only | Loads & Weights | Active | Dismiss	级别:第 4 级别 OWAS Code:4341	警告！这种工作姿势可能会导致肌肉紧张,须立即采取纠正措施

最后,基于上述人因分析,结合不安全行为对于进餐推车设计的影响进行设计优化。结合现有机上厨房空间中设施收纳结构与厨房设施中手推车设计标准分析,确定餐车整体长、宽、高尺寸分别为 300 mm、793 mm、1 002 mm。通过对空乘人员备餐、发餐过程人机仿真分析,发现空乘人员在完成第三、四个动作时会产生强烈的腰部及腿部不适感,长期在飞机厨房及狭小拥挤的客舱通道中频繁重复此动作易增加患骨骼疾病的概率,从而引发安全事故。因此,对进餐推车内部设计进行改良:采用滑轨传动装置与抽屉式结构相结合的方式运送餐盘,当空乘人员取完第一层餐盘上的餐盒,关上抽屉后,空抽屉沿最上层横向滑轨向后滑动,下层满载餐盒的托盘沿滑轨上移,避免空乘人员出现大幅弯腰动作,其只需要对进餐推车最顶部抽屉进行重复开合动作,即可拿取与整理餐车托盘内餐食,如图 2-22 所示。

STEP1：拉开抽屉，取出餐盒

STEP2：将空抽屉推回餐车

STEP3：空抽屉沿竖向滑轨下滑

STEP4：原右侧抽屉沿轨道左滑

STEP5：移动至初始左侧一层位

STEP6：回到STEP1状态，闭环

图 2－22　民航进餐推车内部设计结构改良

新型进餐推车内部结构设计改良了餐盘拿取方式，简化了空乘人员在进行前期备餐、中期发餐及后期回收餐食的整个工作流程中的服务动作，可避免以往频繁的大幅度弯腰、下蹲等动作，减轻空乘人员的工作疲劳度。此外，为满足大多数女性空乘不需要大幅度弯腰即可实现顶部抽屉开合动作的目的，根据《女性空乘尺寸统计数据标准》中站立姿态下空乘人员手功能高度的数据，如表 2－5 所列，选取第 95 百分位对应数据即 790 mm，作为民航进餐推车顶部餐食托盘距地面的高度，确保空乘在执行拿取动作过程中手腕部位处于平直舒适状态。抽屉的拉取部位采用 U 形圆角造型，避免空乘人员在使用过程中因不慎或突发状况划伤手部。

表 2－5　女性空乘人员 P5、P50、P95 手部数据截取

百分位数	第 5 百分位	第 50 百分位	第 95 百分位
身高/mm	1 630	1 690	1 750
体重/kg	59	66	74
前臂长/mm	226	239	253
手肘高/mm	996	1 038	1 079
手功能高/mm	724	757	790

② 手推餐车"起飞前未检查推车"人因分析与优化。

飞机起飞前，为避免因空乘人员未按规定检查进餐推车导致潜在事故致因行为发生，分别在车轮底部制动系统、车门旋钮开关以及干冰盒收纳处三个可移动构件部位安装按键检测装置，并在检测装置按键处通过观察提示灯带直观检测进餐推车运行状况：空乘人员依次检查三个可移动部位的开合状态，确保进餐推车部件可以正常使用；按下对应检测装置按键，其外部灯带由初始红色转变为绿色，示意设备运转正常可以执行后续配餐工作；当进餐推车在出现部分故障无法提供服务时，灯带将由绿色变为红色，提示空乘人员警惕故障件，并立即对故障部位做出处理。

进餐推车检测装置按键设计还要考虑使用舒适度与安全性，按键形态与尺寸选择应符合手指宽度。选取百分位为 95 的空乘人员所对应的身高数据为依据，并利用人体各部位与身高对应的一元线性方程计算出空乘人员手部宽度为 80 mm，根据成年女性手部型号对应控制部位尺寸的回归方程，即

$$Y_1 = 12.80 + 0.05X_1 \tag{1}$$

式中，X_1 为空乘人员手掌宽度，单位为 mm；Y_1 为掌宽对应食指近位指关节宽度，单位为 mm。

将已知掌宽数据代入，结果为 $Y=16.80$ mm。推车检测装置按键尺寸应与食指近位指关节宽度相符合，因此按键横截面尺寸设定为 16.80 mm。考虑到空乘人员在执行按压操作时必须有信息反馈，根据人机工程学操作装置最大允许阻力，一般取 2.8～5.6 N，设定按键操作阻力为 5 N。根据人机工程学中强调的适宜性原则，按键的压入深度范围设定为 3～18 mm，同时检测装置按键高度的选定应超出餐车外表面约 15 mm。

③ 手推餐车"未固定导致碰撞客舱"人因分析与优化。

飞机在起降或颠簸状态下，当进餐推车在狭窄的客舱通道内滑动时，由于刹车制动系统设置在车轮前部以及餐车自重等因素，存在空乘人员无法及时抓住推车并踩下红色制动脚踏装置的隐患。在餐车扶手部位增设制动装置，避免空乘人员双手离开推车为乘客提供服务或飞机突发颠簸时，空乘人员无法及时准确踩下刹车装置导致乘员受伤状况发生：当空乘人员双手握住推车手柄并向前转动时，餐车处于通行状态；双手离开，手柄旋转回复原始位置，餐车处于制动状态。扶手部位作为空乘人员操纵整个进餐推车的直接接触部位，其人机设计尤为重要，传统进餐推车扶手部分截面为直径 20 mm 的圆柱体结构，过细的杆部设计与单一的曲面设计不方便手部抓握，空乘人员在推餐车时手指呈蜷缩状态，较为吃力；为使空乘人员在推行餐车时更舒适与省力，应增大双手与餐车把手部位接触面积。运用人体部位与身高对应的一元线性方程计算出空乘人员手部长度为 192.78 mm，并根据女性手部控制部位尺寸标准回归方程计算最长手指长度，即

$$Y_2=-3.52+0.44X_2 \tag{2}$$

式中，X_2 为空乘人员手掌宽度，单位为 mm；Y_2 为掌宽对应的中指长度，单位为 mm。

将已知掌宽数据代入，结果为 Y_2 对应的中指长度为 81.30 mm。由此，计算得出适宜空乘人员手部抓握的扶手截面直径约为 34.52 mm。女性空乘人员单手宽度 Y_1 为 80 mm，在设计餐车双手抓握凹槽部位时，应留出不少于 160 mm 的长度供空乘人员推行，如图 2-23 所示。扶手正面造型采用内凹曲面，与空乘人员手掌贴合便于向前用力，条形凸起造型可以增加摩擦力，避免手滑导致餐车失控。其背部采用二分之一圆柱弧面造型，增大了手指与餐车扶手的接触面积，使推行时不必手指蜷缩，并为大拇指提供了放置位置，提升了使用舒适性。边缘造型采用小尺寸圆角处理，视觉上更具柔和特征。

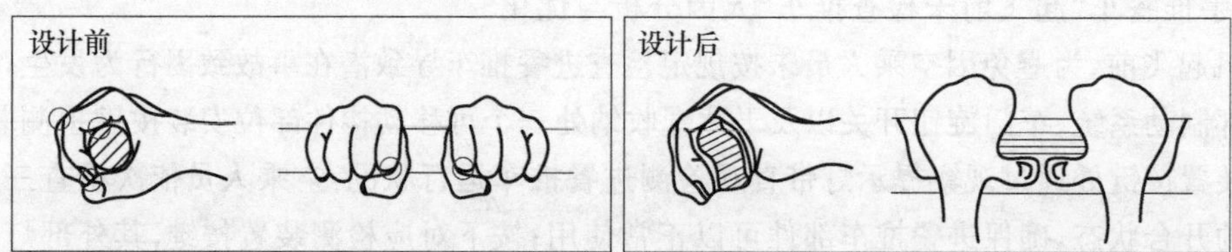

图 2-23　进餐推车扶手部位设计前后对比图

(6) 最终设计方案展示

根据上述分析，通过对餐车内部结构、监控装置、扶手与脚踏双重制动装置优化设计，形成了基于 STAMP-人因的民航进餐推车的最终设计方案，如图 2-24 所示。餐车圆润的整体造型传达了安全、友善的语义，圆润柔和的倒角也可有效减轻餐车体量感，避免过于笔直坚硬的倒角会对乘客造成二次伤害。将优化设计后的民航进餐推车三维模型导入 Jack 虚拟仿真软

件验证其可行性，结果显示，空乘人员为乘客提供服务的整个流程所采用的工作姿态“纠正需求”级别均为 1 级，呈绿色无需纠正的舒适状态。对空乘人员使用餐车服务时的姿态进行静态强度测试，结果显示各关节的 Percent Capables 数值均接近 100%，表明空乘人员在直立姿势下完成取放餐盒动作时，其手臂尺寸与餐盘高度匹配度较好，如图 2-25 所示。

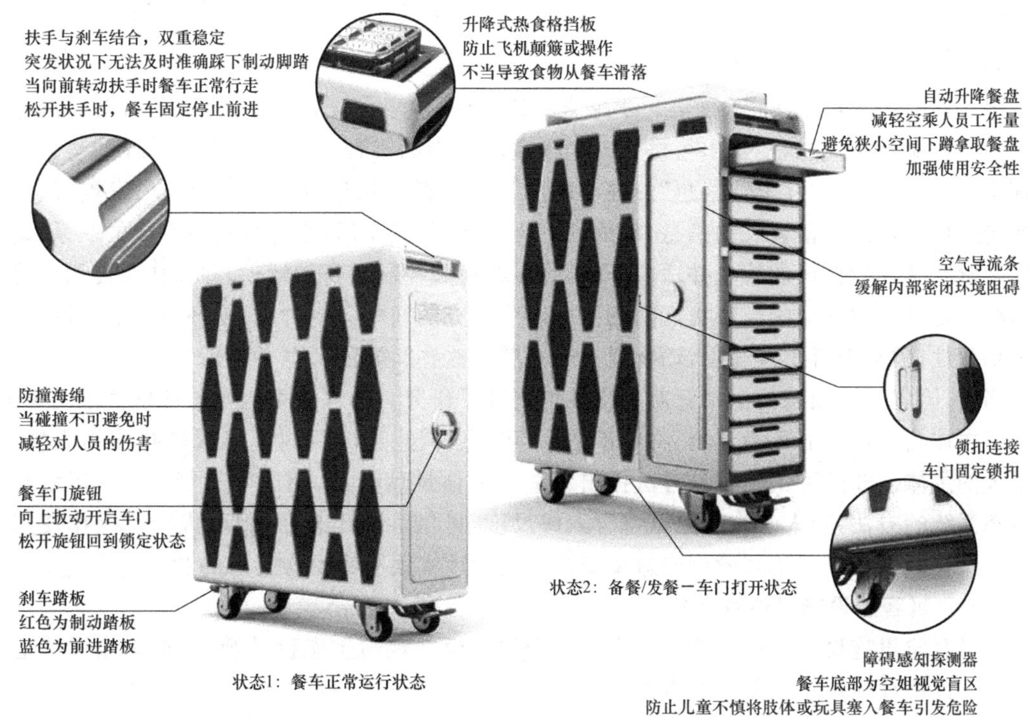
扶手与刹车结合，双重稳定
突发状况下无法及时准确踩下制动脚踏
当向前转动扶手时餐车正常行走
松开扶手时，餐车固定停止前进
升降式热食格挡板
防止飞机颠簸或操作
不当导致食物从餐车滑落
自动升降餐盘
减轻空乘人员工作量
避免狭小空间下蹲拿取餐盘
加强使用安全性
空气导流条
缓解内部密闭环境阻碍
防撞海绵
当碰撞不可避免时
减轻对人员的伤害
餐车门旋钮
向上扳动开启车门
松开旋钮回到锁定状态
锁扣连接
车门固定锁扣
刹车踏板
红色为制动踏板
蓝色为前进踏板
状态2：备餐/发餐一车门打开状态
障碍感知探测器
餐车底部为空姐视觉盲区
防止儿童不慎将肢体或玩具塞入餐车引发危险
状态1：餐车正常运行状态

图 2-24　民航进餐推车优化设计方案

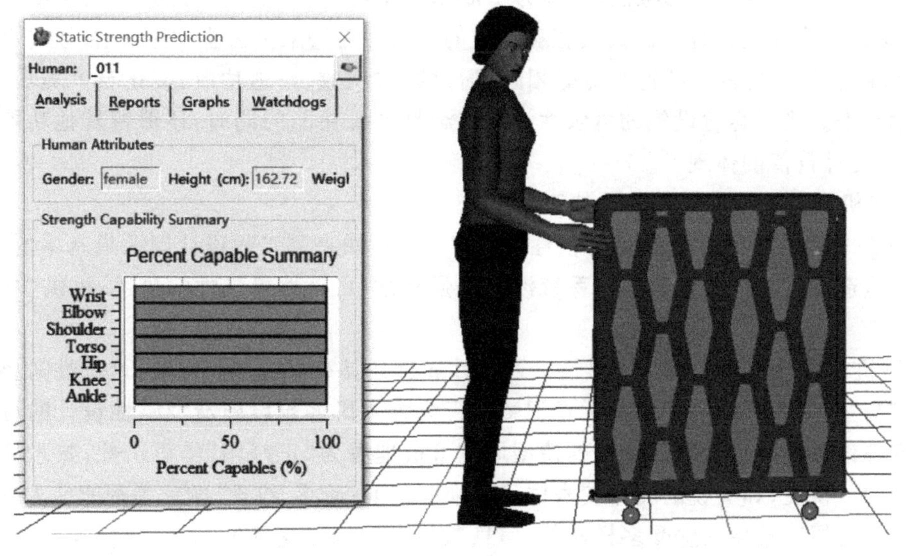
Static Strength Prediction
Human: _011
Analysis
Reports
Graphs
Watchdogs
Human Attributes
Gender: female
Height (cm): 162.72
Weigl
Strength Capability Summary
Percent Capable Summary
Wrist
Elbow
Shoulder
Torso
Hip
Knee
Ankle
0
50
100
Percent Capables (%)

图 2-25　Jack 人因虚拟分析结果检验

2.3.3 生态安全

生态安全是研究人与自然生态系统的可持续性发展，生态系统自我更新的再生能力可免遭外界不利因素带来的破坏性，并对生态安全系统不断改善与完善。飞机客舱设施生态安全的核心就是绿色设计，是基于人与飞机客舱系统稳定性与可持续性的生态设计研究。

1. 飞机客舱设施可供性

可供性(Affordance)是美国心理学家吉布森(James Jerome Gibson)创立的有关生态心理学的一个模糊性的概念，他指出可供性就是存在环境中的某种实体性或非实体性的物。生态心理学提出了“共生”“互惠”“普惠”的核心理念。吉布森以知觉生态学理论为出发点，认为环境能传达出存在的丰富客观的信息，动物的行为、知觉与其生活、生存环境有直接的联系，动物通过知觉感受环境提供的信息并适应环境，同时约束与控制自身的活动，并操作与使用环境中的“物”。可供性就是动物与环境之间相互协调与补充的“物”，这些“物”是环境中的资源，具有一定功效性，独立于行为和知觉，动物通过光来感知这些“物”的信息并使用它。

当前，国内设计领域的学者针对可供性也展开了研究。曲琛从可供性与环境关系的角度，提出了主体功能不同的环境具有不同结构的可供性可被感知，同时还可以转化成为人使用。基于人的主体认知的可供性设计方法提出了遵循人体尺度设计，还原生态行为——环境与保护生态系统的方法，当人工物的造型符合人体尺度，可供性就出现了，促使人产生操作使用的行为。这些研究对于飞机客舱设施造型安全人机设计实践有启示与指导的意义。

(1) 飞机客舱设施可供性特征

飞机客舱设施设计的可供性体现出以人为本的设计观与生态设计观，飞机客舱设施造型设计可供性特征体现在以下三个方面：

① 可供性存在飞机客舱环境中，可供性是飞机客舱环境提供给乘员的价值，不管乘员能不能知觉与使用都呈现在客舱中，不由人的主观决定。

② 可供性首先不具备刺激性，不会为了展示特定的价值或使之有意义，而主动去刺激乘员知觉，从而产生反应与行为。飞机客舱设施的可供性需要乘员去主动感知、发现与获取。

③ 可供性与飞机客舱设施的功能相融，通过物质功效、情感功效、文化与审美功效、服务功效展示出来。飞机客舱设施的可供性设计在满足主要功能的同时，还保留其他功能的多样性，这也是设计价值的体现。

(2) 飞机客舱设施可供性设计的三个方向

① 飞机客舱设施技术系统的可供性。理想度是解决产品工程设计问题最基本的方法，飞机客舱设施造型设计中的工程技术系统涉及如强制性、可拆性可供性的描述，可供性的 TRIZ 求解等。

② 飞机客舱设施感性设计可供性。可供性通过光具有可视性的特点，可供性需要知觉者去“察觉”与“获取”信息，对物体的无意识感知行为为飞机客舱设施造型感性设计的可供性提供了研究理论基础。适合主体使用的造型尺度可被理解为“正好用”的可供性；熟悉的形态透露出安全的可供性，如尖锐的转角使身体障碍乘客恐惧；质感、纹理、颜色等都能使人毫不犹豫地以身体的多层次感性去感受多样性的“信息”，很自然地接受环境，并与环境互动。文化、审美功能与可供性之间的关系：文化与审美体验减少了设计的不确定性；文化与审美增强了对预期互动潜力的检测，经济实惠是互动的潜力，我们通过这种潜力预测目标的成功。

③ 飞机客舱设施服务设计可供性。飞机客舱设施的服务设计可供性不仅帮助实现设施本身的功能价值与用户体验，还体现出了更具价值的生态可持续性。

2. 飞机客舱设施生态安全设计特征

(1) 飞机客舱设施仿生、流线型设计

人类很早就善于从自然界吸取经验，将优秀的自然形态与天然材料用于生存、生产、生活中，从自然中寻找保护自己安全的功能。到了现如今工业社会，仿生设计成为工业设计常用的一种设计方法，流线型代表了仿生设计的一种审美风格。仿生设计常用的方法有功能的仿生、材料的仿生、形态的仿生、结构的仿生、色彩的仿生、界面的仿生、运动规律的仿生。仿生不仅仅只有简单的形态模仿，自然设计与仿生设计使冷漠的产品具有了能"呼吸"的生物功能，人工智能使物"人性化"，产品有了温度、感应与感知。相对于直线的棱角边线，情感丰富的人们更乐于亲近圆的世界。著名的仿生设计大师柯拉尼曾说过："地球是圆的，怀孕母亲的肚子是圆的，人的胚胎是圆的，所以人天生与流线结缘。"仿生流线设计法于自然，充满生命力、优良与精美的造型设计多源于自然，自然中的飞鸟、游鱼所呈现的天然流畅形态特征都符合流体力学，这是自然界的生存法则。飞机等高速交通工具经常使用仿生的方法，模仿自然界的流线造型降低阻力，同时这些简洁、流畅的风格也在飞机客舱设施的造型设计中得到了应用。在航空技术美学领域，对艺术学与仿生学的结合尤为重视，将艺术与科学结合，仿照某些生物的特征与机能所创造出的具有独特流线型及美学价值的经典航空工业产品案例不胜枚举。

图 2 - 26 所示为笔者主持设计的两座运动飞机外观、喷涂与座舱内饰设计。整个机舱内饰不能超过 14 kg(除座椅外)，设计基于 TRIZ 多孔材料的发明原理，目的就是使物体多孔或采用多孔材料减轻重量。两座运动飞机内饰材料采用了仿生蜂巢结构的蜂巢板，减轻了重量，降低了成本。蜂巢板外层是具有防火、隔热、阻燃性能的增强材料——芳纶树脂基复合材料，满足适航安全与载重的平衡。降低风阻的流畅造型与动感流线辅助图形层次鲜明，朝气蓬勃。

图 2 - 26　两座运动飞机外观、喷涂与机舱内饰设计①

① "两座运动飞机外观、喷涂与机舱内饰设计"是联邦航太(荆门)通用航空制造有限公司委托项目，现已投产使用。

(2) 飞机客舱设施标准化与价值工程

标准化、价值工程就是降低成本、减少消耗与污染的绿色生态设计。飞机客舱设施标准化设计的目的在于促进事物之间的功能关系，主要包括：①部件标准化。无论窄体飞机或宽体飞机，其经济舱座椅关键构架部件的标准化设计能使维修替换简便；航空公司可定制与选配扶手、头枕、椅盆、各种靠背、座椅垫和脚踏板等标准件，提高效率。②标识符号标准化。飞机客舱设施上的图形和简明的文字标示，主要起到提醒与告知乘客安全信息的作用，其标识、图形符号必须符合标准化设计。

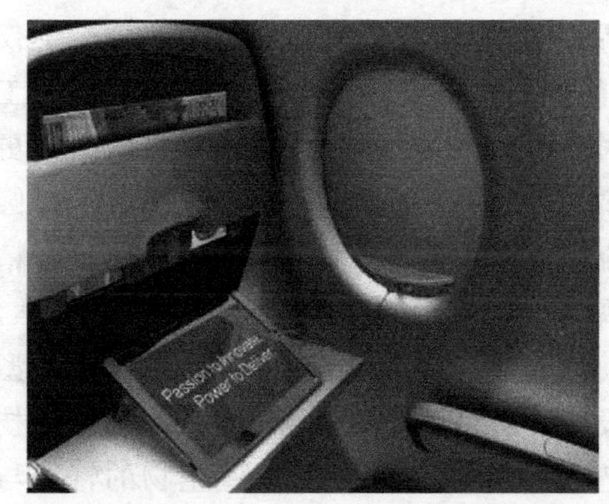

图 2-27 经济舱太阳能充电装置

飞机客舱设施的价值工程体现在功能与成本之间最优的配比，即以最低的生命周期成本实现必要的功能，同时提高客舱设施或服务的附加值，最大限度增大盈利能力。客舱设施设计要考虑经济成本，满足批量化生产的条件，从而使产品向商品转变。客舱设施设计要提高良品率，良品率是指生产线上最终通过测试的良品数量占投入材料理论生产出的数量的比例。通常，旅客们都会带着各种各样的便携电子设备上飞机，但是短程窄体飞机的客舱座椅往往没有选配电源插座等更多的功能配置，如图 2-27 所示，B/E 航空公司设计团队发明了一种内置 USB 充电口的 Solar Eclipse，这个系统可以利用太阳能为移动设备充电。

2.3.4 安全人机设计原理模型

飞机客舱是一个大的系统，乘员、客舱设施、环境、文化审美以及安全人机设计都是子系统，从乘员与设施安全人机造型设计的关系来看，最终目标是满足客舱设施功能最大化、乘客体验最大化、航空公司效益最大化、生态可持续性发展的和谐安全。飞机客舱设施造型的安全人机设计理论、安全人机设计要素、安全人机设计原则共同构成了安全人机设计原理，如图 2-28 所示。

系统分析飞机客舱设施造型安全人机设计的设计要素，首先需要明确客舱设施类型与安全人机特点，其次要明确飞机客舱中的主体(乘员)需要完成的功能和使用情景，再次要明确有关客舱设施的适航标准与安全法规，最后要明确客舱设施造型与乘员的关系中所涉及的生理、心理、美学、伦理等问题。人-客舱设施-情景-文化与审美是安全人机系统的四大要素。乘员是飞机客舱设施安全人机设计研究的主体，人始终是客舱设施使用的主体，在任何时候都要充分考虑乘员的尺度参数、心理情感等特性要素，这就需要研究影响人的安全行为的因素。飞机客舱设施是实现功能的人造物，其功能与部件的可靠性、可拆卸性、易维护性等都是系统中物的安全状态的重要特征。情景是人与设施安全共处的生活条件，情景要素包含了客舱环境与使用环境。在飞行旅程中，人与客舱设施的关系通常可分为静态与动态关系两大方面，静态的人-设施关系主要研究乘员与设施之间的空间关系，动态的人-设施关系主要研究乘员与设施之间的功能关系、信息关系。飞机客舱环境为乘员提供必要的生存、生活和工作的条件，良好的客舱氛围会使乘员产生安全、舒适与愉悦的感受，恶劣的环境会对乘员产生各种不良的影响。文化与审美要素影响乘客的正能量情绪，并决策人的安全行为。

安全、舒适、经济、生态、和谐是飞机客舱设施造型安全人机设计的综合效能准则。安全永远是飞机客舱系统中的第一指标。舒适是系统最根本的要求。为确保安全、舒适性能的实现，往往希望尽量采用最先进的技术与材料，这就必须充分考虑为此付出的成本，因此满足系统技术要求的前提下，尽可能更经济、易维护也是衡量系统优劣的一个不可缺少的指标。站在生命周期的角度，飞机客舱设施所追求的是最低消耗、最大功效、生态平衡的和谐安全。因此，研究飞机客舱设施造型安全人机设计原则，就是保障物的安全状态与"人"的安全行为。

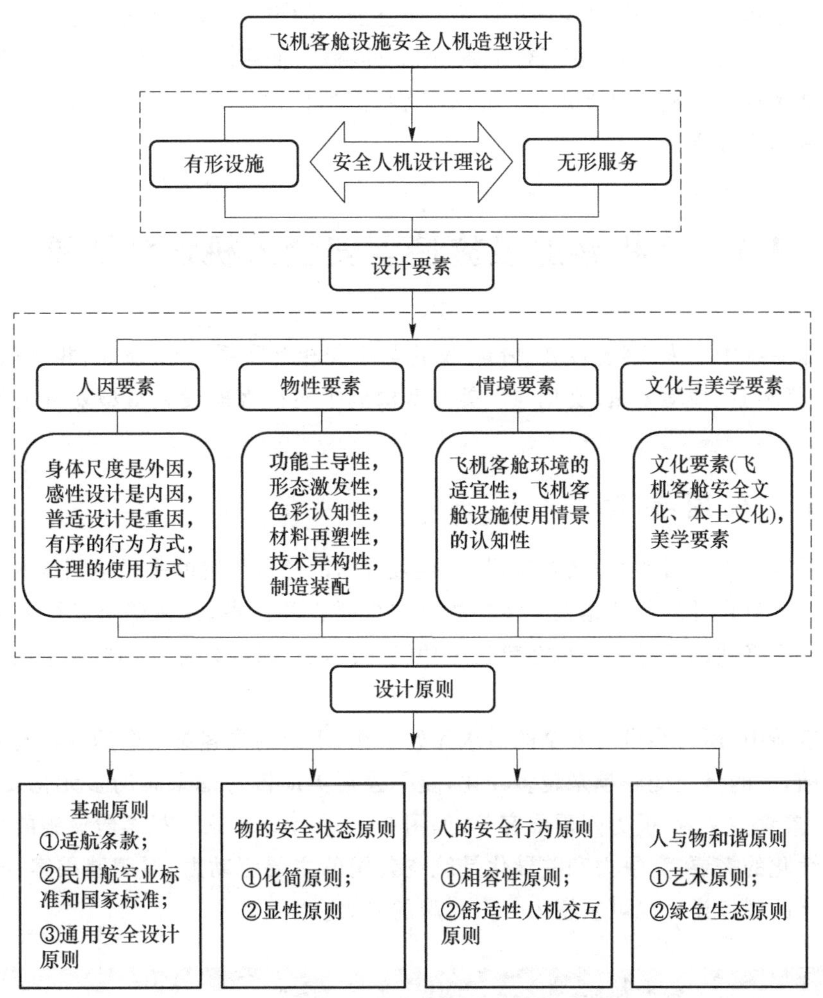

图 2－28　飞机客舱设施造型安全人机设计原理模型

第3章　飞机客舱设施造型安全人机设计要素与原则

飞机客舱设施的设计与研发，一方面是从航空公司的市场定位、服务与维修等角度进行权衡，另一方面从乘客的安全性与舒适性需求、产品的特性、使用环境等方面进行定位。因此，飞机客舱设施造型安全人机设计要综合考虑安全性、舒适性、技术性、经济性、美学、设计心理学和客舱布局等多方面因素。

3.1　飞机客舱设施造型安全人机设计要素

飞机客舱系统中的人-客舱设施-情景-文化与审美相互联系，相互影响，相互依存。因此，人因要素、物性要素、情境要素、文化与审美要素构成了飞机客舱设施造型安全人机系统的四大要素。

3.1.1　人因要素

设计既要合乎人的目的性，又要体现人的创造性，即通过创造的手段达到目的。飞机客舱设施造型安全人机设计的目的是在发生事故时减少死亡和伤害，并在整个飞行中为乘客和机组人员提供一个舒适的环境。飞机客舱设施功能、技术、材料与外形的创新能带给人更好的飞行体验。

在飞机客舱中，所有乘员对安全的需求无处不在，不同的乘客对安全的内在与表征需求各不相同。当前，人的体质变得越来越多样化，航空公司更应该考虑乘客的多元化安全需求，如轮椅使用者、素食主义者、视力障碍乘客等，如图3-1所示。未来飞机客舱设施的设计与研发有望适应个性化的需要，竞争力和差异化是航空公司的主要驱动力，对肥胖乘客、身体障碍乘客等弱势群体的服务设计也可被视为一个品牌的实力。

图3-1　为儿童、乘轮椅乘客设计的客舱设施

1. 身体尺度是外因

人造物的根本目的是为服务于人。飞机客舱设施设计需要测量乘员的构造尺寸与功能尺寸。乘客在飞机客舱中不需要进行大量的活动，最常用的活动是站与坐，所以需要测量人体的身高、臂长、立姿活动空间及范围、坐姿的活动空间及范围等数据，如图 3-2 所示。在飞机客舱中，必须保证大多数乘客站立时不能碰到座位上方顶部行李箱的底部，还可以自由通过客舱通道，这就需要测量各种乘客的身高与水平体型尺寸数据；在进行乘客座椅排距布局设计时，要考虑乘客腿部空间，这就需要测量乘客的坐姿活动空间数据等。飞机客舱设施造型设计需以人的行为活动中身体尺度的三个数值为基准：适合值，即最适合乘员各种活动特性的最佳值；经济值，即乘员活动时所需要的极端小值；舒适值，乘员活动时所需要的极端大值。通过飞机客舱中极端大值来规定目标人群的变量，尽可能多地满足所有人的需求。因为受限空间条件与经济成本因素，飞机客舱中某些设施造型设计往往不采用最适合值，而多采用极端小值，这样的设计在廉价航班或经济舱中最为常见。

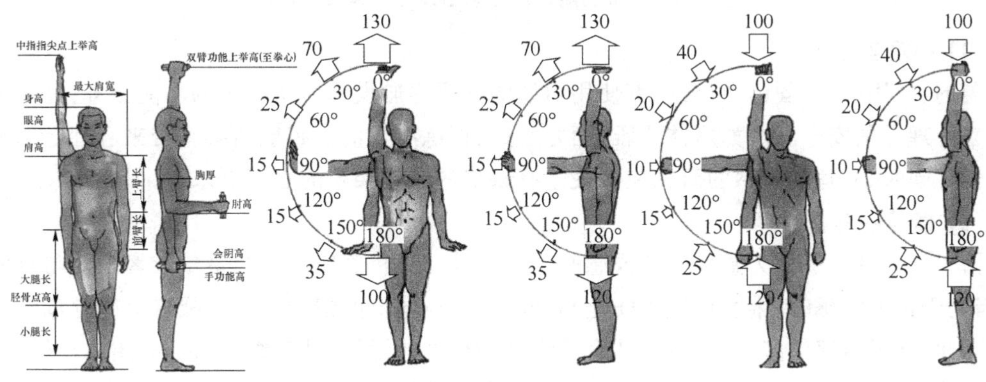

图 3-2　乘客的施力范围和方向

以飞机客舱顶部行李箱设计的人体尺寸示例，如图 3-3 所示，左侧展示了头等舱的横截面设计，右侧展示了经济舱的横截面设计，分别选取 P_5 和 P_{95} 男性乘客和女性乘客人体模型进行测试验证，顶部行李箱的高度既保证 P_5 女性乘客使用，同时也满足 P_{95} 男性乘客的使用需求，满足了 95%乘客的高度。对于客舱顶部行李箱功能尺寸设计，并不是行李箱空间越大越好，大空间行李箱会诱导乘客携带更大的行李箱上飞机，因随身携带行李箱重量、体积太大而使乘客无法举过头顶，反而会导致飞机客舱通道拥堵，甚至会对乘客身体造成伤害。设计师通常综合考虑并优化设计顶部行李箱空间，一般在设计中采用乘客身高以及向上施力范围的 P_5、P_{50}、P_{95} 百分位数值来计算最适合值，还有就是通过“可调设计”的方法尽量满足大多数乘客的使用需求。在设计座位上方顶部行李箱时，还需要参考乘客与乘务员的施力范围和方向，保证顶部行李箱可以被顺畅打开和关闭。

2. 感性设计是内因

当乘员各个感觉器官与飞机客舱设施发生关联时，特定的情景会产生不同的情感效应，情感效应会直接影响乘员的心理状态。正面或负面的信息源会刺激乘客的知觉系统，导致人的心理上产生积极或消极的连锁反馈，就会促使人决策并表现出安全感与不适感的情绪或行为。因此，飞机客舱设施造型安全感设计，要求使乘客在情感上接收更多的正反馈和少接收负反馈信息。

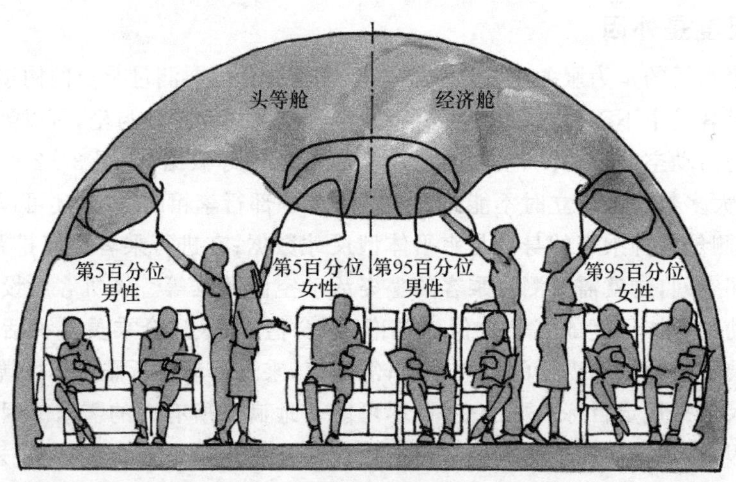

图 3-3　飞机客舱顶部行李箱设计人体尺寸示例

(1) 心理安全感

美的、好用的、牢固的、符合乘客使用习惯的飞机客舱设施与所提供的功能服务，都能给乘客带来心理上的安全感。如形体优雅、面容姣好、训练有素的空姐能给乘客带来心理上的平静与愉悦。同时，心理安全感的研究应多关注有缺陷的残障乘客的心理诉求。

(2) 情感的多样性

情感化设计也被称为感性设计或感知意象设计。飞机客舱设施会带给乘客正面与负面情感，当处于正面情感时，乘客传达出安全与开心等积极向上的情绪；反之，乘客会感觉危险与焦虑。因此，基于情感的多样性，可以从客舱设施物理本能设计（外形组件、色彩、质地与触感、结构等）、感知行为设计（文化、审美、个性、使用的乐趣等）、体验反思设计（效率、生态、安全、和谐等）等方面给乘客传达安全的情感认知。如图 3-4 所示，1930 年，25 岁的 Ellen Church 在一架波音 80A 客机旁欢迎登机的旅客，她是人类历史上第一位服务于商业客机的空中小姐，她不光持有飞行员执照，还是一名训练有素的护士。当时波音公司认为，护士有助于安抚乘客的紧张情绪。在 Ellen Church 的帮助下，美联航陆续招募了一批空中小姐，她们大多持有护士资格证。

图 3-4　早期的空中乘务员

3. 普适设计是重因

在飞机客舱中，乘客所使用的客舱设施采用普适设计的方法能最大限度满足每一位乘客的需求。飞机客舱中不同乘客所期望的都不一样，年纪大的乘客更多关注健康和幸福，情侣希望亲密体验，带着小孩的妈妈更在乎周全的照顾与休息。老年乘客就存在信息功能传递困难、视听力损伤、平衡能力差、耐力受限、行李箱搬运困难、依赖行走辅助工具等身体弱势。因此，飞机客舱设施造型安全人机设计就需要通过无障碍设计解决老年人等弱势乘客存在的问题，无障碍设计就是普适设计的原型。与弱势乘客密切相关的客舱设施应具备安全保护（扶手和栏杆等）、警报装置、足够的活动范围（宽的门可使轮椅通过）等造型设计特征。飞机客舱设施造型普适设计的范围：首先，盥洗室布局及设施设计要便于无人陪同的轮椅乘客进出、老年人与视力受损乘客安全使用，还要兼顾考虑制造商和航空公司的经济成本；其次，进一步有针对性地研究并解决座位区域设施的无障碍问题，如顶部行李箱、电源插座等设施无障碍设计；最后，更深入地研究弱势乘客的动作方式、活动范围、限制性移动特征。飞机客舱设施造型普适设计与应用如下：

(1) 公平设计

公平设计的主要内容，即飞机客舱设施的造型功能、形态、色彩与尺寸设计符合大众乘客的使用，对弱势乘客的操作有安全保护，在布局设计上有所体现残障乘客的心理感受。民航运输中，将短暂或永久失去知觉或动作功能的残疾乘客和行动不便的乘客简称为 PRM。在美国、欧洲和其他国家地区法律明文规定航空公司有义务运输并优先帮助 PRM，且无人陪同乘机出行的 PRM 人数呈增长的趋势。当前，飞机客舱设施公平设计原则已有所体现。例如，至少有一半靠近通道的乘客座椅优先提供给残疾人使用，可活动扶手方便使用轮椅的乘客通过；超过 60 个座位的客舱配备轮椅能自由进入的盥洗室，超过 100 个座位的客舱至少提供一个轮椅存放空间；关于客舱安全和信息的视频必须有高对比度的说明文字等。欧盟 1107/2006 规定了所有 PRM、智力障碍人士、任何其他原因的残疾人士或因年龄原因而需要适当注意和需要特别服务的所有乘客在飞机客舱的权利。因此，公平设计原则还会延伸到机载娱乐设施设计与使用中。

(2) 易用设计

飞机客舱设施易用设计不仅体现在使用功能的易用，还体现在情感与情绪功能上。使用功能就是符合乘客的操作习惯，使用过程简单。例如，飞机客舱照明易用设计就是保障足够亮度、防止眩光或阴影、避免彩色照明、让唇语能容易识别；乘客在座位上能自如控制阅读灯；尽量符合视力受损或听力受损乘客的使用习惯等。情感与情绪功能的易用设计，以灵活控制客舱彩色灯光场景来沟通各种功能和情绪为例，彩色客舱环境可以模仿自然光照条件或色彩鲜艳的色调，最大限度地提高照明系统的效用；为色盲和具有严重视力障碍的乘客提供服务是照明系统设计需要重点考虑的部分，使用有颜色的灯来表示各种事件，听力受损的乘客通过视觉就能明白其中的含义，如座椅信息灯、紧急出口照明标识和发光条提供安全与逃生指示信息；飞机客舱照明更高层次的需求是个性化定制，客舱应提供没有眩光的整体环境光，不仅对视力障碍者特别重要，也为所有乘客创造出更舒适的乘机体验，如座椅上的独立阅读灯能够方便每位乘客调节适合自己的光线，消除阴影，不影响他人。

(3) 语境设计

语境是产品被人使用时信息反馈的一种状况或者状态，语境设计是使用者操作客舱设施

时特定设计语言的交流与互动。信息反馈这一环节是对前一个执行动作结果的评估验证与下一个动作的开始。对乘客来说，信息反馈环节的语境设计体现在乘客活动空间设施与公共服务空间设施的操作使用过程中。飞行过程中，乘客开启座位顶部行李箱取拿物品后，关闭行李箱门后必须有信息反馈，行李箱门锁如果没有锁紧，就会存在飞机颠簸时行李掉下砸人的潜在事故诱因；乘客进入盥洗室后，内部关闭门闩操作成功后也需要有信息反馈。对于乘务员来说，信息反馈环节的语境设计体现在服务空间设施的操作使用过程中，例如飞机厨房手推车在飞机起飞、滑行、着陆、颠簸时要约束在存放位置的安全信息反馈，送餐过程中踩下或解除脚踏式手推车制动时需要信息反馈。不论是乘客还是乘务员，操作飞机客舱设施的信息反馈主要通过及时与可视的形态匹配、结构匹配与形式体现，以吻合、凸起、凹陷等形态与结构反馈匹配结果。考虑飞机噪声较大的原因，尽量不用声音反馈来提示。在飞机客舱中，防止乘员误操作应急设施的语境设计是一个可以深入研究的方向。

4. 有序的行为方式与合理的使用方式

正常的人具有信息感知能力、识别分辨能力、记忆推理能力、决策处理能力。人快速适应环境并进行调整，识别物体的大小、形状、位置、颜色、声音、质感等特征，从而对输入的多种信息进行记忆、分析、联想等抽象思维，最后解决需要归纳的问题，推理出一般性的结论。

(1) 有序的行为方式

一个系统内，人在一定地域与条件下的连续动作称为行为；人操作或使用产品时产生的一系列具备一定方向性与重点的连贯性动作称为方式。飞机客舱设施造型设计不等同于某种特定外在风格的设计，更希望通过功能使用为乘客塑造有序的行为方式，如飞机客舱乘客不对号入座的行为方式就可能使飞机的重心失衡，躲在卫生间偷偷吸烟的行为方式就可能导致火灾。

(2) 合理的使用方式

合理是指符合客观规律与自然法则、符合人的情理与事理。使用方式是人与产品之间的一种交流与互动体验，往往通过功能、造型、语意、情感等外征与内涵来诠释。人在使用产品的过程中，为了提高使用动作的安全性与效率，在合适的人机尺寸与生物力学基础上，对物的形状、尺寸大小、组成结构进行设计与改进，使其更适合人的动作方向、动作大小、动作的作用点。物、结构、动作在产品"造型"上得到了统一，这就是合理的使用方式的意义。飞机客舱设施设计是以为乘员服务为目的的活动，必须以"创造更合理的使用方式"为原则。不合理的使用方式必然带来不安全，如已发生多起因乘务员或乘客失误而释放应急救生滑梯的事件。飞机客舱设施造型与功能使用方式的关系一般分为三种：满足乘员使用的造型、引导乘员使用的造型以及限制乘员使用的造型。

合理的使用方式激励乘客去使用。人对物的使用会产生记忆、联想与认知，这种对使用方式的感性认知来自人脑中与之有关的储存信息，从而对使用方式的合理性做出决策。物的造型是使用方式的显性特征，技术与功能是在使用物的过程中，以行为语意和体验反馈出使用方式的隐性品质。飞机客舱设施合理使用方式的设计要满足两个条件：首先是乘客熟悉的且合乎逻辑的语意指示；其次是将简单的功能与最新科技结合起来，带给乘客好的体验。飞机客舱设施合理使用方式的设计要达到两方面的目的：一方面，客舱设施要有实用性；另一方面，必须引导并激励乘客去使用与体验。获得 2015 年德国汉堡水晶客舱工业设计最新理念奖的"头等舱 L. IFE 灯设计"就满足这两个要求。"头等舱 L. IFE 灯设计"是乘客熟悉的造型，激发乘客无意识地去旋转 L. IFE 灯的四个面。L. IFE 灯四个灯罩集成照明、PCU(分组控制单元)和

IFE控制等功能，每一面“灯罩”都是OLED触屏，在一个灯罩面上是PCU功能控制和航班信息，旋转它到另一面灯罩就可以访问视频内容，再次旋转就变为通信和音频界面。调整每个触摸屏的角度可以操作改变光束的角度和范围。因此，L. IFE灯又被称为“心情灯”“阅读灯”“台灯”，如图3-5所示。

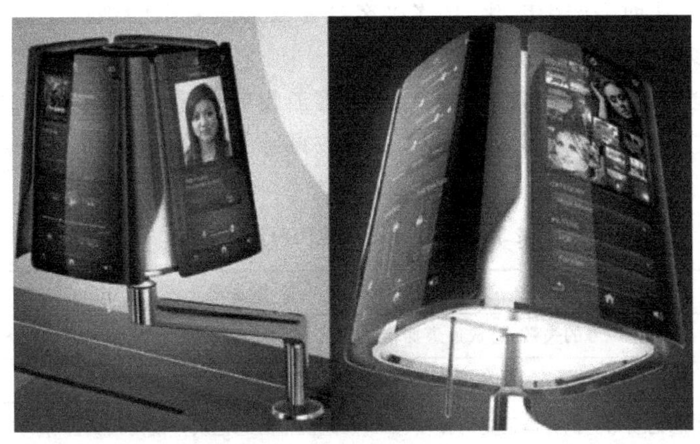

图3-5　头等舱L. IFE灯设计

合理的使用方式为乘客带来好的体验。合理的使用方式所呈现出来的行为语意包括行为动作指示、行为顺序指示、行为状态指示、行为反馈指示，这一系列过程为乘客营造了良好的交互体验。如在经济舱乘客座椅上集成一个“遮阳帽”的设计概念①。首先，乘客会通过“遮阳帽”的造型符号去推理客舱设施使用方式与功能，将虚拟现实技术应用到飞机客舱设施设计中，会使乘客有身临其境的感受体验，经济舱的乘客就像戴上遮阳帽一样方便；在乘客座椅头枕部位有支点，“遮阳帽”的形态行为顺序指示向下或向上的动作形成顺畅的位置关系，可以根据乘客不同的身高调整眼镜的高度，设置在舒适的视线部位就是行为状态指示；该设备调节到眼部位置会自动激活，这就是行为反馈指示，乘客可以享受航空公司提供的IMAX电影、演唱会或者加入到一场游戏中，同时有关闭扬声器的功能，以免干扰邻座乘客，如图3-6所示。

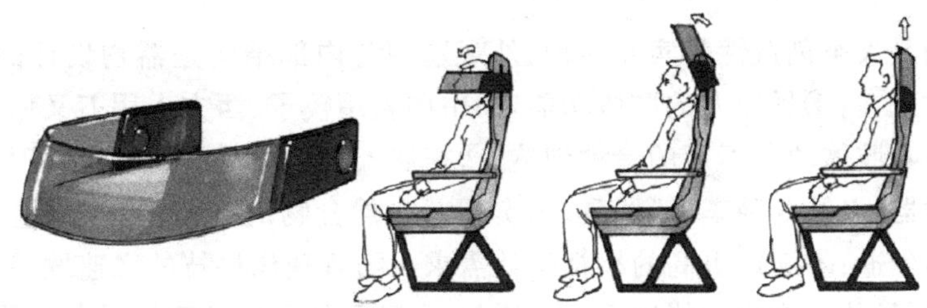

图3-6　飞机客舱虚拟现实技术眼镜设计概念

(3) 乘客的不安全行为

乘客不当的行为方式与乘客错误的使用方式构成乘客在飞机客舱中的不安全行为。

乘客不当的行为方式类型：后排乘客爱踢腿(64%)；照顾孩子不力(59%)；身上有异味或

① 底特律亚历山德拉创意研究学院产品设计专业的学生密歇根的设计概念。

香水味过重(55%);大声说话,将音乐或视频音量放到最大(49%);醉酒(49%);喋喋不休(40%);插队的乘客(35%);任性倾斜座椅靠背(35%);霸占他人座椅扶手空间(34%);携带味道强烈的食物上飞机(30%);裸体乘客(28%);不顾及他人,随意秀恩爱(28%);频繁上洗手间(22%);单身且想要套近乎的乘客(18%)[①]。乘客不当的行为方式打乱飞机客舱整个安全行为系统的有序组合,从而会产生变化,是飞机客舱安全事故发生的诱因。需要民航法律法规、安全文化教育等多种形式进行约束与限制。

从人进入客舱到下飞机的过程中,人与飞机客舱设施产生必然的识别、决策、操作执行的交集关系,这些人为错误的使用方式是发生事故的主要原因,乘客错误的使用方式类型如表 3-1 所列。

表 3-1 乘客错误的使用方式类型

类 型	具体表现
识别错误	识别座位号的失败,造成通道拥堵
解释错误	识别的场景、形态、语义符号、尺度等失败或理解错误
遗漏错误	忘记或未能执行所需要的操作(如进入盥洗室后忘记执行锁门闩的操作、打开顶部行李箱取物品后忘记关闭行李箱门的操作)
执行错误	执行了不该执行的步骤或执行了禁止乘客执行的任务(如乘客擅自操作紧急滑梯手柄、紧急逃生舱门)
次序错误	不按照操作次序或逻辑性操作使用(如 IFE 界面操作经常发生的顺序错误)
重复错误	不必要的重复操作错误
方向错误	在客舱通道中错误理解机头与机尾方向,或反方向解释客舱设施所显示的信号(阅读灯调节的明与暗、座位温度的高与低调节、盥洗室冷热水水龙头的调节等)
错误的恢复与未恢复	错误发生后,乘客进行修正错误而避免事故的发生;错误发生后,乘客不能修正错误或者不愿意修正错误

3.1.2 物性要素

器物的创制是人类创造性的实践活动,外观造型与内部结构是器物设计的两项任务。器具的主要功能体现在:①延伸人的肢体功能,如中国人用筷子、西方人用刀叉用餐,便是人进入熟食时代弥补自身肢体功能不足的一种创造;②拓展人的活动范围,如人为了与兽搏斗而发明的抛石器或投射器,以及各种车、船器具;③实现对自然食物的计量,如各种量器、衡器、度器、计时器等的发明创造;④满足更高的精神生活需求。随着现代科技的飞速发展,生产与生活方式的不断变化,器具的智能化功能比重不断增加,导致了器具的造型设计与功能结构设计出现分道扬镳与紧密结合两种现象。飞机客舱设施功能的可靠性、造型的审美与有序是安全状态的外在呈现,会影响乘员的安全感与安全行为。舒适性是考量飞机客舱设施安全人机设计非常重要的因素,形态与色彩、内饰和灯光、材质与结构就显得尤为重要了,圆润流线型的造型相对有方块棱角的造型更易于使用者接受与亲近,木材、皮革、布绒等材质相对于金属、石材、塑料等材质给使用者更温暖可靠的感受。波音 787 的客舱顶部灯光和顶部行李箱造型让整个客

① CNN 报道 2016 年第四届"Expedia 机上礼仪调研"结果。

舱空间看起来非常开放和宽敞，通过扩大客舱内部舷窗的外边框带给乘客更大视野的心理感受，乘客的安全感也就相应提升了。

1. 功能主导性

(1) 多元、复合的功能

功能是产品性能的实用性与结构的合理性所产生的积极作用，产品的用途是根据目的需求而设定与设计的。因此，功能处于主导性地位，体现在"产品用来做什么"，而不是"产品是什么"，存在任何特殊形式之外的属性。物的本质是功能被人安全使用，飞机客舱设施的功能是安全人机设计最基本的要求，也是造型设计的决定因素，没有功能的设施就没有存在的价值与意义。飞机客舱设施造型设计通过其特定的功效与性能作用，从而达到保护乘客的安全与使用舒适的效果。当今社会，受人本主义设计思想的影响，人们对功能的需求，也发生了从追求理性、明确性到追求感性、模糊性、复杂性的功能服务。飞机客舱设施造型安全人机设计的功能要素不仅仅是传统意义上单一的使用功能，是技术功能与信息功能、心理功能与审美功能复合形态的呈现，体现出多元化、个性化的系统特征。

(2) 综合目的性多功能

飞机客舱设施的"多功能"不仅仅是功能的简单叠加或集合，而是有针对性依据不同使用环境设置并体现的综合目的性。瑞士军刀就是服务各种特殊使用环境的综合目的性多功能产品，飞机客舱设施的多功能集成设计可以满足乘客安全、舒适、节省空间等综合目的的使用需求。例如，头等舱乘客既需要舒适、放松的睡眠，又需要满足办公功能的需求，头等舱座椅设计集成了坐、躺、卧的多重功能。综合目的性多功能设计要求：①多功能飞机客舱设施造型设计需要匹配好各种功能使用与被使用之间合乎逻辑的关系；②要有功能的主次之分；③多功能会简化产品机械的操作结构，简单的功能集成会导致功能的模糊化，因操作与功能反馈的不匹配从而导致失误。

(3) 功能的约束

人的需求是功能存在的根本意义，但是功能并不能满足人所有的需求，功能在某些情况下又具有一定的约束性，是由产品的外在形式所体现出来的。例如，乘客希望在飞机客舱中就像在舒适的家中一样可以随意走动，不受任何拘束(特别是安全带的束缚)地度过飞行旅途，这样的需求明显是违反民航相关安全规范与准则的。飞机客舱设施存在成本、紧凑性、占用空间、重量、可靠性等约束条件，这些并不是产品的功能所能实现的。设计师在开展飞机客舱设施造型设计时，就要把乘客与乘务员的需求映射到相应的设施功能描述中，可以用这些描述来发明新技术或选择已存在的技术来满足潜在功能的需求。

2. 形态激发性

原研哉提出"产品的形态是产生吸引力的根本"。形态包括外观形态与结构形态。点、线、面、体、块构成飞机客舱设施的实体形态，是机上乘员能够通过视觉、触觉和嗅觉最能直观感受到的外观造型。结构形态是材料、技术、工艺、原理，必须是经济有效、合乎逻辑且符合当时技术条件而统一在人所需求的结构之上的，即一定的造型所具备的内在秩序之上。形态不仅能激发产品的功效，还能激发安全信息的传递，飞机客舱设施形态是在一定条件下可操控、可感知、可理解的表现形式。飞机作为对安全要求非常高的空中交通工具，其客舱设施的形态既要符合产品造型共性的一般规律，也要符合行业特殊性的要求。

(1) 共性规律

飞机客舱设施形态的共性规律体现在以下三个方面:①安全认知信息的传递。飞机客舱设施的形态应具有安全保护与信息传递的双重功能。飞机客舱设施的形态语言与结构的因果联系而产生的指示符号体现产品的安全象征;水平的形态给乘客稳定通透感,垂直的形态给乘客空间扩大感,曲面形态则给乘客柔和可亲感,圆润的形态比尖锐的形态更安全,饱满整体与精细工艺的形态给乘客心理上的豪华舒适感。②安全形态与功能的和谐。飞机客舱设施通过形态符号、构成元素与排列方式来传达功能信息,让乘员更正确有效地使用客舱设施;各个设施的形态设计要有差异性,从而区分不同的功能;形态设计与操作使用要一致;一个设施各部分通过形态区分,让乘员容易辨别哪部分形态是可以安全使用、哪部分形态是危险不能触碰;设施的构造、结构所体现出来的形态要符合乘员的使用习惯;形态要与设施的内部结构和装配一致,易拆卸与组装、维修与替换。③具有延续性。人们对新产品具有天然的怀疑与排斥感,而对旧的物件充满怀旧情怀。要使乘客对创新设计的飞机客舱设施形态产生信赖与安全感,就要借助之前设施的形态,了解以往的使用习惯,传达兼容传统的使用方式或实现同样的功能的信息,使新开发的设施具有历史的延续性,进而赢得乘客的信赖。

(2) 特有规律

飞机客舱设施形态的特有规律有三个要点:①质轻、物薄、高强度。飞机的特性要求客舱设施形态尽可能体积小、重量轻。阿道夫·卢斯在《装饰即罪恶》中宣称:“文化要想进步,就必须移除实用物品上的繁琐装饰,还原物品最优秀质量的本质”。这就要求客舱设施形态一方面去掉不必要的装饰细节,另一方面采用新材料、新技术、新工艺达到质轻、物薄、高强度的效果。如图 3-7 所示,空客公司通过结合仿生方法与 3D 打印技术,创新客舱分区组件的设计,为空客 A320 客舱设计了一个全高度尺寸的厨房分区舱壁,还包括一个壁挂式的乘务员座椅,且仅有 25.4 mm的厚度。这个设计方案仿生了自然界中的两种结构:一个是黏菌结构,定义了舱壁结构杆件的宏观布局;另一个是骨的结构,定义了每个单元的厚度和密度。首先,确定仿生结构,把分区舱壁分成 116 个子组件,每个子组件都包含标准连接件;其次,子组件集成到框架的四周安装与制造,由一种空客专有的铝镁合金粉末材料进行 3D 打印。这个仿生分区舱壁与传统的蜂窝结构粘结成的纤维增强塑料分区舱壁相比,减少了 45%的重量,同时能保持相同强度的结构性能。②节约型设计理念。节约型设计理念就是合理进行配置资源,从设计思维方式、材料、能源、尺度、收纳与回收几个方面科学地进行设计优化。在不影响飞机客舱设施功能的前提下,不占用额外空间的形态与尺度。设施形态尽量通过折叠、收纳、挤压、储藏等方式节省空间,确保移动的设施能够在客舱通道中顺利通过。③避免应力集中。英国皇家飞机研究院做过飞机舱内压力测试,相关结论是 70%的舱内压力都集中在形态的尖角上。1954 年,两架哈维兰彗星客机因为方形机窗的尖角受压破裂,接着机身解体,导致 56 名乘客死亡。飞机客舱设施的外观形态不仅要避免应力集中,零部件也需要使用形态曲面化发明原理避免应力集中而造成破坏,将直线或平面部分用曲线或曲面代替,就是

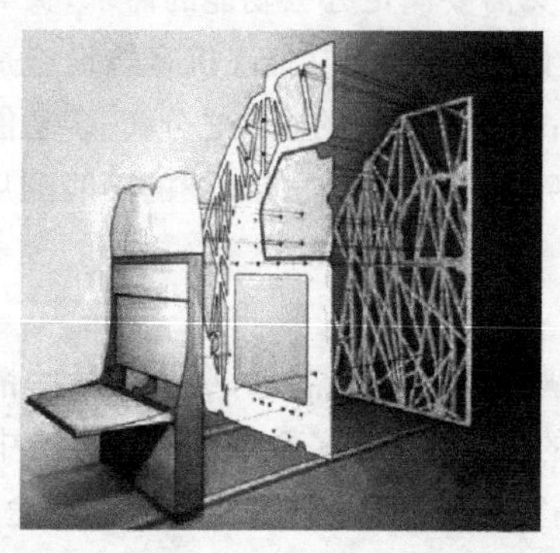

图 3-7 仿生方法与 3D 打印的厨房分区舱壁

曲面化发明原理。

(3) 飞机客舱设施形态设计符合格式塔理论

视觉与思维作用是一个不断组织、简化与统一的过程，格式塔理论主要强调人对形式感知的完整性、经验与行为的一致性。在产品的造型设计中，格式塔“完形”理论不仅仅是形态感知、对称、拓扑等在视觉上的体现，而真正意义是映像出产品的形式、功能与审美的统一。飞机客舱设施形态格式塔理论的设计是利用人的眼、脑直觉把各种似是而非的关系合成，从而建立感知关联，然后把这种相互关联转化为有形的客舱设施服务，合乎逻辑、平衡的形态会使客舱设施结构既简练又安全，既预防又保护，减少来自外部与内部的危险。

3. 色彩认知性

色彩是飞机客舱设施设计三大要素之一。维纳・潘顿(1926—1998)说过：“色彩是一种有意识的设计，不同的色彩暗示着不同的寓意和功能”。色彩这一特殊的设计语言在飞机设计的应用屡见不鲜，大多数飞机的外观以白色为主色调。这是因为白色具有更明显的反射光优势与更佳的控温效果；白色能够方便发现机身上的锈蚀、裂纹、机油泄漏等不安全因素；发生空难事故后，白色机身很容易在黑暗中被发现；白色不容易褪色。飞机客舱中的色彩表达了一定的思想内容与功能，甚至会比语言更加明确与简练。一方面，客舱设施的色彩趋于情感化与象征化，象征不同的品位，带给人不同的情绪感受；另一方面，客舱设施的色彩趋于功能化，如色彩通过对乘客视觉的刺激传递安全信息，起到警示的作用。

(1) 色彩视觉效果

飞机客舱设施色彩视觉效果通常通过对比、面积效果的设计来表现，视觉效果遵循两大原则：第一，明度对比>色相对比>纯度对比的原则；第二，大面积的飞机客舱区域或设施部件用低彩度色彩，小面积的飞机客舱区域或设施使用高彩度色彩。

飞机客舱设施色彩视觉效果具体应用体现在五个方面：第一，飞机客舱的色彩种类尽可能少，同一类型的客舱设施运用不同的色彩与装饰图案，形成纵向色彩视觉系列，不同种类、不同型号的客舱设施使用同一色系，形成横向色彩视觉系列。第二，当飞机客舱色彩单一时，尽可能运用材料本身肌理纹样的不同装饰特性，以达到增强装饰的视觉效果，多体现在舱壁、隔板、顶部行李箱、座椅面料等。第三，飞机客舱色彩搭配避免杂乱无章，可遵循上浅下深的原则，舱壁与顶部的色彩用浅色，地板用重色，以增加视觉空间稳定感。第四，飞机客舱尽量减少色彩对比强、旋转性强的图案，以免造成乘员的眩晕和视觉不适。第五，飞机客舱照明光源应接近自然光，在黑暗的环境中，为避免眩光对乘员的干扰，应减少照度与亮度。图3-8所示为国内某航空公司干线飞机客舱的色彩视觉效果设计。

图 3-8　国内干线飞机客舱色彩视觉效果设计(彩图见封 3)

(2) 色彩安全性能

色彩具备视觉安全的功能，通过色彩诱目性与视认性传递警惕、提示与识别的信息功效。

① 色彩诱目性功能。飞机客舱色彩诱目性就是运用高彩度与纯度、刺激性强的红色吸引

人的目光集中，起到警告、警惕的作用。飞机客舱的应急设施、逃生舱门的手柄、禁止乘客触动的按钮都使用红色，警告乘客在正常状态下不要使用；厨房一些设施的特殊部件会使用红色作为警惕色，如柜门与手推车的固定装置、手推车制动装置、热水开关等，提醒乘务员安全使用；“请勿吸烟”“系好安全带”“应急出口信号灯开启”、盥洗室门锁上“有人”警灯以及其他警示标识也采用红色以引起乘客高度警觉，预防发生事故。红色容易引起乘客心跳加速的紧张情绪，因此，红色也仅作为应急或安全警示功能在飞机客舱局部使用，如图 3-9 所示。

图 3-9　飞机客舱设施色彩的诱目色

② 色彩视认性功能。色彩的视认性应用在飞机客舱普通设施的使用标识、主要操作部件以及不同设施之间的区分，以小面积色彩作为设计符号起强调的作用，从而支配人的操作行为与动作方式。飞机客舱公共服务设施的标识采用高纯度的冷色（蓝色）或无彩度的中性色（黑色、深灰色），运用色彩面积对比，既起到识别、强调作用，也不会对乘客产生过度的视觉刺激性，例如盥洗室的标识、马桶冲水标识、婴幼儿换尿布台等。乘客座椅调节手柄、顶部行李舱的开关、盥洗室的门把手等主要操作部件采用类似色或主色调进行区分，方便快速辨识。飞机客舱同一设施还运用色彩的冷暖对比色，语意指示相对功能的使用逻辑，如通过暖冷色彩传递水温高低的信息。色彩的视认性功能还可以区分与标准客舱设施不同的其他辅助设施，如为肥胖乘客提供的红色加长安全带，如图 3-10 所示。

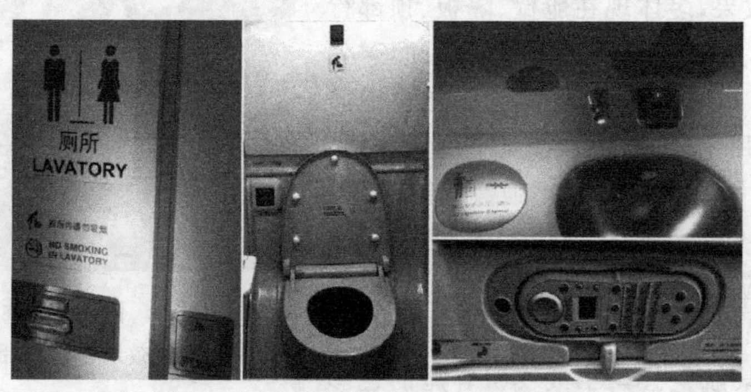

图 3-10　飞机客舱盥洗室设施色彩的视认色

(3) 色彩舒适感觉

色彩舒适感觉是人的视觉审美感官与心境变化的反映。主要包括：①色彩视觉感官的心理暗示。色彩刺激视觉与脑部后会影响人的感知，从而支配人的认知以及产生行为动作。色

彩视觉感官既有空间感、尺度感、体量感等物理性感知，还有温差感、安全感、舒适感等心理印象。代表通透与健康的蓝色系、代表清新植物与放松的绿色系，流露出镇静与有条不紊的感觉，这样以冷色调为主的配色可用在乘客最多的经济舱。以黄色、橙色为代表的暖色系列有增进食欲的视觉功效，以蓝色或绿色为代表的冷色系列寓意新鲜的食物，白色的餐具会增加清洁感，在航空餐具配色舒适性设计上可以借鉴。②色彩地域文化感。特定的地域文化色彩往往通过民族服饰、国旗、风土人情的色彩组合以及象征配色与用色习惯等表现，带给乘客视觉认知与记忆的复苏，增加舒适感和愉悦感，如中国乘客就偏爱中国红。③色彩季节感。季节的变化同样会影响乘客对飞机客舱色彩舒适的感觉。根据季节的变化，实时推出符合季节特征的飞机客舱色彩与照明效果，如寒冷的冬季进入由色彩营造出的春暖花开的客舱，骄阳似火的夏季进入由色彩营造出的冰爽清凉的客舱。同一款航空餐具、头等舱生活用品，按照季节的变化改变其色彩与图案，用低成本丰富视觉效果，给乘客不同的体验。④乘客的年龄、性别、受教育程度等差异性也影响色彩舒适感。成功的商务乘客年龄相对偏大，更加愿意接近较低纯度的自然色、厚重感的古典色；女性商务乘客偏爱纯度较低的胭脂红、土黄色、暗紫色风格，以及这些颜色演绎出的华丽与典雅氛围；男性商务乘客偏爱纯度较低的深蓝色、藏青色、金色、茶色，这些色系往往衬托出成功人士事业有成的孤寂感。在商务舱或头等舱中应用这些色彩，同时搭配组合同色系或对比色的花纹图案、复杂工艺编织出的质感，渲染出高贵的品质，避免形成缺乏生气与保守的印象。

(4) 色彩调和

飞机客舱设施色彩调和有三种方法：①采用类似、对照、亲近、秩序的手法使飞机客舱设施色彩搭配更协调。与飞机客舱环境色协调的客舱设施和柔和的图案能减少乘客的压抑感和疲劳感；顶部行李箱宜选用较明亮、中性的自然色或略带冷色调的色彩，与舱壁的色调协调一致；隔板的色彩既可以延续侧壁板色彩，也可以使用单独的色彩或图案，但要与乘客座椅的主色调相统一。②飞机客舱设施的色彩搭配使材质、构造、形态更协调。飞机客舱设施构造复杂、活动构件外露等特性易造成凌乱不安感，通过适当的色彩调和处理能达到整体和谐感。③飞机客舱设施的色彩搭配要求系统化。系统地使用航空公司的标准色，使不同种类设施视觉上整体统一化，强化品牌可靠的视觉效果。

4. 材料再塑性

飞机客舱设施通过形、色、质、音等示意性的语言给乘客以安全感。材料科学与信息技术要素是实现飞机客舱设施造型安全人机设计功能的根本条件，材料与技术的安全功能又通过赋予的形态诠释出来。飞机客舱设施对材料的选用有极其严格的要求，为了安全的需要首先要达到防火、阻燃、隔热、牢固性等要求，要符合和满足相关的适航标准。

(1) 材料科学促进了飞机客舱设施造型三种明显的趋势转变

第一，飞机客舱设施造型设计从笨重趋向轻巧，甚至向着无形发展。飞机客舱设施的材料经历了木材、塑料、铝材、复合材料的发展，一些前沿科研机构正在研究航空智能材料，材料的研发与制造始终以减重与轻巧为目的，代表最新民航科技集成的空客A380客舱大量使用环保、绿色材料。第二，飞机客舱设施天然材料与人造材料视感区别正在缩小。第三，应用可重复使用的复合材料。这三种趋势影响了飞机客舱设施造型设计的风格，材料科学与信息技术的革新，掀起了飞机客舱设施领域一股新的航空设计文化浪潮。

20世纪80年代，塑料以新型碳纤维和其他合成物的形式开始取代飞机客舱设施的一些重要金属配件。塑料作为一种替代材料已经进入我们的生活——它被认为可以“代替”传统材料，尤其是金属，塑料与金属相比使用起来更轻、更安静、使用寿命更长。塑料成为许多产品如办公用品、家用电器、厨房用具等的材料。我们与塑料在理性上和情感上的关系体现在以下几个方面：第一，制作塑料制品的过程与我们对物品制作的理解相去甚远；第二，塑料发出的声音很单调；第三，触摸塑料制品所感觉到的塑料是光滑而温吞的，不像坚硬的钢制品和陶瓷那样给人鲜明的感觉。当前，复合材料在飞机客舱设施中应用越来越广泛，复合材料是将两种或两种以上的材料结合在一起，以获得两种材料的特性，并有可能创造出新的、独特的合成特性。空客 A380 的客舱设施造型设计大量选择创新性的合成材料，降低重量和成本，提高安全性、可回收性，改善客舱环境的舒适度和美观度。

(2) 飞机客舱设施造型设计材料的应用要符合适航标准

符合试航标准的安全性能材料是构成飞机客舱“可存活的坠撞”的重要保障。所有的飞机客舱设施材料需满足隔热、隔音、阻燃、吸能和规定的极限载荷的适航要求，局部材料还要具备漂浮的性能。当民航客机发生迫降与坠撞时，具有阻燃、防火与吸能性能的复合材料能保障乘员免受二次伤害，在着火前尽快撤离；高效阻燃、低烟、低毒、低成本、轻质和高工艺性能的阻燃复合材料的研究与应用，是解决飞机客舱设施材料难题的关键技术之一，阻燃酚醛复合材料已经广泛用于民航客机顶部行李箱地板、隔墙与壁板造型设计中。民航客机迫降湖海中，乘员借助漂浮性能的客舱设施材料可以在水中逃生，提高存活率；隔音材料能满足舒适性能。飞机客舱设施的金属材料需要经过表面防护处理避免腐蚀，A380 乘客座椅使用了创新材料 GLARE（玻璃纤维增强铝），GLARE 材料由多层构成，一层铝、一层玻璃纤维复合在一起，也被称为“汉堡包”材料，确保了每一层之间有绝缘性，还对腐蚀有抑制作用。客舱地毯材料应防静电，客舱厨房区域、登机门区域以及盥洗室地板应防水、防滑，达到防滑系数规定要求，易于清洗。

(3) 物理安全的材料

自修复、自洁、绿色材料在飞机客舱设施造型设计中的应用达到了乘客飞行体验安全舒适的目标。自修复、自洁材料越来越多地用于飞机客舱设施的表面材料中。荷兰埃因霍芬理工大学正在进行自修复材料的技术研究，研究人员已经开发出自修复表面涂层。当客舱设施外表面被刮擦，自修复表面材料具有恢复划痕的功能，如飞机座椅织物和地毯将在某种程度上会自然脱落污垢，自修复功能会延长产品的生命周期。航空复合材料研究人员从荷叶上滚动的水珠得到灵感，自洁材料大量用到内饰与设施的表面，如图 3-11 所示。在飞机客舱中，由于乘客频繁地接触客舱设施如顶部行李箱、盥洗室洗手台、座椅折叠小桌板、扶手和靠背等，故在其复合材料表面涂上特殊的杀菌涂层，不仅可以清理乘客使用过程中留下的痕迹，而且涂了杀菌涂层的复合材料比标准航空材料更耐刮擦，能为乘客提供更多的清洁和舒适体验。

(4) 心理安全的材料

飞机客舱设施造型设计的材料要符合人的心理安全感受。不同的材质效果能带来不同的心理感受效果，由于材质的不同，带给乘客的视觉、触觉，甚至嗅觉的体验也不同，从而产生亲疏与远近、温情与冷漠的情感导向。如天然竹木材质让人有亲密感，手工制作往往比机械产品更易产生安全感受；生硬的人工合成材料让人有疏远感，金属材质在寒冷的季节给人强烈的冰凉与冷漠感。复合材料、塑料在视觉上具有与其他材料相似的外表，但无法具有竹木或金属材料的质感、气味和光泽。因此，飞机客舱设施的塑料装饰部件已被木质视觉的表面合成材料所替换。

图 3-11　飞机客舱设施造型设计使用的复合材料

5. 技术异构性

技术是为了特定目标通过逻辑与理性的方式归纳知识、经验与技巧的普遍规律，从而创造了物质文明，操作与认识是其核心部分。技术是促进飞机客舱设施发展之道的重要原动力。飞机客舱设施品种多、批量小、轻、小等特性，也决定了不同设施的模块功能、研发与生产技术，决定了不同的部位部件必然采用不同的设计，这就是技术异构性。当前，数字化、信息化与服务型的技术已在飞机客舱设施设计中体现，考虑到使用者的感受与经验，设施的造型设计也逐渐发生从“硬件形式”到“软件形式”、从“有形”到“无形”的转变。飞机客舱设施造型安全人机设计的技术异构性主要体现在以下两个方面：

(1) 智能信息技术是实现飞机客舱设施功能的主流技术

① 智能信息技术加速了数据的流动和使用。阿提哈德航空 2014 年报告中指出，2014 年与 2013 年相比，飞行中 Wi-Fi 的使用率增加了 80％，机上移动电话的使用率增加了 61％。在配备了空中网络与空中电话服务的飞机上，37％的乘客使用了这些设备与设施，其中 65％的乘客使用移动数据，31％的乘客发送短信，21％的乘客打电话。每天在飞机上有 1.5 亿份报纸和杂志，重达 100 000 kg。航空公司收集并分析每一位乘客全面的数据，一方面，通过乘客的性别、身高、体重、乘机偏好等数据信息，为乘客提供个性化服务，提升乘客的体验感受；另一方面，通过乘客的常住地址、联系方式、出生日期、购买行为和购物偏好等数据信息，为空中购物服务带来了无限商机，集成到 IFE 显示器上的信用卡读卡器，帮助乘客完成购物支付的体验。②智能信息技术实现飞机客舱设施“知化”与互动。飞机客舱设施因为智能技术具备了认知能力，“知化”是实现个性化与互动式 IFE 的前提，重量更轻、能源消耗更少、更为“聪明”的 IFE 是发展趋势。航空公司可以很好地利用乘客随身携带的手提电脑、平板电脑和智能手机传送机载娱乐内容，避免了管理、维护等大量工作，减轻了客舱重量、节省了航空公司成本，这也需要设计师对现有设施进行再设计，将乘客随身携带电子产品的充电、放置使用、下机遗漏等纳入设计范畴。另外，航空公司需要为乘客开发新型智能客舱娱乐设施，如可以用头戴式虚拟现实眼镜代替座椅 IFE 显示器，提供更为直观、智能的交互体验，如图 3-12 所示。

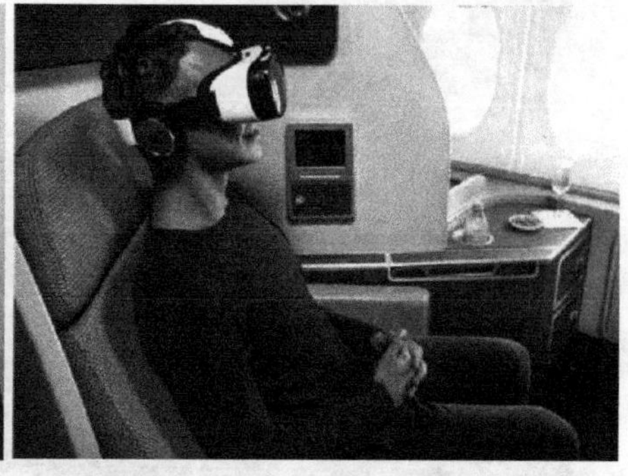

图 3－12　飞机客舱设施智能信息技术的应用

飞机客舱设施的智能信息技术主要体现在以下几个方面：①智能识别与自动调节技术。通过智能识别乘客不同飞行阶段的状态，自动调节飞机客舱光线强度、温度以及 IFE 娱乐节目与游戏等，为乘客提供最舒适的飞行体验。②光投影与光消毒技术。通过光投影技术可以在飞机客舱内形成光分区（代替隔板的功能）或者“光幕帘”，从而减轻飞机重量，满足乘客的个性需求；通过光消毒（紫外线）技术对乘客座椅及盥洗室设施进行消毒，为乘客提供安全保障，提高乘务员工作效率。③虚拟现实与全息投影技术。将特定的环境与风景或客舱外的真实风光全息投射到客舱的终端产品中，为乘客提供最丰富、最人性化的客舱体验。④绿色能量收集技术。通过乘客座椅吸收乘客散发出来的热量，通过舷窗吸收舱外太阳能，这些能量为各种客舱设施功能提供动力。

(2) 3D 打印制造技术的优势

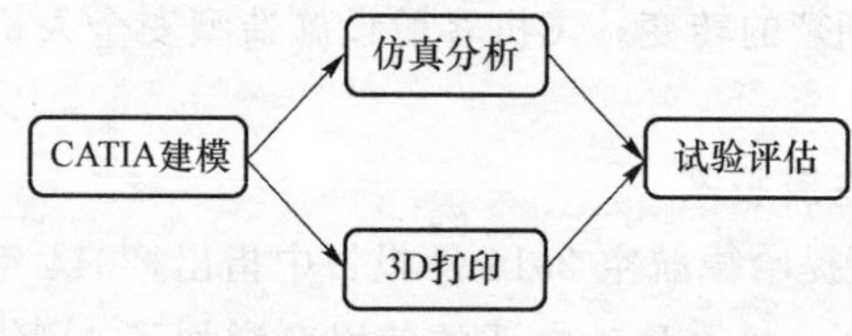

图 3－13　飞机客舱设施 3D 打印技术流程

飞机客舱设施设计采用 3D 打印技术的优势在于降低研发成本、缩短研发周期、减少零部件数量。采用多种复合材料的 3D 打印产品，能解决品种多、批量小、定制化、飞机客舱设施复杂的问题。飞机客舱设施新产品开发设计通过 CATIA 软件建模，结合了 3D 打印技术与仿真测试技术，使验证更有效率，如图 3－13 所示。

6. 制造与装配

在设施造型设计中如不考虑制造难以成型、制造成本增加、后期需要特殊的维护条件等，最终会导致好的创意设计无法实现。摩托罗拉公司曾做过调查研究，面向制造与装配的设计运用可以使产品的生产流程得到简化，从而减少产品中的误差。面向制造与装配的飞机客舱设施造型安全人机设计通常体现在三个方面：首先，首要的也是最重要的层面是简化设施部件数量，降低成本；其次，为了提高飞机客舱设施造型设计的可靠性与安全性，对于某些技术、工艺与表面处理要求极端精密、严格的关键构件，应该简化生产流程、减少误差率；第三，验证飞机客舱设施造型设计的合理性并提高质量。通过飞机客舱设施整体与部件的连接装配，检验造型设计的合理性，并将验证结果反馈给设计部门，常规性的生产制造装配的主要方法与原则如表 3－2 所列。

表3-2　飞机客舱设施部件连接装配的主要方法与原则

原　则	方　法	作　用
系统装配	功能模块方法	①采用功能合并的方法尽量减少制造零部件的数目；②分析相邻的部件在功能上是否可以相互包容与替代；③是否可以采用新工艺将多个部件合并为一个部分
系统装配	装配模块方法	用整体的模块安装取代多个简单部件的分别安装，可以降低组装难度
系统装配	部件组装方向向外或开放的空间中组装的方法	①避免在相对密闭的空间里旋紧部件的结构；②不要隐藏重要的部件
系统装配	便于定向与定位的设计方法	部件应该有相互衔接的特征结构以便组装快速直观（如可以使用明显的颜色或插接结构实现）
系统装配	一致化的设计方法	尽可能采用标准件（如螺栓与螺母标准件的使用可以减少装配失误的发生）
局部处理	形体对称性的方法	形体对称形式消除定位上的不确定性
局部处理	运用零部件外观的差异和对比性的方法	①运用零部件外观的差异和对比性来实现快速定位；②对于不对称零部件，应当针对形体中心或重心进行装配设计
局部处理	区别外观相似零部件的方法	外观相似的零部件，在不影响基本外形的前提下，通过不同的色彩关系或材质质感使它们易于区分
嵌入式装配	特征匹配方法	①添加倒角，考虑零部件适合度；②零部件装配方向与重力方向一致，即由大到小、由上到下、由重到轻地装配；③避免在装配体的下方或侧方添加辅助固定装置

3.1.3　情境要素

法国社会学家莫尔斯提出："设计产品应该转移到设计环境中。"人的思想相对是简单的，更为复杂的是人的行为，人的行为的复杂又多数来自情景，来自人对更好设计的寻找。我们研究的情境要素不是单纯静态、中性的环境，而是主体与飞机客舱环境之间的境遇性、交互性、动态性与即时性的认知，从而对行为进行控制。研究由两部分组成：一方面是飞机客舱环境适宜性的研究，飞机客舱环境-客舱设施-乘员三者共同创造的和谐局面，展现出生命与环境的平衡；另一方面是乘员使用飞机客舱设施情景认知的研究，包括境遇场所、动态使用条件、交互方式等，通过飞机客舱情景要素的研究为乘客提供安全感与幸福感。

1. 飞机客舱环境的适宜性

(1) 放松的客舱活动有利于乘客健康

在飞行旅途中，乘客的客舱活动一般分为在座椅上的活动与舱内活动两种方式。乘客开心阅读、轻松交流、愉悦散步、按摩、游戏等放松活动，会给乘客的生理和心理带来好处。乘客在飞机客舱内散步能预防旅行血栓症，促进血液流通；乘客在飞机客舱中的经常性活动包括从座椅上站立、在客舱通道中走动或游戏等，对乘客的健康有积极的影响。乘客在飞机上散步可提高幸福感，但太多乘客在通道上活动就会制造拥堵，从座椅上频繁起身走动更会打扰其他乘客的休息，怎样合理地设计飞机某个部位的行走与活动主题是值得研究的课题，例如，机上免税店、自助酒吧、餐厅与茶室等都是乘客客舱活动的好去处，如图 3-14 所示。

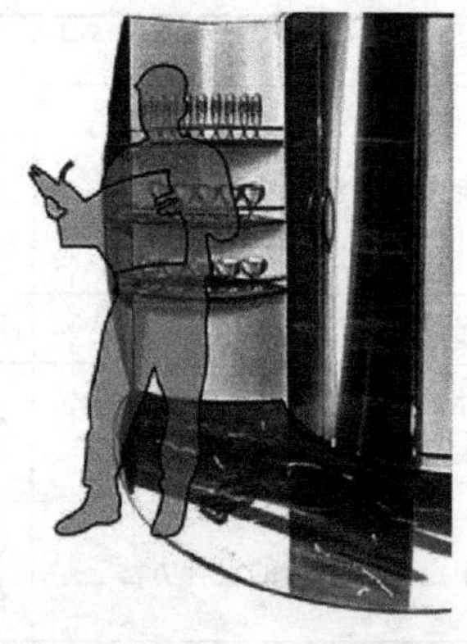

图 3-14　飞机客舱中的自助餐厅与酒吧设计

(2) 安定有序的环境使乘客感觉精神愉悦

有学者曾做了一个森林与城市之间差异的实验，280 名测试对象同时在两种环境中散步，受试者在森林中步行与在城市中步行相比较，唾液皮质醇（一种荷尔蒙有关的感觉压力）明显降低了 15.8%，平均收缩压明显降低了 1.9%，心率也较低。飞机客舱噪声、照明、气压和空气质量对乘客的影响很大，乘客有非常明显的感受，有许多信息通过乘客的各种感官进入到身体，人类不能连续不断地记录所有的感受，大脑只会挑选重要的信息进行反馈。Mellert 在飞机模拟客舱里研究长途飞行中噪声和振动对乘客健康、舒适的影响以及指数反应的特征，他们发现噪声对乘客的健康、舒适和幸福感指标有特别重要的影响。例如，与安静的环境相比，嘈杂的客舱环境使感觉到自己脚浮肿的乘务员增加了 43%、颈部有明显疼痛感的乘务员增加了 57%，发现身体类似部位的不舒适感随着噪声的增加而更强烈。因此，乘客座椅设计要考虑隐私与消除噪声的功能。

(3) 独立性与开放性互补的客舱环境更安全

基于隐私考虑，乘客有隐蔽自身不被外界干扰的独立性；基于安全的角度，乘客又有明了外部环境信息的渴望。这就要求在设计环境时，必须考虑飞机客舱环境的独立性与开放性的互补，这样的案例在生活中已有很多，如汽车、写字楼使用的单向透视隐私玻璃，人坐在内部环境中可以对外部环境一目了然，而外部环境的人却看不清内部环境。头等舱趋向于“独立公寓式”设计风格，是基于乘客安全隐私的考虑，但还要考虑乘客对外部环境信息的获取。在设计“开放式”经济舱环境时，也要考虑乘客个人隐私的因素。一方面，客舱造型应尽可能减少装饰件的覆盖空间，或利用视错觉造成空间的扩大感，如通过客舱舱壁与舷窗窗框造型可以将乘客的视线吸引到窗外，融合了蓝色穹顶的 LED 照明和带弧度的造型风格增大了客舱开阔感；另一方面，通过座位错位布局、座椅的造型增加乘客的独立性及隐私性。图 3-15 所示为 360°全景飞机客舱，在密闭的客舱内，乘客通过客舱舱壁、顶部观看全息投影技术显示的外部环境图像，给乘客以一种在隐形飞机中飞行的感觉。客舱屏幕还能用于商务乘客的视频会议，也可以调节成电影娱乐模式。幽闭恐惧症又称密闭空间恐惧症，即人在封闭空间对密闭或者拥挤环境反馈出的一种焦虑症状，对于有幽闭恐惧症或拥挤焦虑症的乘客，屏幕还能播放类似于热带海滩之类的景色，让他们体验身心放松的感觉。

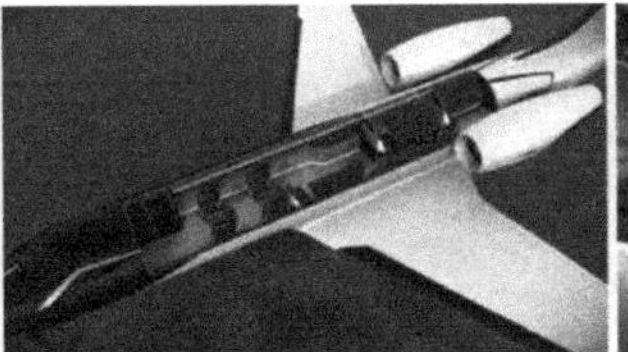

图 3-15　泰康尼设计团队设计的 360°全景飞机客舱

2. 飞机客舱设施使用情景的认知性

(1) 造型延展空间

飞机客舱空间十分有限，客舱设施既要满足航空公司的经济需求，还要保证乘客的安全舒适。中国传统建筑外墙的“转弯抹角”属于造型的安全性设计，“转弯抹角”将人性化与安全性理念融入传统建筑外墙施工流程中，一般将转角处距地面两米左右的建筑外墙墙角制作成圆弧状，既避免人的撞伤，又对墙角进行了保护。拐弯处的圆角不仅避免了对人和物的伤害，同时也增大了拐弯处的空间。将这一安全设计方法移植到狭窄客舱环境的产品设计中，对产品进行圆角或倒角的处理，既保护乘客不受伤害，又对设施外形是一种保护，其功效异曲同工。飞机客舱设施通过造型设计延展空间分为以下两个方面：

第一，延展飞机客舱设施内部使用空间。通过造型设计改善飞机客舱设施纵向或横向尺寸维度空间，增加容积率。如图 3-16 所示，针对飞机客舱座椅顶部行李舱门横向维度造型进行改良设计，在结构不变的前提下改变行李舱门的造型弧度，增加行李储存空间，为乘客提供更好的服务，为航空公司节省运行经济成本。

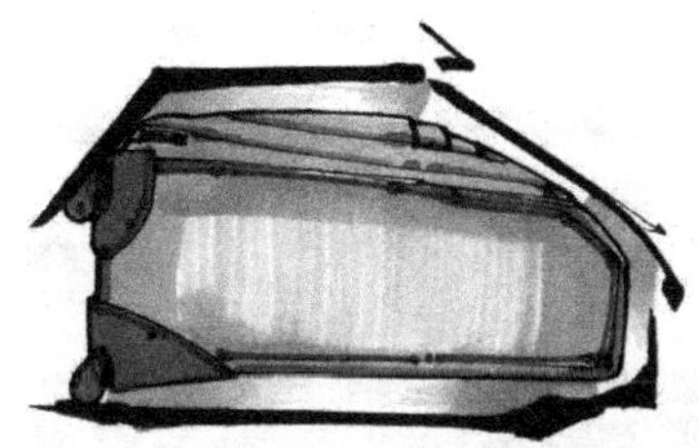

容量小(改进前)

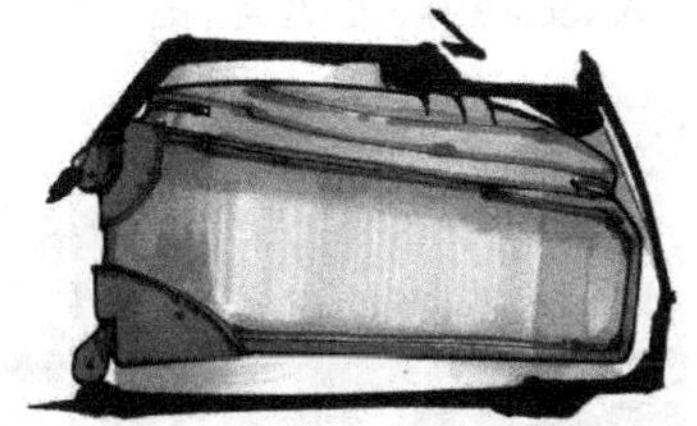

容量增大(改进后)

图 3-16　顶部行李箱造型延展内部使用空间

第二，延展飞机客舱设施外部安全空间。通过改良客舱设施外部形态结构，既避免伤及乘客，又避免碰撞后物品自身的损坏。如图 3-17 所示，左图为巴塞罗那设计与工程学院 Elisava · Center 设计的飞机客舱“苗条”手推餐车，错位的造型可以让乘客侧身通过，灵活便携的抽屉设计能提高乘务员发餐效率；中间的图为徽派建筑中的“拐弯抹角”人性化设计；右图为从“转弯抹角”中吸取设计灵感而设计的半圆弧手推车造型，在狭窄的通道给相遇的另一个手推车或乘客延展出可安全通过的空间。

(2) 造型营造空间

环境空间的大小、舒适感与空间中的物、人形成了密切的尺度关系，这种空间尺度有绝对物理尺度与相对心理尺度之分。封闭性强、狭窄的飞机客舱空间需要明亮的色彩、简单的线条、有序的轮廓层次造型，以营造层次丰富、宽大的心理尺度空间。

图 3-17 飞机客舱手推车造型延展外部安全空间

因子分析法是用多元统计分析的方法研究各种因素及其线性组合，因子分析的形成和早期发展源于心理学和教育学的研究。因子分析的程序如下：首先要提出因子分析的数学模型；然后根据观测变量的结果，对模型参量做出估计和检验；最后通过变量变换（因子旋转）得出变量间更简单明了的结构，对因子做出合理的解释。

使用因子分析法来统计测试者对室内环境有无窗户的感受，并用单个形容词对潜在因素做评价：①审美方面的感受：明亮的、高兴的、令人动心的、友好的、令人激动的；②组织有序方面的感受：混乱的、有组织的、无规则的；③情绪方面的感受：不吸引人的、乏味的、呆板的、封闭的、幽暗的；④尺寸方面的感受：大的、宽敞的。测试结果表明室内有窗户的空间比起无窗户的空间，人们更喜欢宽大窗户的空间。如图 3-18 左图所示，乘客抱怨买了靠窗的座位，竟然没有可以打开的窗户，让乘客感觉视觉堵塞，在封闭的客舱不舒适感陡然增加；如图 3-18 右图所示，宽大的舷窗内轮廓与舷窗形成近大远小的透视视觉，从而增大了客舱空间层次感。设计师运用简单设计法则中“压缩”的设计方法，将舷窗内轮廓的四周进行削边的艺术化造型处理，传递给乘客更宽大、更轻薄、更明亮、更有序的信息。

图 3-18 飞机客舱无舷窗座位与有舷窗座位的对比

(3) 设计灵活空间

对不变的飞机客舱空间环境进行灵活、合理与巧妙的划分，设计改变定型化的模式，加大绝对空间使用值，从而提高空间的利用率。飞机客舱设计灵活空间尤为重要，打破现有的环境空间标准化与固定模式，最大限度满足功能性，发挥经济效益与提高使用效率。飞机客舱灵活空间设计一般分为体现经济效益的灵活空间设计与体现使用效率的灵活空间设计。

第一，体现经济效益的灵活空间设计。在不影响乘客安全性与舒适性的前提下，以灵活空间面积替换的方法最大化载客量或自助收费客舱设施，增加航空公司经济效益。飞机客舱空客公司面向 A320 系列客机客舱进一步研究空间合理利用，提出了一种灵活空间的概念，这是面积替换形式的灵活空间设计。这个设计概念就是改变之前标准厨房的空间，由两个经济舱盥洗室和一个占用较小空间的厨房所替代，更有效率地利用盥洗室与厨房背部空间。所节约的空间可以在 A320 客机多安装三个甚至更多的座位，或者可以改善座位间距。盥洗室背部

的一个灵活空间的设计还能为行动不便的乘客提供更加优化的服务，如图 3-19 所示。

第二，体现使用效率的灵活共用空间。以灵活空间分割重组或模块组合的方法能够节省客舱空间、减轻重量，最大化提高飞机客舱设施的使用效率。设计师需要深入研究男性乘客与女性乘客、PRM 所使用的活动空间与公共活动空间共用及使用效率的问题；还要研究远程与短程航班交替，乘客对飞机客舱设施需求的变化，空中乘务员数量变动后乘务员活动空间使用效率的问题等。图 3-20 所示为对两个标准经济舱盥洗室重新分割组合的灵活共用空间设计，充分考虑了 PRM、母婴乘客盥洗室的使用效率与舒适性。

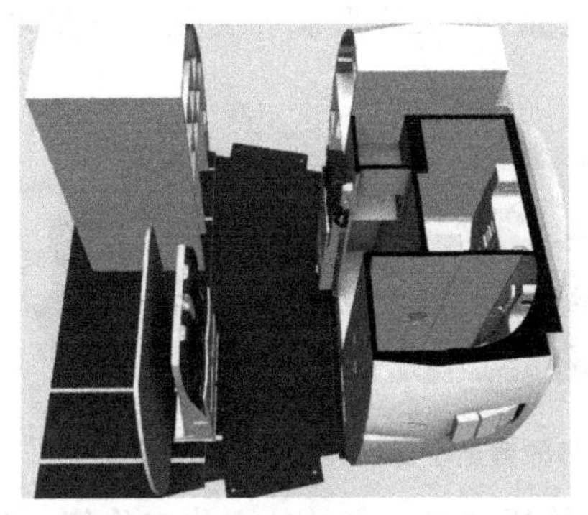

图 3-19　空客 A320 面积替换灵活空间设计

图 3-20　体现使用效率的盥洗室布局设计方案

3.1.4　文化与审美要素

文化、审美、功能、科技、形式等构成了飞机客舱设施造型安全人机设计实践的主要内容，文化与审美在设计实践中紧密相连。

1. 文化要素

消费文化带给消费者的不仅仅是物质功能需求的满足，还有消费行为、消费环境以及文化关联性的转变。某款产品带给人安全、舒适、快乐的心境后，就会使人形成一种依恋，不是对物品本身的依恋，而是依恋物品的象征意义或是物品带来的积极的正能量情感，文化正是心理“精神能量”的关键因素。

(1) 飞机客舱安全文化

安全文化是飞机客舱安全的一个子系统，是对乘务员安全伦理、安全激励、安全思维、安全行为等的综合规范，主要通过物质层次、行为层次保障飞机客舱系统有序与高效地运行。与物质层次、行为层次有关的飞机客舱安全文化体现在两个方面：一方面，乘务员需要安全操作客舱服务设施为乘客提供服务；另一方面，乘务员为乘客提供的高质量服务。荷兰学者 Blok 等人做了一项有关飞机客舱舒适性的研究，结论是客舱乘务员的服务质量与乘客的舒适性密切相关，乘务员的服务质量对舒适性影响的评分位列第四位。乘务员休息的好坏会直接影响自身情绪与客舱服务质量，特别是在长途航班中。因此，针对飞机客舱内乘务员休息设施的设计研究是不容忽视的内容。

(2) 本土文化的融汇与传承

高速发展的社会呈现出文化共存、共享的多元性特征。飞机是展现民族文化魅力、增进文化交流最直观与快捷的交通工具，通过设计的力量展现强大的生命力，飞机客舱内饰和客舱设

施造型设计显现出文化的记忆、文化的传承、文化的认同。融入传统文化元素会影响飞机客舱设施形态的变化，而形态的变化又会影响乘客行为方式与使用方式认知的转变。

“器以载道”造物思想承载着物质文化与精神文化的结合，青铜器精美丰富的装饰纹样、明式家具的“简”“厚”“精”“雅”、景德镇青花瓷的“人文气质”都是现代设计文化的经典范例。融入本土文化元素的飞机客舱设施既能提高审美的内涵，又能传承传统文化，也是现代设计的创新。著名设计师陈瑞宪设计的以“宋代美学文化”为主题风格的中国台湾中华航空波音777客舱深受好评，通过“文人市井”的经济舱、“夜灯伴读”商务舱、“东方文人饮食文化与亭台水榭意境”的酒廊隐喻出中华传统文化氛围，深泽直人评价它是“华人活形态和文化美学呈现”，如图3-21所示。

图3-21 “宋代美学文化”主题风格的客舱设施设计

融汇本土文化的飞机客舱设施造型设计能够凝聚并超越产品之外的文化与价值，塑造国产航空公司品牌文化、提升品牌价值，向乘客传递保障安全服务质量的自信。

艺术大师韩美林将“祥云、瑞凤、陶纹”核心设计元素融入国航新航空客舱设施设计中，如图3-22所示。其中，头等舱金色尊贵：柔和、温馨的金色调装饰烘托出头等舱的尊贵感。公务舱紫色东来：紫色主色调及银色的辅色调蕴含着“紫气东来”的祥瑞之意。超级经济舱宁静致远：经典的宝石蓝色面料及紫色纱线增加了凤纹的视觉清晰感，浅色头片云纹使色调显得更加丰富而深邃。经济舱满天吉祥：色彩来源于大地、天空和陶瓷，使经济舱旅客拥有了更加美妙的空间新鲜感。设计方案展现出了传统文化审美与现代科技功能，传统手工艺与现代印染、提花技术的巧妙融合，强化了国航的品牌文化价值。

图3-22 国航的头等舱、公务舱、超级经济舱、经济舱座椅设计

2. 审美要素

(1) 审美的目的性

美是外在的客观事物使人的感官产生的特殊快乐与愉悦。不管是形式美还是功能美，都是目的性的审美。飞机客舱设施的形式美，就是形、色、质使乘客产生的舒适情感，包括视觉乐感、听觉乐感、触觉乐感、嗅觉乐感，甚至是味觉乐感，例如黄金分割造型、对称平衡造型就是形式美使人产生的视觉乐感。飞机客舱设施通过“用”体现出功能美，美唐纳德·诺曼教授在《情感化设计》著作中提到了一个“美的产品更好用”的实验案例：两位日本学者做了有关产品形式美的实验，实验结果是消费者认为美的产品更好用，进一步更换不同文化背景的不同国家进行相同的实验，得到的实验结果还是一样。通过上述实验结果可得出结论，美会影响和改变人的情绪状态，情绪又是一个判断事物是否安全、舒适与实用的系统认知。

(2) 安全性与实用性是审美的前提条件

美的事物不能对自然、社会与人产生不利的因素，安全性与实用性是审美的前提条件。飞机客舱设施的形态、材料等形式更不能因为审美的目的性而对人造成潜在的伤害或导致环境污染，安全性是客舱设施审美的前提条件。实用价值也是飞机客舱设施存在的意义与前提条件，“物以致用”的设计观正是实用第一、审美第二的体现。如果为迎合少部分高消费群体层而定制化设计飞机头等舱高端奢侈形式审美的客舱设施，从而忽视为大众服务的实用功能，则违背了设计的生态性与可持续性的本质内涵。

3.2　飞机客舱设施造型安全人机设计原则

3.2.1　基本原则

飞机客舱设施造型安全人机设计基本原则：首先，必须符合中国民用航空总局适航部门认可的安全适航性；其次，要遵循民用航空业标准与人体尺寸国标的要求；最后，还要遵循产品安全设计一般性思想与原则。

1. 适航条款

适航是指民用飞机客舱设施的功效、性能与操作使用特性处于健康的运行状态，适航性保证了航空器的安全性与物理完整性，是航空器需要严格执行的强制性安全标准。为中国民航企业研发的飞机客舱设施，必须满足 2011 年 11 月修订的中国民用航空规章 CCAR-25-R4 有关座舱内部设施的载荷、安全系数、强度与变形、材料的阻燃/隔热/隔音、过道的宽度、应急标识与安装结构等适航要求与《民航法》制定的强制性适航标准。与飞机客舱设施造型设计有关的适航条款如表 3-3 所列。

表 3-3　飞机客舱设施涉及的适航条款及主要内容

条　款	主要内容	条　款	主要内容
CCAR25.301	载荷	CCAR25.793	地板表面
CCAR25.303	安全系数	CCAR25.811	应急出口标记

续表 3-3

条　款	主要内容	条　款	主要内容
CCAR25.305	强度和变形	CCAR25.813	应急出口通道
CCAR25.305	结构符合性的证明	CCAR25.815	过道宽度
CCAR25.785	座椅、卧铺、安全带和肩带	CCAR25.817	最大并排座椅数
CCAR25.787	储存舱	CCAR25.819	下层服务舱(包括厨房)
CCAR25.789	客舱和机组舱以及厨房中物件的固定	CCAR25.853	座舱内部设施
CCAR25.791	旅客通告标识和标牌	CCAR25.856	隔热/隔音材料

为了满足适航要求，飞机客舱设施研发之前就需要深入理解相关的适航标准，并严格按标准进行试验取得适航证。飞机客舱设施设计适航取证流程主要分为概念设计、要求确定、符合性计划制定、计划实施、证后管理五个阶段，如图 3-23 所示。适航取证的根本目的就是确保民用飞机客舱设施和零部件满足适航规章要求的最低安全标准。

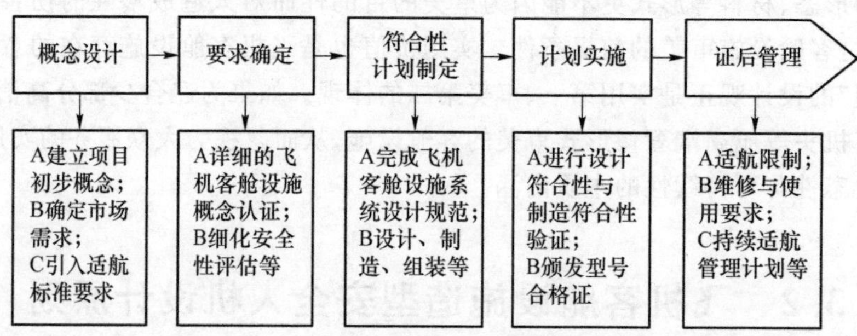

图 3-23　飞机客舱设施设计适航取证流程及内容

2. 民用航空业标准与国家标准

民航客机设施造型设计要符合民用航空业标准与相关的国家标准。民用航空业标准包括民用飞机客舱内部装饰、乘客座椅及周边设施、厨房及相关设施、盥洗室及相关设施、舱门及应急出口、标识使用等，客舱设施尺寸、标识标牌的字体与色彩搭配、安装维修、安全性能的详细规范说明和最低要求，民用飞机机载设备设施飞行冲击和坠撞安全试验、非金属材料与复合材料的阻燃试验方法及验证。与飞机客舱设施安全人机设计有关的静态人体尺寸、工作状态功能尺寸等以国家标准为支撑与基础，这也是人本主义设计最本质的体现，如表 3-4 所列。

表 3-4　飞机客舱设施涉及的民用航空业标准、国家标准及主要内容

标　准	主要内容
HB 8496—2014	民用飞机旅客座椅设计要求
HB 7047—2013	民用运输类飞机旅客座椅通用要求
HB 8494—2014	民用飞机客舱隔热、隔音层设计要求
HB 8493—2014	民用飞机客舱舱门及应急出口设计要求
HB 8448—2014	民用飞机平视显示器通用规范
HB 8438—2014	民用飞机复合材料结构设计通用要求

续表 3 - 4

标　准	主要内容
HB 7045—2014	民用飞机客舱内部装饰设计要求
HB 6167—2014	民用飞机机载设备环境条件和试验方法
HB 5470—2014	民用飞机机舱内部非金属材料燃烧性能要求
HB/Z 415—2014	民用飞机机载电子设备通用指南
HB 8396—2013	民用飞机内外部应急标识
MH/T 6098—2013	飞机机舱手推手和食品箱容火试验
MH/T 6061—2010	飞机厨房手推车、物品箱及相关组件的最低设计和性能
HB 7090—94	民用飞机厨房通用规范
HB 7051—94	民用飞机盥洗室设计要求
HB 7048—94	民用飞机旅客安全带设计要求
HB 0-41—70	航空仪表用的字体和符号
GB/T 26158—2010	中国未成年人人体尺寸
GB 10000—88	中国成年人人体尺寸
GB/T 13547—1992	工作空间人体尺寸
GB/T 12985—1991	在产品设计中应用人体尺寸百分位数的通则

3. 通用安全设计原则

飞机客舱设施要符合通用安全设计思想和原则，可分为直接的、间接的、提示性的三类原则，如图 3 - 24 所示，其优先顺序是：首先，在设计与开发时采取直接的措施，使所设计的飞机客舱设施本身就不会产生危险；其次，在直接措施使用受限或无法采用的条件下，考虑使用间接的保护系统技术和安全防护装置，消除或隔离危险以防事故的发生；最后，只有在无法采用直接和间接的安全技术情况下，不得已才采用提示性安全人机设计，在事故发生之前发出警告，通过提示器(如红灯或警铃等)进行预先警示，指明危险的部位和危险状况，提醒乘员安全操作与安全防范。

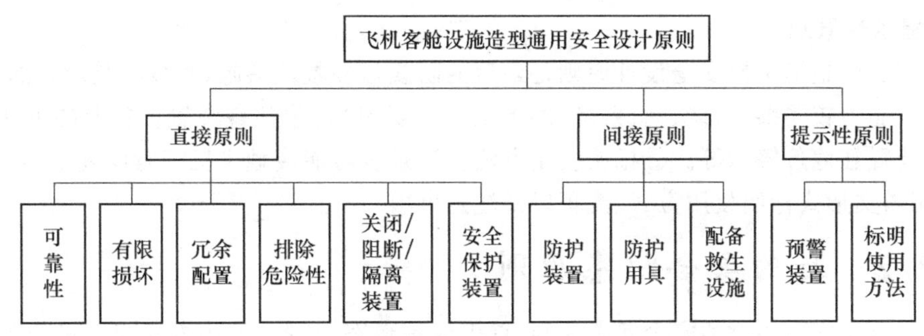

图 3 - 24　飞机客舱设施造型通用安全设计原则

(1) 直接原则

飞机客舱设施直接安全设计原则，就是通过新的安全技术、安全材料、安全系统或者包裹隔离装置，直接将可能出现的事故排除或者阻止事故的发生。主要包括：

① 可靠性。飞机客舱设施的主要构件在飞机正常飞行、应急机动飞行、应急着陆的情况下满足民用航空载荷的适航标准,避免出现过载应力状态,增加韧性,特别要防止出现脆性断裂;飞机客舱设施材料要有满足阻燃、烟雾和毒性的适航要求。

② 有限损坏。有限损坏原理又称小损失容许法,其思路是为了防止造成大的损失,而容许小损失发生。当客舱设施出现功能干扰甚至零件断裂时,要力求把危险性局限在不使整机受到损伤的范围内。

③ 冗余配置。冗余配置是提高系统可靠性的有效方法,在技术系统发生事故危及人身安全造成重大损失时,常常采用重复的备用系统,在这种系统中经常通过安装有效报警作用的功能元件来保证可靠性。当一个客舱设施功能元件遭损坏时,自动地转接到备用系统,使其开始工作。

④ 排除危险性。飞机客舱设施在这方面可采取的措施有:避免粗糙的边缘、锋利的角、菱形和凸起的外形部分;合理设计客舱设施空隙和间隙,避免乘客的手指、胳膊、脚和头部被夹伤;采用阻燃材料等彻底排除诱发事故的隐患。

⑤ 关闭、阻断与隔离装置。如厨房、厕所、机组人员休息处、大橱柜和储藏箱等,在应急着陆情况下通常以固定装置关闭或采取等效措施隔离。

⑥ 安全保护装置。安全保护装置使客舱设施保持安全状态,即使在发生故障时也不会受影响,不会造成人身伤害和物件损坏;安全保护装置设计的保护优先顺序为:人→飞机客舱→客舱设施→设施功能等。

(2) 间接原则

飞机客舱设施间接安全设计原则是采用一种"防御"方式,即在事故发生前进行安全防护,在事故发生后进行安全保护,降低事故的伤害性。主要包括:①防护装置。在飞机客舱设施外壳运动的部位设防护罩,防止与产品内部元器件发生接触性伤害。②防护用具。为使乘员身体不受到伤害而穿着或佩带服装和器具等,例如在客舱中配备氧气面罩、具有漂浮性能的座椅垫等。③配备救生器具。当事故已发生并无法使其恢复到正常状态时,必须设法使乘员从危险源中逃离出来,逃脱和救生器具是减小事故所带来影响的最后手段,在设计上必须保证这些装置的功能在事故发生时要有效、可靠,并保证在紧急状态下能简单操作使用,例如飞机客舱紧急出口、安全滑梯等。

(3) 提示性原则

飞机客舱设施提示性安全设计原则是最后的防线与补救性措施,其核心是对人的提示,特别是对感知能力较弱乘客(老、幼、残障)的提示。主要包括:①预警装置。预警的方法通常是采用监控装置和危险警示等。②标明使用方法。当乘客可能接触飞机客舱设施中不可避免的危险时,用图文形式标明使用方式、流程以及注意事项。

3.2.2 物的安全状态原则

飞机客舱设施造型物的安全状态原则,首先就是形态、功能、使用方式以及品质的一目了然,其次是安全状态与不安全约束的一目了然,给人能安全使用设施的自信心。

1. 化简原则

简单是一种美,也是一种平衡之道。美国 John Maeda 先生提出了一个观点:"当前的问题不是如何让世界更加科技化,而是让世界变得更加人性化。"生活因科技变得丰富,但是科技

只会更加复杂，工业设计使高速发展的科学技术与“简单美学”的设计理念达成平衡，美国苹果公司的电子产品在商业上取得的成功正是最好的案例。

化简一个系统的最简单方法就是去除它的一些功能。一方面，使用者希望飞机客舱设施或服务简单易用。另一方面，使用者又希望产品或服务能够尽其所用，其根本问题在于明确简单与复杂之间的平衡点。化简在于移除一切可以去掉的东西，一般有压缩化简、隐藏化简和赋予化简几种方式。简单的飞机客舱设施和一系列可选配件组合起来，就能够让乘客既可以表达他们的感觉，同时也能够感受到他们与客舱设施之间的情感连接。

(1) 压缩化简

压缩化简即赋予飞机客舱设施轻巧与单薄的形态。一方面，设计师通过先进的科技与材料使客舱设施变得轻与薄，科学技术本身就是在做压缩，如集成电路(IC)芯片技术可以使无比复杂的运算在小小的金属片上实现，这样可以设计并制造出越来越小的装置。另一方面，设计师通过艺术化的方法来强化客舱设施“小化”的效果，如将客舱设施的四周进行斜切削边，从而将含有“轻薄”的元素传递给乘客。乘客登机以及逃生中特别需要时间的压缩，登机效率的提高可以降低运营成本，逃生效率的提高可以提升存活率。在众多压缩时间的方法中，有一个行之有效的方法，就是排除一切约束因素，使一切变得简单，如在乘客最集中的经济舱座椅造型设计上，就需要排除一切繁杂的修饰及不必要的功能，使其更简洁。

(2) 隐藏化简

隐藏化简即采用一些强制性(例如滑动式、弹出式等装置)的手段把复杂的飞机客舱设施功能部件隐藏起来，把飞机客舱设施主要功能部件保留在产品的表面。这个方法在头等舱座椅上运用较多，由于市场需求的驱动，故飞机客舱头等舱座椅倾向“功能大而全”，通过隐藏法可以在头等舱座椅的“简单之美”与“复杂功能”之间寻求平衡。

(3) 赋予化简

赋予化简即在飞机客舱设施体积压缩与功能部件隐藏之后，赋予客舱设施物质或知觉的品质，满足商业性的需求，能同时兼顾飞机客舱设施的设计、科技和商业三个方面。例如在材料上增加其他暗示性信息来赋予客舱设施更强的品质。

2. 显性原则

(1) 物的安全状态的显性原则

显性原则就是物的安全形态与安全使用状态显而易见。飞机上有些小设施并没有按照乘客的习惯方式进行设计，尤其是其外形语意指示不能马上解释它的功用，例如，飞行中乘客不能辨认飞机的一头和另一头，乘客会对盥洗室的门闩、给皂器、冷热水龙头的使用感到困惑等。这就需要有意识地在客舱设施设计上避免隐藏的装置或掩饰的把手。如果一扇门应该被打开，我们就应该尝试通过显性设计展示它的打开方式；如果某个物品是靠手柄操纵的，设计师就要尝试把这个提升装置整合到设计中，而绝不是对它进行隐藏。显性原则可能会在设计上丧失独创性，比如隐藏锁和盖板等设计。

(2) 物的不安全约束显性原则

飞机客舱设施与人发生直接的关系，导致物的不安全诱因要有约束性。首先，飞机客舱设施的不安全约束显性原则体现了强迫性。强迫性是对某种使用功能的强行限制，乘员没有按照安全流程执行某一项操作，就无法进行下一步操作，强迫性设计能够有效地防止悲剧的发生，如设计师对当前汽车安全带进行了强迫性设计，如果司机与乘客不系上安全带，汽车就无法启动，警报也会响起来。其次，要约束飞机客舱设施的各个状态不能伤害到乘员，应当坚决排除客舱设施被当作伤人工具的可能性。

3.2.3 人的安全行为原则

1. 相容性原则

人类对信息的输入与处理的操作，依赖于相关外界事物与环境原始信息源对感官的刺激，有些信息是直接产生刺激，有些信息会借助其他装置产生间接的刺激，在这些刺激信息转化或编码后与人所期望的反应相一致就是相容性。飞机客舱设施造型设计相容性的目标就是人的安全行为，相容性原则又分为关联相容性原则、移动相容性原则、布局相容性原则。相容性原则的优势就是使人的行为失误更少、操作时间更短、体验满意度更高。

(1) 关联相容性原则

关联相容性是指飞机客舱设施的操作按键或符号与乘员的联想相关联或程度一致。比如用人体各个关节形状来表示商务舱座椅各个部位的调节按钮，就会有较高的关联相容性。

(2) 移动相容性原则

移动相容性是指飞机客舱设施的开关、手柄等控制器的操作移动符合人的使用习惯。如控制器从左至右的移动或者顺时针的扭动可以相对应由小到大、由冷到热、由黑暗到明亮、由闭合到开启等特定的系统反应，这种运动关系的相容性也被称为人的习惯定型。

(3) 布局相容性原则

布局相容性是指控制器与其相关联的系统(屏幕、功能部件等)在物理排列与布局的相似性、形状样式一致性。如空间相容性原则在厨房服务设施与布局设计的应用，能提高乘务员的使用效率、减少失误行为。

相容性原则体现在人机之间的正确概念模式、有效的人机匹配以及即时的信息反馈：提供给使用者一个正确的概念模型设计，通过物的形态语意刺激人的感官，指示出推、拉、按、旋转、触摸等动作信息以及上、下、前、后、左、右等方位信息，使操作行为与操作结果保持一致；利用文字、图像、声音等即时的信息反馈，使用户一看就知道飞机客舱设施的安全状态和正确的使用方式。

2. 舒适性人机交互原则

舒适性人机交互原则如下：第一，令人愉快的设计原则。愉快是一种舒适状态的积极情感，会激发人的使用欲望、增强人的行为安全和行动技能。舒适性人机交互原则的更高境界是感知人类的情感反应、识别情感反应的模式。第二，令人舒适的操作使用原则。具体体现为：对于那些能直接提供给乘客使用的可调节客舱设施，应尽可能使其选择范围多、调节范围大、操作方便、动作简单，且不影响或少影响周边乘客的正常状态。飞机客舱设施的人机交互按照精确度可分为传统精确的人机交互与非精确的人机交互，非精确的人机交互更适应人的使用习惯，非精确人机交互有触摸显示屏手势交互、身体部位模糊交互、语音识别交互与脸部识别交互几种形式。飞机客舱设施因舒适性需求适合进行各种临时性、简单、方便可靠的改装。

3.2.4 人物和谐原则

人与物之间的和谐是一种平衡，是一种适度、适合的系统安全观，而不是所谓的“绝对的安全”。

1. 艺术原则

艺术美感原则是指体现安全、舒适与和谐的形态美原则。虽然一个时代的低级趣味偶尔

会干扰传统，但时间、文明的浪潮最终会将其删除；过去最好的那部分存活并继承，让当代人享受了美与舒适的传统。人的寿命延长部分归功于应用艺术的贡献，使人们摆脱了繁重的家务和低效的工作方法带来的疲劳感。艺术在飞机客舱设施设计中的应用使人的生活更容易、更安全、更有效。

飞机客舱设施造型安全人机设计的艺术原则趋向简化、均衡与丰富的结构三种形式。当乘客被艺术美围绕时可以很快进入宁静状态，配置得当的餐具与氛围有助于胃液的流动，柔和的客舱照明与安静的环境适合阅读。

2. 绿色生态原则

绿色生态原则是指飞机客舱设施与生态环境的安全平衡。自然界中有许多优异的功能、精彩的造型、美丽的色彩、精巧的结构，向我们展示了如何实现生命与环境的和谐。飞机客舱设施造型设计应当提倡尽一切可能地采用绿色材料与能源，包括客舱设施的生产和使用，从而达到一种生态的安全和谐。例如将太阳能薄膜充电技术应用到客舱设施的设计中，为乘客自带的电子产品提供绿色清洁能源。提高飞机客舱设施的服务质量，促进可持续发展也是绿色生态设计原则的重要体现。

第 4 章　飞机客舱设施造型安全人机设计方法研究

飞机客舱系统主要研究乘客活动空间设施、服务设施、公共服务空间设施、乘务员休息设施造型安全人机设计四个层面，从功能特征的设计层面、外形特征的设计层面、情感特征的设计层面、服务特征的设计层面进行结构分析与设计方法研究。功能特征的设计层面保障物的安全状态，主要体现为：稳定的功能、结构合理、可靠的工程技术等物理性特征。外形特征的设计层面与情感特征的设计层面引导与决策人的安全行为。外观特征的设计层面包括：形态、颜色、材质触感让人感到愉悦，适合的人机尺度使人舒适，合理的操作方式与人的期望一致相容。情感特征的设计层面包括：传达文化符号与美的形象。服务特征的设计层面满足可持续性的生态安全，主要体现为经济效能、可维护性、服务、生命周期性等属性。分别通过 TRIZ 设计方法、感性工学设计方法、PSS 设计方法三种设计方法完成飞机客舱设施造型安全设计中物的安全状态、人的安全行为、生态安全三个目标，这个系统的终极目标为安全和谐的体验，如图 4－1 所示。

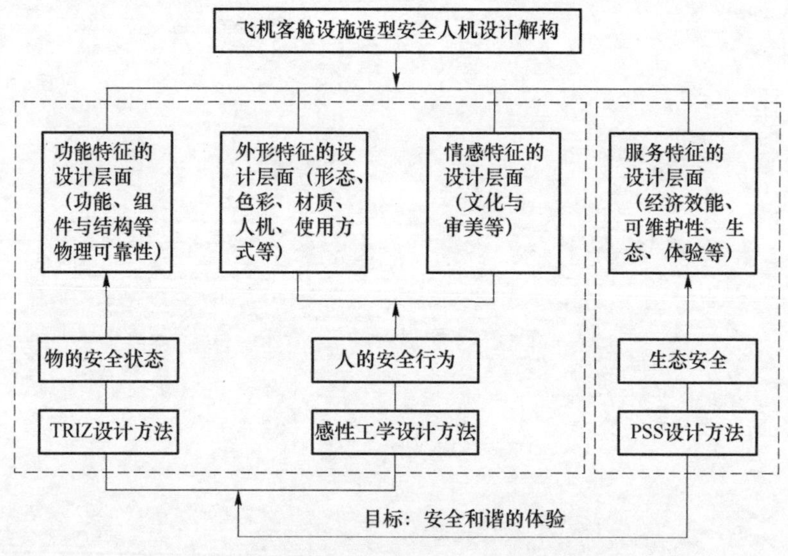

图 4－1　飞机客舱设施造型安全人机设计方法模型

4.1　飞机客舱设施造型 TRIZ 设计方法研究及应用

4.1.1　健壮设计是物的安全状态保障

飞机客舱设施的健壮设计有两大作用：第一，确保客舱设施具有足够的物理性强度与可靠性，防止意外事故发生，确保使用功能满足乘员的需求；第二，就是在能预计的不同使用环境、

不同的使用人群条件下，最大限度地保证客舱设施处于性能稳定的安全状态。通过对飞机客舱设施造型功能特征设计层面的物理要素进行健壮设计，满足使用者的功能需求目标，保障物的恒定安全状态，如表 4-1 所列。

表 4-1　飞机客舱设施造型功能特征设计层面的物理要素健壮设计

物理要素	健壮设计
组件布局 形状 材料	所选择的布局、组件形状、材料尺寸产生的干扰性是否最小； 足够的耐久性(强度)； 所允许的变形(刚度)； 足够的力流(应力集中)； 在规定的生命周期及负载下所允许的膨胀、热传递、腐蚀及磨损
结构与组件	足够的稳定性与抗冲击能力； 消除共振； 可拆卸、可折叠的连接结构

4.1.2　飞机客舱设施造型 TRIZ 理论的健壮设计

TRIZ 理论是消除飞机客舱设施造型中功能特征设计层面的技术矛盾与物理矛盾，研究物的安全状态的设计创新。TRIZ 从多个技术领域宏观层面上，理性解决客舱设施造型设计过程中出现的功能与结构上的矛盾；感性工学设计方法解决飞机客舱设施造型外形特征与情感特征设计层面的问题。飞机客舱设施造型 TRIZ 与感性工学交融的设计方法，是宏观与微观、理性与感性的结合，在造型设计中能够相互弥补缺陷，提升造型设计质量。TRIZ 理论能够提高飞机客舱设施造型设计的健壮性，飞机客舱设施造型安全人机 TRIZ 设计的一般流程如图 4-2 所示。

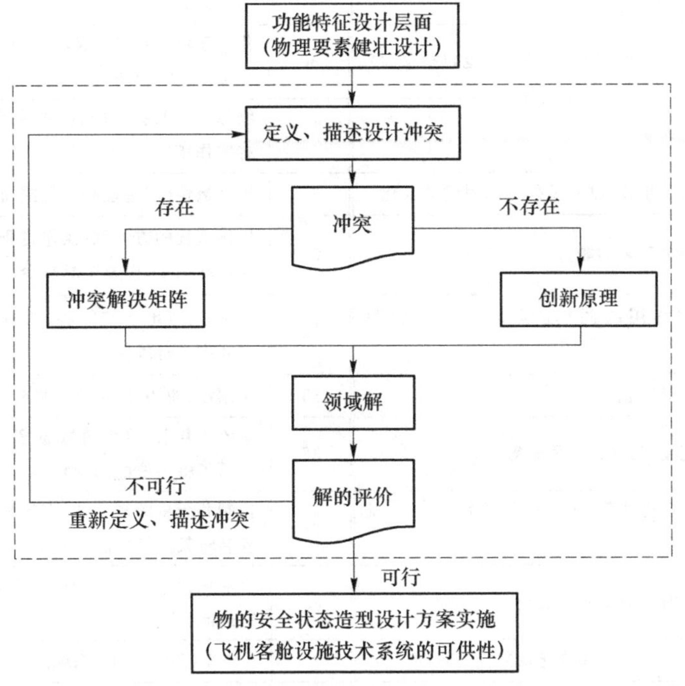

图 4-2　飞机客舱设施造型安全人机 TRIZ 设计的一般流程

1. TRIZ 矛盾矩阵工具

TRIZ 主要解决飞机客舱设施造型安全人机设计中结构、材料、工艺以及良好的防护与拆卸功能等技术矛盾与物理矛盾。如在飞机客舱乘客座椅工程设计中，为了安全增加座椅的强度，很容易想到的一种方法就是增加座椅外壳的厚度，但是厚度的增加势必会减少乘客的座位活动空间，这就是一个技术矛盾；物理矛盾是指一个参数的矛盾，如乘客对飞机客舱座椅高与低不同需求的问题。通过矛盾双方的分离，可以解决飞机客舱设施造型安全人机设计中的物理矛盾；通过 TRIZ 给出的矛盾矩阵工具，可以解决飞机客舱设施造型安全人机设计中的技术矛盾。

TRIZ 矛盾矩阵工具是解决飞机客舱设施造型设计技术矛盾最行之有效的创造性方法。飞机是运动中的交通工具，其客舱设施的设计要考虑位移运动的特殊性，解决飞机客舱设施技术矛盾的 33 个通用工程参数和 39 个创新原理如表 4-2、表 4-3 所列。

表 4-2　解决飞机客舱设施技术矛盾的 33 个通用工程参数

编号	名称	编号	名称
1	运动物体重量(重力场中受到的重力)	24	信息损失(如气味的浓度、声音的大小等数据，永久或临时性的部分或全部损失)
3	运动物体长度(如厚度、长度、周长等)	25	时间损失(没有实现功能所浪费的时间，如活动所延续的时间间隔)
5	运动物体面积(如平面、凸面或凹面等)	26	物质的量(材质、物质、部件或子系统的数量)
7	运动物体体积(占用的空间)	27	可靠性(无障碍操作或无故障运行时间)
9	速度(位移或过程与时间的比值)	28	测量精度(系统特性测量的结果与实际值之间的偏差程度)
10	力(改变物体运动状态的作用)	29	制造精度(产品的性能结果与设计预定结果的偏差程度)
11	应力或压强(单位面积上的作用力，也包括张力)	30	作用于物体的有害因素(环境或超系统中的其他部分施加物体的(有害)作用，使产品功能退化)
12	形状(外观或轮廓)	31	物体产生的有害因素(技术系统产生对本系统的有害作用)
13	稳定性(物体的组成、结构及外形随时间的变化)	32	可制造性(制造过程方便或简易程度)
14	强度(抵制外力破坏的能力)	33	操作流程的方便性(操作过程中需要的人越少，操作步骤越少，以及工具越少，方便性越高)
15	运动物体的作用时间(连续完成某种功能的时间)	34	可维修性(出现故障后，能够很方便简单、在很短时间内进行维修)
17	温度(所处的热状态)	35	实用性，通用性(适应各种外部变化的能力)
18	照度(包括亮度、反光性和色彩等)	36	系统的复杂性(系统数量多，各部分关系复杂，不容易了解系统的结构)
19	运动物体的能量消耗(连续执行给定功能所需的能量)	37	控制和测量的复杂性(不容易对物体进行测量；不容易将某性能控制在某个范围内)
21	功率(在单位时间内所做的功)	38	自动化程度(无人操作的情况下自身执行有用功能的能力)
22	能量损失(做无用功消耗的能量)	39	生产率(单位时间内系统执行的功能或操作的数量)
23	物质损失(部分或全部损失)		

表 4-3　解决飞机客舱设施技术矛盾的 39 个创新原理

编　号	名　称
1	分割:①把一个物体分成相互独立的几个部分;②将物体分成容易组装和拆卸的部分;③提高物体的可分性
2	抽取:①抽出产生负影响的部分或属性;②抽出必要的部分或属性
3	局部质量:①将物体、环境或外部作用的均匀结构变为不均匀,让系统的温度、密度、压力由恒定值改为按一定的斜率增长;②物体的不同部分各具不同功能;③让物体的各部分处于执行功能的最佳状态
4	增加不对称性:①将物体的对称外形变为不对称的;②增强不对称物体的不对称程度
5	组合:①在空间上将相同物体或相关操作加以组合;②在时间上将相同或相关操作进行合并
6	多用性:使一个物体具有多项功能
7	嵌套:①把一个物体嵌入另一个物体,然后将这两个物体嵌入第三个物体,依此类推;②让某物体穿过另一物体的空腔
8	重量补偿:①将某一物体与另一能提供升力的物体组合,以补偿其重量;②通过与环境(利用空气动力、流体动力或其他力等)的相互作用实现物体的重量补偿
9	预先反作用:①事先施加机械应力,以抵消工作状态下不期望的过大应力;②如果问题定义中需要某种作用,那么事先施加反作用
10	预先作用:①预先对物体(全部或至少部分)施加必要的改变;②预先安置物体,使其在最方便的位置开始发挥作用而不浪费运送时间
11	事先防范:采用事先准备好的应急措施,补偿物体相对较低的可靠性
12	等势:改变操作条件,以减少物体提升或下降的需要
13	反向作用:①用相反的动作代替问题定义中所规定的动作;②让物体或环境可动部分不动,不动部分可动;③将物体上下颠倒或内外翻转
14	曲面化:①将物体的直线、平面部分用曲线或球面代替,变平行六面体或立方体为球形的结构;②使用滚筒、球、螺旋结构;③改变直线运动为旋转运动,应用离心力
15	动态特性:①调整物体或环境的性能,使其在工作的各阶段达到最优状态;②分割物体,使其各部分可以改变相对位置;③一个物体整体是静止的,使其移动或可动
16	未达到或超过的作用:如果所期望的效果难以百分之百实现,稍微超过或稍微小于期望效果
17	空间维数变化:①将物体变为二维运动,以克服一维直线运动或定位的困难,或过渡到三维空间运动以消除物体在二维平面运动或定位的困难;②单层排列的物体变为多层排列;③将物体倾斜或侧向放置;④利用给定表面的反面;⑤利用照射到邻近表面或物体表面的光线
18	周期性作用:①使物体处于振动状态;②如果已处于振动状态,提高振动频率;③利用共振频率;④用压电振动代替机械振动;⑤将超声波振动和电磁结合
19	有效作用的连续性:①用周期性动作或脉冲动作代替连续动作;②如果周期性动作正在进行,改变其运动频率;③利用脉冲动作的暂停来执行另一有用动作
20	减少有害作用的时间:将危险或有害的流程或步骤在高速下进行
21	变害为利:①利用有害的因素(特别是环境中的有害效应),得到有益的结果;②将两个有害的因素相结合进而消除它们;③增大有害因素的幅度直至有害性消失

续表 4-3

编　号	名　称
22	反馈:①在系统中引入反馈;②如果已引入反馈,改变其大小或作用
23	借助中介物:①使用中介物实现所需动作;②把一物体与另一容易去除的物体暂时结合
24	自服务:①让物体通过执行辅助或维护功能为自身服务;②利用废弃的能量与物质
25	复制:①用经过简化的廉价复制品代替复杂的、昂贵的、不方便的、易碎的物体;②用光学复制品(图像)代替实物或实物系统,可以按一定的比例扩大或缩小图像;③如果已经用了可见光复制品,用红外光或紫外光复制品代替
26	廉价替代品:用若干便宜的物体代替昂贵的物体,同时降低某些质量要求(例如工作寿命)
27	机械系统代替:①用光学/视觉系统、声学/听觉系统、电磁系统、味觉系统或嗅觉系统代替机械系统;②使用与物体相互作用的电场、磁场、电磁场;③用运动场代替静止场,时变场代替恒定场,结构化场代替非结构化场;④利用场与铁磁粒子的联合使用
28	气压和液压结构:将物体的固体部分用气体或流体代替,如充气结构、充液结构、气垫、液体静力结构和流体动力结构
29	柔性壳体或薄膜:①使用柔性壳体或薄膜代替标准结构;②使用柔性壳体或薄膜,将物体与环境隔离
30	多孔材料:①使物体变为多孔性或加入多孔物体(或多孔嵌入物或覆盖物);②如果物体是多孔结构,在小孔中事先填入某种物质
31	颜色改变:①改变物体或环境的颜色;②改变物体或环境的透明度;③利用着色剂观察难以观察到的对象或过程,若已应用此类着色剂,引入发光示踪剂或示踪原子
32	均质性:相互作用的物体用相同材料或特性相近的材料制成
33	抛弃或再生:①采用溶解、蒸发等手段抛弃系统中已完成功能的多余部分,或在系统运行过程中直接修改它们;②在工作过程中迅速补充系统或物体中消耗的部分
34	物理或化学参数改变:①改变聚焦态(物态);②改变浓度或密度;③改变系统的柔性;④改变温度
35	相变:利用物质相变时产生的某种现象,如体积改变,吸热或放热
36	热膨胀:①使用材料的热膨胀或热收缩特性;②组合使用不同热膨胀系数的几种材料
37	强氧化器:①用富氧空气代替普通空气;②用纯氧代替富氧空气;③将空气或氧气用电离放射线处理,产生离子化氧气;④用臭氧代替离子化氧气
38	惰性环境:①用惰性环境代替通常环境;②使用真空环境
39	复合材料:使用复合材料代替均质材料

2. 飞机客舱设施造型健壮设计的 TRIZ 设计方法

飞机客舱设施造型的健壮设计是各种功能、技术参数的外在优化与系统化,TRIZ 设计方法的目的是使客舱设施整体性能更加可靠。

(1) TRIZ 解决技术矛盾的设计方法

TRIZ 是找到飞机客舱设施组件与结构内在规律的一种设计方法,采用判断发现问题、定义描述问题的思维形式、通过 TRIZ 冲突解决理论查找矛盾矩阵工具,从而求出问题解。飞机客舱设施造型功能特征设计层面的技术矛盾有如下三种情况:①飞机某个客舱设施组件结构的可拆卸性设计导致该结构部件可靠性减弱;②减少飞机某个客舱设施的结构连接件数量而导致另一个子系统可靠性恶化;③加强了飞机某个客舱设施组件、结构的独立性却使系统变得复杂,导致操作误差增加。

(2) TRIZ 解决物理矛盾的设计方法

解决飞机客舱设施造型设计物理矛盾的方法如下：①空间分离法，就是将产品的同一个参数的不同要求在不同的空间实现。以客舱乘客顶部行李箱舱拉手为例，现在飞机客舱大多采用下拉式乘客顶部行李箱，可以方便乘客更省力地放置行李。最初在顶部行李箱门上只安装内置向下的拉手，方便乘务员打开顶部行李箱门，但是一个向下的拉手却不方便乘务员向上关闭顶部行李箱门，针对这个矛盾，设置了一个向上内置的拉手，解决了关闭顶部行李箱门的问题。②时间分离法，就是将产品同一个参数的不同要求在不同的时间段实现。飞机客舱经济舱座椅可以在有限的角度向后倾斜，使乘客在乘机过程中更舒适，但在起飞与降落时，从安全的角度必须要收起后躺的乘客座椅，恢复原始状态，这样在紧急状态下方便后排乘客尽快撤离。③条件分离法，是指对同一个参数的不同要求在不同的条件下分离实现。④系统级别分离法，是指对同一个参数的不同要求在不同系统层次上实现。飞机经济舱座椅增加机载娱乐设施，可以带给乘客更好的乘机体验，但是必然会增加飞机的重量与航空公司的成本。采用系统级别分离法，在座椅上仅仅提供数据线，用超系统部分来解决问题，即乘客使用自己随身携带的电子产品连通机载娱乐系统，就可享受机载娱乐服务，不仅没有增加航空公司运行成本与飞机的重量，还能减少乘客在飞行过程中违规使用自己随身携带的电子产品而产生的机闹事件。

(3) TRIZ 物质-场分析法

TRIZ 物质-场分析法是在飞机客舱设施功能分析基础上，在建立物质-场模型的过程中所发现的有害效应、不足或无效效应、过剩效应所产生的问题。TRIZ 物质-场原理为飞机客舱设施造型设计中物的安全状态提供了 76 个标准解的设计思路。

4.1.3 TRIZ 设计方法的应用

顶部行李箱的国际标准如下：经济舱乘客携带行李以 5 kg 为限，同时行李的长、宽、高分别不超过 550 mm、400 mm、200 mm。

1. 市场调查并发现问题

(1) 对目标用户进行市场调查

对飞机客舱顶部行李箱进行满意度调查，旨在改善飞机客舱行李箱的造型设计，并对调查的结果进行分析，如表 4－4 所列。

表 4－4　经济舱顶部行李箱调研结果分析

调查内容	调查结果	分　析
您认为客舱顶部行李箱标识是否明显？	是，60.76%（男 52.08%，女 47.92%）；否，39.24%（男 22.58%，女 77.42%）	大多数男性乘客认为客舱顶部行李箱标识明显，而有较大一部分女性乘客认为客舱顶部行李箱标识不明显；考虑到男性乘客更偏向于理性认知，而女性乘客更偏向于感性认知，从而说明当前飞机客舱顶部行李箱标识更偏理性

续表 4-4

调查内容	调查结果	分　析
您近期乘坐的飞机客舱顶部行李箱打开方式是什么?	上拉式:58.9%;下拉式:41.1%	选择上拉顶部行李箱的略多于下拉顶部行李箱的,老款式飞机客舱顶部行李箱采用的是上拉式打开方式,新式飞机客舱顶部行李箱采用的是下拉式打开方式,而目前许多正在使用的民航飞机老款式多于新式
您更倾向的飞机客舱顶部行李箱打开方式是什么?	上拉式:59.49%;下拉式:40.51%。	进一步分析乘客对上拉式(理由:不碰头、不占空间)、下拉式(理由:个矮、顺手、省力、方便)顶部行李箱的喜好。上拉式、下拉式顶部行李箱各有优势,但喜欢上拉式的乘客略多
您在使用客舱顶部行李箱的过程中有哪些不便?(多选)	偏高:53.16%(男 33.33%,女 66.67%);箱口太窄:64.56%(男 41.18%,女 58.82%);内部容积小:58.23%(男 41.30%,女 58.70%);顶部行李箱门难开合:21.5%(男 41.18%,女 58.82%);其他:1.27%(数据小,偶然因素,可忽略)	认为客舱顶部行李箱偏高、箱口太窄、内部容积小都占有较大的比重,其中女性乘客占多数。女性乘客的身高一般低于男性乘客、携带的行李一般多于男性乘客、力量上不如男性乘客等是主要因素
您的身高?	160 cm 以下:30.95%;160～170 cm:52.38%;171～180 cm:14.29%;180 cm 以上:2.38%	认为顶部行李箱偏高的乘客身高以 170 cm 为分水岭,170 cm 以下的乘客中认为顶部行李箱偏高的占绝大多数
您是否担心过顶部行李箱的安全性?	是:53.33%(男 28.83%,女 71.17%);否:46.67%(男 61.45%,女 38.55%)	担忧与不担忧的比例比较接近,大多数男性乘客并不担忧顶部行李箱的安全性,而大部分女性乘客较担忧顶部行李箱的安全性
您觉得顶部行李箱不安全的因素或已发生过的不安全状况有哪些?(多选)	碰头:60.76%(上拉式 62.50%,下拉式 37.5%);行李遗漏:41.77%(上拉式 54.55%,下拉式 45.45%);造成行李损坏:35.44%(上拉式 53.57%,下拉式 46.43%);错拿行李:41.77%(上拉式 57.59%,下拉式 42.42%);行李滑落 39.24%(上拉式 58.06%,下拉式 41.94%);顶部行李箱舱门不紧:55.7%(上拉式 61.36%,下拉式 38.64%);顶部行李箱太薄:49.37%(上拉式 61.54%,下拉式 38.46%);其他因素:1.27%(偶然因素,可忽略)	选择碰头因素的乘客数量最多,选择行李损坏因素的乘客数量最少;上拉式顶部行李箱发生这些不安全现象的比例均高于下拉式,明显地体现了下拉式顶部行李箱的优势。但在前面的调查中,喜欢上拉式顶部行李箱的乘客更多,考虑到下拉式顶部行李箱主要是近几年新式客机客舱才配备的,乘客对新事物的接受需要时间
您对目前顶部行李箱的造型满意度打几分?(1 为非常不满意,5 为非常满意)	1 分:2.53%;2 分:10.13%;3 分:46.84%;4 分:34.18%;5 分:6.33%	近一半的乘客保持中立,三分之一的乘客表示满意。相对于顶部行李箱的颜色,乘客对顶部行李箱的外形满意度更高

续表 4-4

调查内容	调查结果	分　析
您对当前顶部行李箱造型不满意的原因是？（多选）	使用不方便：39.24%（男 45.16%，女：54.84%）；不美观：44.3%（男 48.57%，女 51.43%）；给人压抑感：44.3%（男 42.86%，女 57.14%）；其他：6.33%	在各种不满意的原因中，女性乘客均多于男性乘客。结合前面使用方式调查的结论及男女乘客对于事物的认知方式不同，我们认为主要原因是女性乘客行李多且她们更偏向感性认知
您是否介意多人共用客舱顶部行李箱？	是：56.96%；否：43.04%	大部分的乘客还是介意多人共用客舱顶部行李箱
您认为目前多人共用顶部行李箱的缺点是什么？（多选）	隐私性差：63.29%（男 38%，女 62%）；打开的方便程度受座位影响大：69.62%（男 38.18%，女 61.82%）；存在错拿行李的风险：58.23%（男 41.3%，女 58.7%）	超过半数的乘客都认可这三个缺点，且女性乘客均多于男性乘客
您是否愿意接受独立的客舱顶部行李箱？	是：92.41%（理由：隐私性好、方便、安全性高、避免错拿）；否：7.59%（理由：浪费有限的客舱空间、空间利用不合理）	绝大多数乘客都愿意接受独立的顶部行李箱，但也有少数乘客对独立顶部行李箱的空间布局表示担忧

（2）发现问题

根据调查结果，发现的问题如下：飞机客舱顶部行李箱的标识偏理性（数字与字母的形式），可考虑采用理性与感性结合的方式设计标识（图形、数字与字母）。客舱顶部行李箱在乘客使用过程中存在偏高、入口太窄、内部容积小、舱门难开合等不便。客舱顶部行李箱的不安全性主要体现在碰头、行李箱舱门不紧、遗漏行李、错拿行李、行李损坏等方面。大多数乘客对客舱顶部行李箱的外形表示满意，但也有少数乘客认为不美观、给人压抑感、不适合放行李等。大部分乘客介意多人共用顶部行李箱，主要原因在于打开与闭合的方便程度受座位影响大、隐私性差、容易错拿行李以及存在行李与物品相互碰撞等风险，近九成的乘客表示愿意接受独立的行李箱。

（3）设计原则

飞机从起飞滑行到降落，客舱顶部行李箱应处于关闭锁紧状态（物的安全状态），在视觉范围内还要有指示标识提醒；在人机工程学上，要保障乘务员与乘客不需太大力气就能打开或关闭行李箱门，且门把手高度适宜大部分乘客使用；客舱顶部行李箱的外观形态与色彩要与客舱协调。重点应放在客舱顶部行李箱造型设计的安全性与易用性上。

2. 描述矛盾冲突并提出解决方案

（1）运用 TRIZ 解决物理矛盾

基于 TRIZ 创新发明原理，通过“中介结构”来移动某一物体的方法来解决问题。在飞机客舱顶部行李箱门与行李箱室之间添加机械结构，将行李箱的高度有效降低，女性乘客可以较轻松地放取行李，这不仅解决了行李箱偏高的问题，而且由于行李箱高度降低，乘客的视线可以完整看到行李箱的内部，从而有效降低了乘客遗漏随时携带的小件行李的概率。

（2）运用 TRIZ 物质-场分析法解决问题

① 运用 TRIZ 一般解法可以解决行李箱空间分割问题。从飞机客舱顶部行李箱有害效应的完整模型可以看出，目前无法为每位乘客提供独立的顶部行李箱空间，导致出现了行李舱空间的“有害”功能。加入 S_3（分隔板）后可以阻止有害作用，增加独立隐私功能，保障行李的“安全

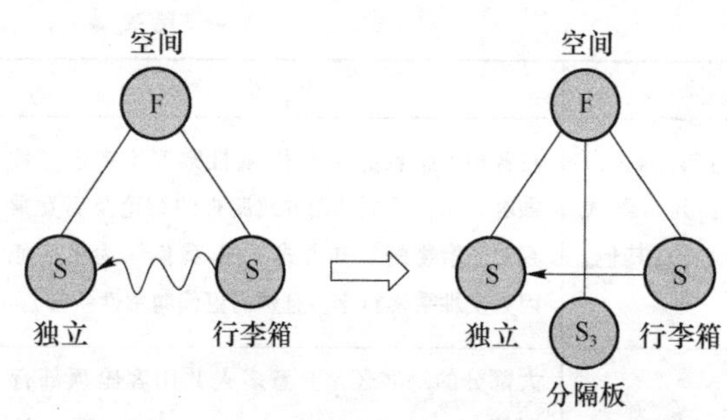

图 4-3 经济舱顶部行李箱独立物质-场模型

状态”,如图 4-3 所示。行李箱分隔板不仅满足了乘客对独立顶部行李箱的要求,同时也满足了隐私性,降低了错拿行李的概率。

② 运用 TRIZ 设计方法实现客舱顶部行李箱分隔板的可拆卸设计。TRIZ 有 76 个解的标准设计方法,物质-场连接结构变换的实现方法如表 4-5 所列。从技术安全性、环境友好性与经济生态性的角度,对结构安全可达、拆卸动作与复杂性、拆卸时间、拆卸能耗、拆卸噪声以及重复性利用等指标进行综合评估,如表 4-6 所列,选择“实体形状变形法”对顶部行李箱分隔板进行实体特征的连接结构可拆卸设计。

表 4-5 物质-场连接结构实现的方法

方 法	连接结构设计方式
加热或冷却法	选用具备热胀冷缩特性的组件及连接结构
变形法	选用具备实体或形状变性特征的组件及连接结构
电力/磁力法	选用电场或磁场相互作用原理的连接结构
黏合连接法	选用化学黏合剂、胶水,金属或聚合物的维可牢尼龙搭扣等连接方式
气压/液压法	采用气压/液压方式的零部件连接结构或可拆卸结构
物质形态变换法	选择使用在常温下能凝结成固态,而在高温下转变成液体的材料
组件结构形位配合法	不使用连接件,只用组件结构间的形位配合实现连接

表 4-6 经济舱顶部行李箱分隔板连接结构的评估要求

技术安全性	环境友好性	经济生态性
结构安全可达、 拆卸动作简单、 标准化程度高、拆卸复杂性小	拆卸废物少、 拆卸噪声小、 接触无毒害	拆卸时间短、 拆卸能耗少、 重复性利用

(3) 客舱顶部行李箱改良设计方案

在顶部行李箱的中间设置了一个可伸缩性、扇形的分隔板,乘客有需要时,放下即可,实体扇形的分隔板连接结构安全可达性高;顶部行李箱分隔板不使用时,收纳固定于行李箱壁的凹槽处,不占用空间,可重复利用,如图 4-4 所示。

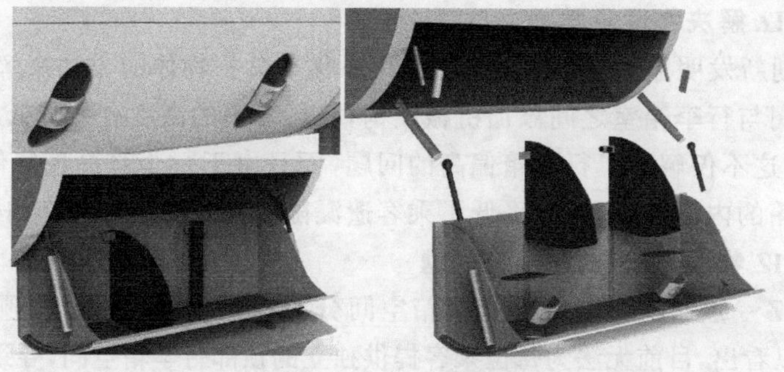

图 4-4 经济舱顶部行李箱改良设计方案

4.2　飞机客舱设施造型感性工学设计方法研究及应用

飞机客舱设施造型不仅作为外在媒介传达了功能与设计理念，还传递与传承了文化、审美等积极的正能量。基于用户认知的原理，以心理指标量化的方法，调研并统计分析飞机客舱乘员的意向与情感，基于感性工学感官设计方法，融入航空设计文化，研究飞机客舱设施的外形特征层面（如形态、色彩、材质、肌理、安全尺寸与使用方式等）和内在情感特征层面（文化、美学）的安全人机造型。外形特征具有认知可供性，情感特征具有情感可供性，当飞机客舱设施造型符合乘员的情感功效与航空设计文化功效，行为可供性就出现了，并通过人的安全行为展示出来。图 4－5 所示为飞机客舱设施造型安全人机感性工学设计方法与流程模型。

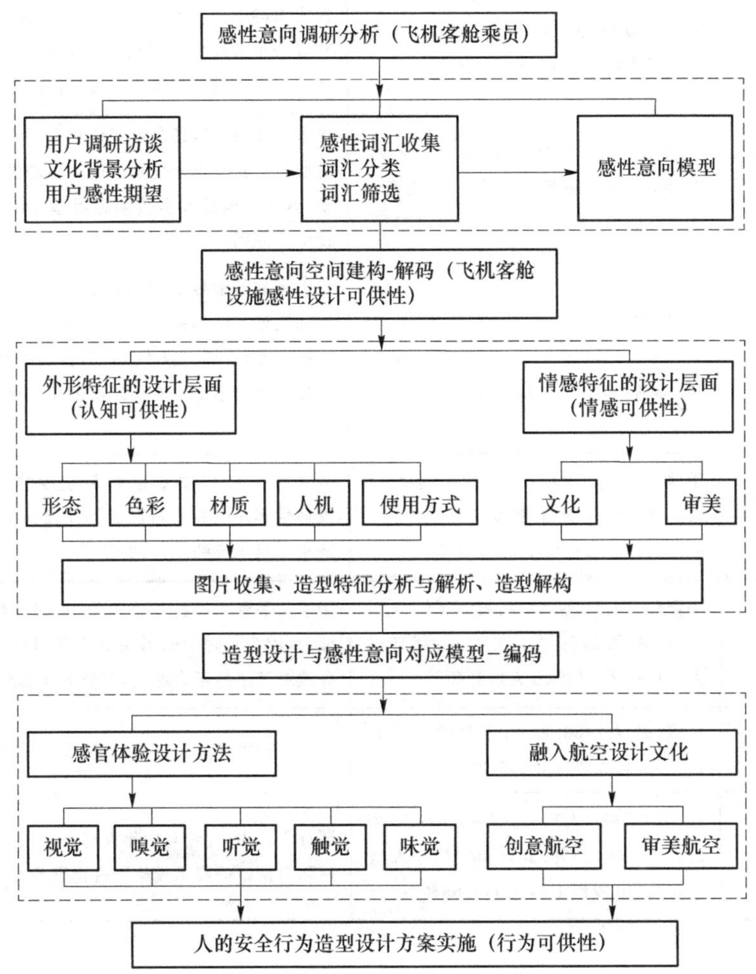

图 4－5　飞机客舱设施造型安全人机感性工学设计方法与流程

4.2.1　感性意向调研分析

针对飞机客舱乘员安全偏好与感性意向进行调研分析，一般采用问卷、访谈调查及统计方法获得不同感性感念词汇对造型元素的影响权重，探讨对应感性关联的物理特性，并将其转换成造型设计元素。感性工学设计采用定量分析法、定性分析法、定性分析与定量分析交叉使用法。飞机客舱设施造型感性工学设计通常从造型特征与造型美感两方面评价使用者（乘客、乘务员）对产品的情感指向和期望，这种认知会影响使用者的行为。

1. 飞机客舱设施乘客感性需求实验

通过问卷调查、问卷分析与调查总结三部分来确定乘客对飞机客舱设施的感性需求。以机上乘客使用自带娱乐设施的相关体验调研为例，采用问卷调查法线上收集乘客对于国内航班使用自带娱乐设备的体验意向，并对调查的结果进行分析，如表 4－7 所列。

表 4－7　飞机客舱娱乐设施使用的调研结果分析

调查内容	调查结果	分　析
您乘坐的航班上是否有个人娱乐设施？	有娱乐设施（23 人），32.39%；没有个人娱乐设施（48 人），67.61%	调研人群中大多数乘坐的是国内航班，而超过 60% 的乘客表示所乘坐的飞机并没有个人娱乐设备，说明机载个人娱乐设施在国内航班的普及程度不高
您是否希望在飞机上使用自带娱乐设施？	希望使用自带娱乐设施（51 人），71.83%；不希望使用自带娱乐设施（4 人），5.63%，无所谓（16 人），22.54%	绝大多数的乘客还是希望使用自带娱乐设施。目前国内航班对在飞机上使用手机等移动设备的规定有所松动（这或许也是大多数乘客渴望使用自己携带的娱乐设施的原因）
您平常带什么娱乐设施上飞机？	手机（51 人），71.83%；平板电脑（24 人），33.8%；笔记本电脑（10 人），14.08%；其他（7 人），9.86%	绝大多数的乘客都会携带手机，也有少部分人会带平板和笔记本电脑乘机。当今社会，几乎人人都有一部手机，所以手机也成了人们最普遍的娱乐产品之一；而平板电脑与笔记本电脑体积则相对更大、重量更重，不便于携带
您习惯以什么方式使用娱乐设施？	手拿（34 人），47.89%；置于腿上（5 人），7.04%；置于餐桌上（24 人），33.8%；其他（8 人），11.27%	最常用手机的方式就是手持，极少的乘客会放在腿上，很多乘客还愿意将自己的娱乐设施放在餐桌上，这样减小了对手部的压力，更舒适
您使用娱乐设施时，身体有哪些部位感到不舒适？	手臂（17 人），23.94%；脖子（41 人），57.75%；腰部（6 人），8.45%；臀部（1 人），1.41%；其他（6 人），8.45%	用手与手臂去操控娱乐设施，长时间使用必然会导致疲劳，因为长时间的低头观看或者仰视，坐姿不规范，导致对脖子的压力加大，不舒适度逐渐增加
您是否希望针对问题提供解决方案？	希望（63 人），88.73%；不希望（1 人），1.41%；无所谓（7 人），9.86%	大部分乘客还是希望通过设计解决问题
您的年龄段？	20 岁以下（28 人），39.44%；20～30 岁（33 人），46.48%；30～40 岁（6 人），8.45%；40 岁以上（4 人），5.63%	调查人群中，青年与中年人群占比较大，这部分乘客使用随身携带的娱乐设施所占比重最大

2. 调查总结

国内短程航班经济舱极少配备个人机载娱乐设施，而因安全等因素，部分航空公司又限制乘客在机上使用手机等自带娱乐设施。不限制乘客使用随身电子产品的航班，乘客座椅上还未配备能支撑与固定乘客自带电子产品的装置。乘客在座椅上使用自带娱乐设施，最不舒适的是脖子，其次是手臂。乘客在现有座椅上使用自带娱乐设施，不能解放双手。

4.2.2　感性意向空间的构建

感性意向空间的构建是对消费者解码的过程。飞机客舱设施感性意向空间是通过外形特征设计层面与情感特征设计层面共同构建的，外形特征设计分为图片收集、造型特征分析与解析、造型解构几个步骤，乘员所感知的外形特征与积极意义的情感特征共同决定乘员的安全行为。当人们通过视觉、语意感知到他们所使用产品的外在特征时，人脑就会对这些特征有一个短暂的映像储存记忆，但这些信息的刺激还不足以使人做出恰当的决策，还需要对所看到的产品产生积极情感意义的理解，对这两个信息感知后，人的大脑从而传达出“安全行为”的指令。

1. 感性意向空间构建的方法

感性意向空间的构建通常采用层次聚类分析方法，层次聚类分析法是针对乘客感性层次分类，逐层推论至飞机客舱设施物理细节特征的定性方法。

2. 感性意向空间构建的流程

感性意向空间构建的流程一般分为感性概念的确定、外形特征要素的提取、对应感性关联物理特性的提取、感性概念与形态设计要素的转换四个部分。为验证结果，通过造型设计样本进行问卷调查检验其合理性。从乘客自带娱乐设施的调研结论，确定“固定装置与小桌板合一”的感性概念，进一步感性分解出“安全感”“舒适感”“和谐感”的副感性概念，直到推论出对应感性关联的物理特性细节。飞机客舱乘客自带电子产品支撑与固定的装置形态设计要素与感性概念的关联如表 4－8 所列。

表 4－8　乘客自带电子产品支撑与固定的装置外形特征要素与感性关联

感性概念		外形特征要素	对应感性关联
固定装置与小桌板合一	安全 舒适 和谐	外形材料	防滑，表面纹理适度、质感一致
		外形尺寸	固定性，保护性，角度可调性，可以充电，可以连接机载娱乐系统
		装置整体造型	与小桌板形态融合、不影响小桌板主要功能，操作稳固，质感一致
		装置色彩	信息指示性好，与小桌板色彩一致

4.2.3　决策人的安全行为的感性工学设计方法

在感官体验设计的方法中融入航空设计文化，是对飞机客舱乘员感性意向重新编码的过程，能够引导并决策乘客的安全行为。

1. 感官体验设计方法

感官体验设计是感性工学设计方法的重要组成部分，感官体验设计主要解决飞机客舱设施造型安全人机设计的外形特征。感官体验是指乘客的感官受到外在特征信息刺激后所产生的交互反馈和体验。在飞机客舱中，感官安全体验设计一般是较复杂的综合感官体验设计，单一感官体验设计较少。其设计流程如下：首先，基于乘客的调研分析；其次，通过“五觉”感知层面分析感觉安全的因素；再次，乘客对飞机客舱设施外形特征进行感性认知；最后，进行感性设计实验与实验结果验证。如图 4－6 所示，以感官安全体验设计程序展开客舱设施感知功能的研究与设计，对于满足适航安全和提升乘客体验具有重要的意义。感官体验设计可以提升乘客乘机体验的满意度，在非常复杂、冷漠的现代机械产品中，感官体

验设计为乘客提供了一个更为友好的客舱环境。

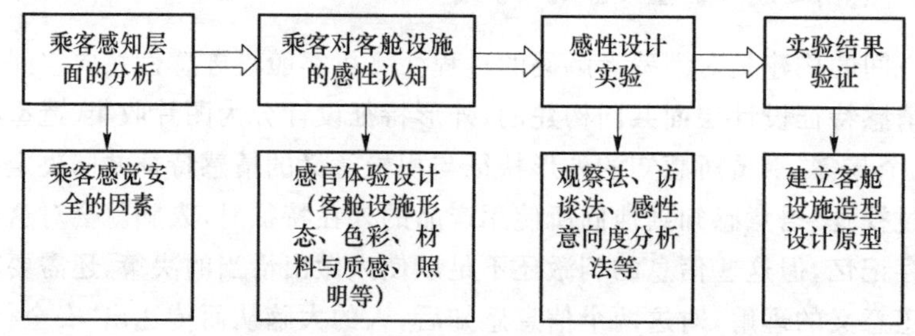

图 4-6　飞机客舱设施感官体验设计流程

(1) 测试与分析乘客感觉良好的因素

感官体验设计将乘客的感觉体验与工学结合，主要体现乘客对客舱内饰、颜色、设施、气氛照明以及服务的五种感觉，在客舱环境与设施中从五种感觉维度方面进行设计创新。为了测量乘客在飞机客舱的健康情况，英国航空公司发明了"幸福毯"，"幸福毯"是一个头戴设备，采用便携式神经测量技术，识别在大脑中的神经元电波动，当佩戴者体验到幸福快乐时，信息可以通过蓝牙转播到光纤光学编织成的毯子上，毯子会转译乘客当时的感觉。从伦敦飞往纽约的航班上的几名乘客佩戴"测试毯"进行感性设计实验，"测试毯"亮红色指示灯表示乘客紧张或焦虑，亮蓝色指示灯表示乘客稳定或放松。实验结果发现：当航班提供餐饮服务或者乘客在座椅上深层次睡眠的时候，被测试者有明显的幸福感；感性情绪变化最大或最明显的是被测试者通过机载娱乐系统观看了不同类型的电影。在飞行中因为乘客的视力下降、听觉敏锐度降低或者因为人手触及范围的限制等因素，感官体验设计在飞机客舱设施设计中的应用已有一些优秀的案例。如 B/E 航空提出了一个有趣的概念，即用一种面积更大、更好用的静电表面概念替代现有电容触摸屏控制技术，当乘客读到屏幕上的菜单或子菜单时，可以通过座椅扶手上智能纺织物或表面材质纹理触觉的变化来反馈信息；在伊比利亚的航班上，乘客进入客舱后通过嗅觉可以感受到一种由水果、花草和柑橘组合而成的新鲜、柔软、细腻的香味，从而体验到一种幸福感，这种感官体验设计提升了航空公司的品牌效应，伊比利亚航空公司也是第一家创造自己气味的航空公司；OLED 具有耗能低、反应速度快、视角大、不占空间等特征，OLED 客舱照明系统可以模拟日出日落，慢慢过渡，缓解乘客因时差导致的不适等。

(2) 聚焦形态、色彩、材料与质感、照明等感官体验的设计

感官体验设计采用多种工具和方法去描述和量化感觉，以达到帮助选择材料的目的。设计师与供应商合作时，设计师可能会说想要一个 12%纤维、55%热度和 11%摩擦的扶手材料，这些术语可以方便同一个项目的设计师、工程师、制造商使用同一感觉语言进行沟通。感官体验设计可以优化旅客在客舱环境中的体验，通常涉及某些感官上的考虑：①在封闭的空间，乘客感觉到的外部带来的刺激往往会变得更强烈，如强烈刺眼的阳光、发动机产生的噪声等；②刺、发痒、热或黏糊等粗糙的表面触感会使乘客感觉很不舒适；③密集度大的封闭空间使乘客有敌对和攻击性的感受；④客舱是一个狭窄的空间，环境照明会给人带来不一样的感觉，对环境的颜色需要仔细研究与评估，如太过饱和温暖的环境色会造成空间减少的错觉并给人心理上带来窒息的感受；⑤客舱温度的升高也会使乘客感觉飞行的时间更长。

飞机已经是现代人广泛使用的一种交通工具，但飞机的误点、漫长的等机、冷漠的安检、狭

窄的机舱等因素也经常会造成乘客的出行焦虑。客舱环境及设施的感官体验设计是缓解和安慰乘客感官感受的一种非常有效的途径，也是改善经济舱环境的一个极好的方法。飞机客舱内饰及设施带给乘客的安全感不仅来自视觉上的设计，还来自听觉和触觉上的设计。一个高等级、高质量的周围环境与设施会立即传达给乘客安全的信号；而客舱过多的塑料材质会给人一种廉价的感觉，会认为是不安全的。在客舱设施设计中，往往忽视经济舱而去追求商务舱、头等舱的奢侈，在经济舱中使用一些自然或触感强的皮质、木材等座椅表面材料，可以使乘客更安心。如图 4－7 所示，经济舱采用皮质材料的座椅易于清洗与打理卫生，精细的工艺给乘客更高等级的感受，黑色调的椅面与银白色铝合金材质的座椅框架的搭配，给人带来更沉稳、质量更牢固、更可靠的感受，这些都是带给乘客更安全感官体验的设计。

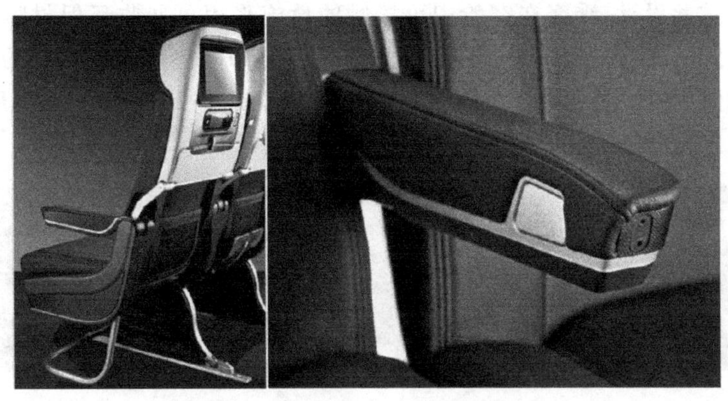

图 4－7　经济舱座椅感官体验设计

(3) 塔希提岛帕皮提航空公司飞机客舱设施的感官体验设计

如表 4－9 所列，采用层次聚类分析的方法，对乘客进行需求调查与资料收集后，确立 0 阶为“乘客进入飞机客舱进行感官体验”主题，以“安全”“关爱”“个性”“健康”感官概念词汇为设计目标 1 阶，由 1 阶推论出“接受感”“沟通感”“差异感”“生态感”2 阶，逐层分解推理第 N 阶物理细节，这些物理细节通过视觉感官体验、嗅觉感官体验、听觉感官体验与触觉感官体验满足乘客诉求，最终确定体现乘客感官体验的客舱设施的物理特征要素与对应的物理特性。

表 4－9　感官概念转化为物理特性

感官概念				感官	造型特征要素	物理特性
0 阶	1 阶	2 阶	N 阶			
乘客进入飞机客舱进行感官体验	安全	接受感	⋮	视觉感官体验	客舱内饰的色彩、图案、材质；尺寸；航空公司的标识	座椅头枕上尺寸大小不一的提亚雷花；温暖、强烈的蓝色、高亮度的岛屿与新鲜植被的色彩；硬木地板
	关爱	沟通感		嗅觉感官体验	客舱气味	塔希提岛提亚雷花的芬芳
	个性	差异感	…	听觉感官体验	客舱音响	塔希提岛豪放、节奏感强的音乐播放
	健康	生态感		触觉感官体验	乘客座椅的坐垫、靠背	可回收环保材料，能回忆起某些波利尼西亚植物的艺术编织

从视觉、听觉、嗅觉、味觉、触觉上设计塔希提岛[①]航空旅游体验：①视觉上的感官体验设计：当乘客从登机入口处踏进飞机客舱，映入眼帘的图案设计元素和风格就把乘客带到了塔希提岛。提亚雷花是塔希提岛帕皮提航空公司的标识符号，象征着欢迎每位乘客的到来，座椅头枕上尺寸大小不一的提亚雷花仿佛浮在水面上，它有助于打破视觉上座位排列的重复感觉，使整体效果更明亮；踏上硬木地板就感觉像站在塔希提岛大溪地小屋的阳台俯瞰湛蓝的泻湖；客舱使用的木地板和整体环境风格相呼应，带给乘客一种熟悉、舒坦、自然的感官体验；色彩和材质能引起乘客的第一感觉，仿佛体验到了塔希提树林的温暖、耀眼的蓝色、明亮的岛屿、充满生命力的植被。②嗅觉上的感官体验设计：乘客在客舱能闻到散发着塔希提岛提亚雷花的芬芳。③听觉上的感官体验设计：登机过程中伴随着夏威夷塔希提岛豪放、节奏感强的音乐播放。④触觉上的感官体验设计：乘客在客舱中可接触的设施采用可回收环保材料，能使乘客回忆起某些波利尼西亚植物的艺术编织。经济舱里丰富多彩的坐垫像异国情调的花散在风景中，绿色棕榈图案的商务舱坐垫营造了气味清新的氛围。和谐统一的色彩中高亮度的绿色代表了岛上的绿色植被，这些鲜艳的颜色对比，更加突出了蓝色椅盆的深度，如图 4-8 所示。

图 4-8　塔希提岛帕皮提航空公司客舱设施感官体验设计

2. 融入航空设计文化的方法

航空设计文化是飞机客舱设施造型感性工学设计的重要表现形式，主要体现了飞机客舱设施造型安全人机设计的积极正能量文化特征与审美特征，即情感特征设计层面。

(1) 航空设计文化

① 从人类有了飞行梦想开始就产生了航空文化，航空文化是社会审美意识的反映，是人类生活形态、生活方式、精神内涵的凝结与综合。②设计文化伴随人类创意实践活动而产生，具有可感知、可视化、可沟通表达的特性。设计源于文化生活，也必将回归于服务文化生活中去，并受文化生活的检验；航空文化在创意设计活动中得到了延续和发展。③航空设计文化是人类对社会生产、文化生活、设计创造规律和经验的总结，是设计文化的升华积淀；航空设计文化能促进和激发人类的创造潜能，并将之合理地转化为现实。如图 4-9 所示，“飞行者 1 号”就是在当时技术、材料基础上实现的经典创意设计案例。④航空设计文化是航空文化的子文化。航空设计文化伴随着人类飞的梦想、飞的航空创意设计实践活动而产生，从而形成了物质文化、制度文化和精神文化的整体系统。航空设计文化体现了创意航空、绿色航空、智能航空、尚美航空的核心理念。创意航空是核心与动力源泉；绿色航空是发展的可持续性；智能航空是技术支持与保障；尚美航空是重要特征。绿色航空与智能航空将在飞机客舱设施造型 PSS 设计方法中详细阐述。

① 塔希提岛位于南太平洋。

图 4－9　“飞行者 1 号”

(2) 创意航空

创意航空就是通过创意的方法体现与航空相关的精神、思想、品质与符号元素等，是飞机客舱设施造型设计的灵魂与源泉。设计的好与坏直接体现为对人的保护成功与否，人对安全的需求通过创意设计来实现。飞行器的发展离不开人类的创意，人类对未来飞行器还在不断进行探索。莱特兄弟划时代的发明宣告了飞机的诞生，更强、更快的飞行器必然需要更安全、更舒适、更方便、更美、更清洁、更合理的客舱设施来服务人类。

蚊式飞机还有一个别称叫“木质奇迹”，整体机身全用胶合板制成，减少了金属的使用(战争年代金属属于军火必需品制造中的紧俏物资)。蚊式飞机使用一整片机翼横穿机身，不像大多数飞机那样装配两片独立机翼，一块整体式机翼能承受更大的力量，机身和机翼仅靠四个螺钉就可固定到一起。蚊式飞机用途广泛、性能稳定，它可以扮演侦察机、战斗机、轰炸机的角色，飞行速度可以超过每小时 400 英里①，比重型轰炸机速度快很多，载重量却与轰炸机相当，但蚊式飞机消耗的燃料更少，需求的飞行员数量也更少。战后统计表明，它是盟军所有轰炸机中损失率最低的飞机。如图 4－10 所示，1941—1945 年，蚊式飞机就是通过创意设计成为飞得最快、最安全的飞机，也是第一架性能强悍、超高速全木质飞机。蚊式飞机采用了我们当今非常熟悉的复合构造设计方法，只有一整片机翼，材料采用薄层胶合板，中间则是轻木，它还是第一架隐形飞机，因为是由全木制材料制作的，敌方的雷达几乎察觉不到。蚊式战机是当时最安全的飞机，也是航空史与工业设计史中典型的创意设计作品。

图 4－10　蚊式飞机

① 1 英里＝1 609.344 米。

在进行满足功能需求的飞机客舱设施造型创意设计时，设计师应重点考虑的是飞机客舱设施具备什么样的功能。首先，从功能需求出发，分析了解用户的基本需求与技术参数；其次，以用户为核心的设计原则，将飞机客舱设施功能进行分解细化，进行创意方案设计；再次，研究功能实现方案及产品的结构，设计创意必须满足这些需求；最后，结合设计变量进行系统研究，并深入研究产品功能实现的方式。图 4－11 所示为设计流程图。

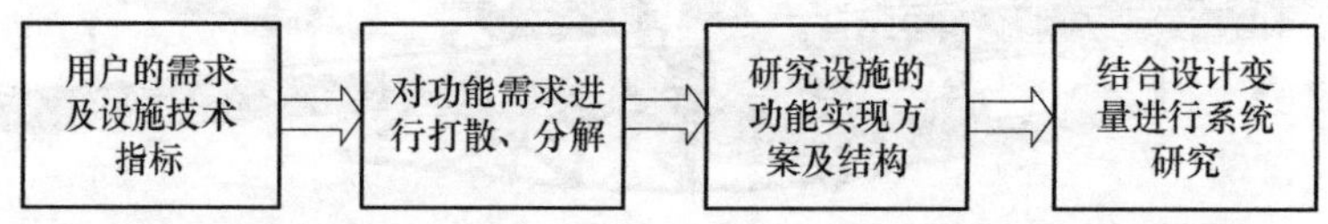

图 4－11　满足功能需求的飞机客舱设施造型创意设计流程图

飞机客舱设施造型设计创意方法如图 4－12 所示。飞机客舱设施实体的形成受到乘员、客舱环境、使用条件、出行方式等外部设计因素的限制，在外部因素的限制下，依据设计目标，逐一解决客舱设施的造型、结构、技术、加工工艺，甚至回收分解等设计内因。飞机客舱设施造型创意设计的产生是产品的功能和体系结构向实际的几何形态转变的过程。在这个过程中，建立在团队或个人创意概念的基础上，既主观地发挥感性思维，又注重客观逻辑的设计程序，从而产生创新性的造型设计方案，实现创意联想到实际应用的转变。创意的感性思维就是从思维上突破常规性的限制条件，重构飞机客舱设施造型各要素之间的关系，由此得到创造性、新颖性的设计方案。创意的理性思维过程是逐步探究飞机客舱设施造型系统逻辑的推理过程。

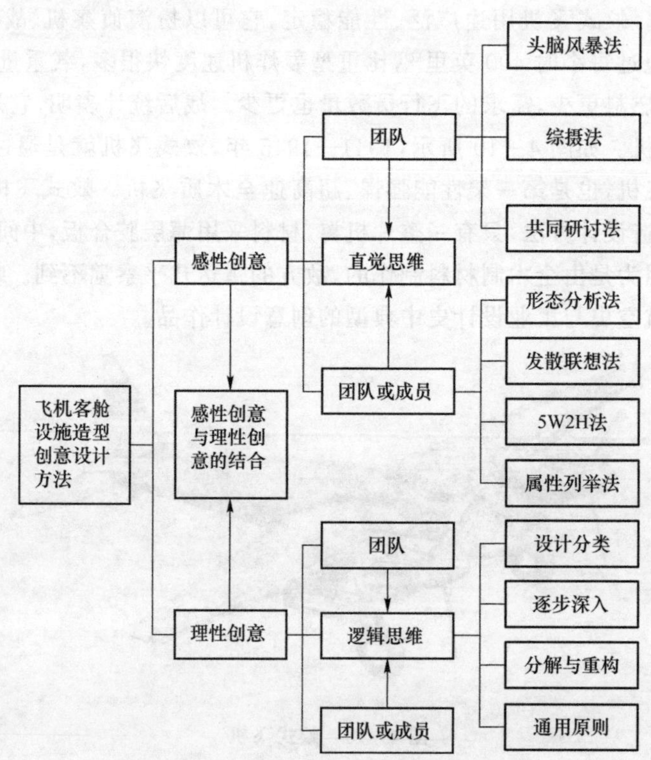

图 4－12　飞机客舱设施造型设计创意方法

“飞机客舱智能机器人设计”是企业委托笔者设计的项目，现已完成设计并投产。智能机器人强调以航空特色为主要基调，底座是一个飞行器的造型，体现科技之美。以空姐的造型为原型提取设计元素，手臂上的装饰则凸显出现代感，臂围上的装饰则与女性的线条美相互呼应。整体曲线柔美的造型让智能机器人不再给人突兀陌生的感觉。色调以白色搭配洋红色为主，突出女性洁白细腻之美，光彩照人。委托企业的评审专家从创意、功能、人机、细节、航空文化、印象、档次、总体形态、总体感觉等因素逐一打分，最终认为此方案形态优美，评选其为航空领域“最美机器人”，如图 4-13 所示。

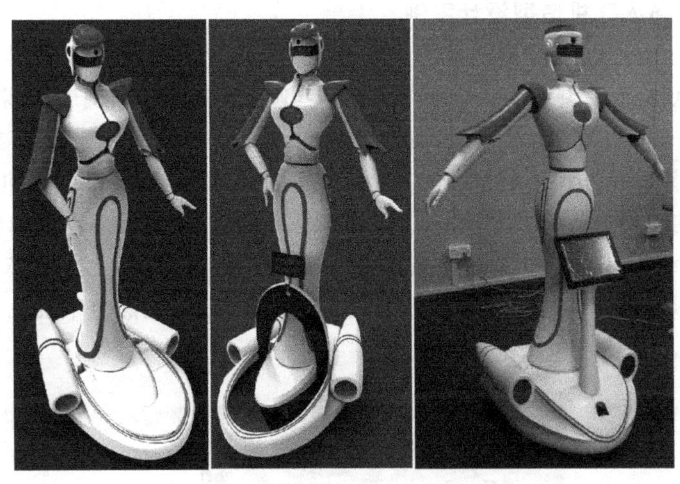

图 4-13　飞机客舱智能机器人设计

(3) 尚美航空

尚美航空是指飞机客舱设施美学对乘客心理、感官所产生的作用，从而使乘客感受到使用品质与审美品位。飞机客舱设施尚美的目的是对感性认知进行完善与验证。法国著名国宝级飞机设计师达索曾说过一句名言：“造型美的飞机性能也一定优越！”我国自主研发的 C919 客机因其概念新颖、外形美观、客舱安全舒适，获得了第十七届中国国际工业博览会工业设计金奖。美观性与实用性有必然的联系，美的产品使人感觉良好，尚美的客舱设施安全性能更高，尚美航空主要体现在以下几个方面：

① 飞机客舱设施造型合乎目的性之美。飞行器外观流线之美是符合气动科学特性的理性之美，其流线型造型不仅象征高速运动的现代感，还能降低风阻、减少燃料消耗，符合流体动力学的规则。飞机客舱设施造型合乎目的性的审美，满足客舱中的乘客与乘务员使用的安全性与舒适性，方便安装维修，为航空公司节省了经济成本，能作为品牌推广的目的。

② 飞机客舱设施造型的民族文化之美。我国飞机客舱设施既是航空文化的产物，也是中华文化传播的载体。国产大飞机客舱设施造型设计必然要考虑我国民族文化的精神与思想，并将此作为设计元素符号融入形态与配色的设计过程中。以汽车设计文化为例，汽车是以明显的国家特性为基础进行销售的，瑞典的“安全性”、德国的“技术效率”、法国的“气质”以及意大利的“高雅”，都显示出了强烈的国家特性与形象。飞机客舱设施造型设计中的中华传统文化元素也是民族文化、民族情感、民族理想的载体，满足了消费者情感化的需求。图 4-14 所示为厦门太古飞机工程有限公司以“禅”为主题的窄体客机客舱设计，将佛家“禅”元素提取并应用到客舱设施造型设计中，体现出民族、和谐、高雅与悠闲之美。

图 4-14 以“禅”为主题的窄体客机客舱设计

(4)“中国风”私人飞机造型设计案例

中国通航产业飞速发展，需要将优秀的传统文化元素应用到现代飞行器等航空产品中去，使消费者有文化认同感。“中国风”私人飞机造型与喷涂元素均来自于中国京剧艺术最具代表性的视觉符号之一——京剧脸谱，从京剧脸谱中的“净”角中提取元素。图 4-15 所示为“净韵”私人飞机造型设计。形态上提取脸谱“眉”“眼”的形态元素，可以与飞机动力装置的涵道风扇和调节飞机的平衡副翼完美结合；动力方面提供向上的涵道风扇和向前的螺旋桨推力，有三个进气口和两个出气口，这样能更好地保护飞机的平衡性；色彩上主要依据“净”角进行配色，“净”角体现的是一种粗犷美，在飞行器配色上选用蓝、白、红、黑色来表现私人飞机的刚强、粗犷、骁勇等特点。

图 4-15 “净韵”私人飞机概念设计

4.3 飞机客舱设施造型 PSS 设计方法研究及应用

PSS 设计方法主要用来解决飞机客舱设施造型安全人机设计服务特征设计层面的问题，对飞机客舱设施使用功能与服务进行一体化设计，提高经济能效与使用效率，注重乘客的使用体验。在飞机客舱设施服务系统中，乘客实质上购买的是一种安全使用功能与服务体验，因此，需要研究飞机客舱设施与乘客的关系。

PSS 设计方法不再是单一解决飞机客舱设施造型中形态、色彩、材质、结构等基本要素的

问题，而是将健康、能效、可持续等生态服务体验作为目标。飞机客舱设施造型 PSS 设计的核心是实体客舱设施与无形服务结合，主要有 PSS 绿色设计方法、PSS“集”设计方法、PSS 模块化设计方法与 PSS 智能设计方法四种设计方法。PSS 绿色设计从全生命周期的角度实现客舱设施的价值最大化，PSS“集”设计方法与 PSS 模块化设计方法实现客舱设施的功能最大化，PSS 智能化设计方法是服务技术实现的手段与后台维护。

被乘客感知的飞机客舱设施服务可供性是功能可供性、认知可供性、情感可供性、行为可供性等多种因素交织在一起的综合体验。

4.3.1　PSS 绿色设计方法

飞机客舱设施造型 PSS 设计的本质是绿色、生态设计，基于客舱设施的生命周期与“摇篮到摇篮”两方面实现绿色设计、可持续发展的目标。绿色设计的目标就是保持材料、能源等资源的可持续性，尽量减少对乘客和乘务员可能造成的健康威胁；提供使用安全的产品；使用对生态环境安全的能源。

1. 飞机客舱设施的生命周期

飞机客舱设施、服务设计、保障服务的技术作为子系统，构建成飞机客舱设施造型 PSS 设计系统。系统的运行需要有效的客舱设施全生命周期管理、服务体系的管理以及技术维护保障的管理，以此来保证 PSS 绿色设计的实现。PSS 绿色设计是减少飞机客舱设施对环境影响的一种方法。航空企业与设计师都必须关注客舱设施的整个生命周期与污染阶段，客舱设施生命周期中从设计、生产、使用到废弃的四个阶段都会造成污染，通过绿色设计的方法进行再循环、再制造、再利用、再使用，以减少对环境的不利影响，如图 4-16 所示。飞机客舱设施造型设计将新的环保、可回收、再利用的材料运用到研发中，如聚合材料就是将不同的塑料融合在一起或者在塑料中加入金属成分，这种新式材料具有牢固、坚韧、可回收再利用的特点。将聚合材料应用到经济舱乘客座椅上，不仅能降低经济成本，而且对生态环境又是环保、安全的。

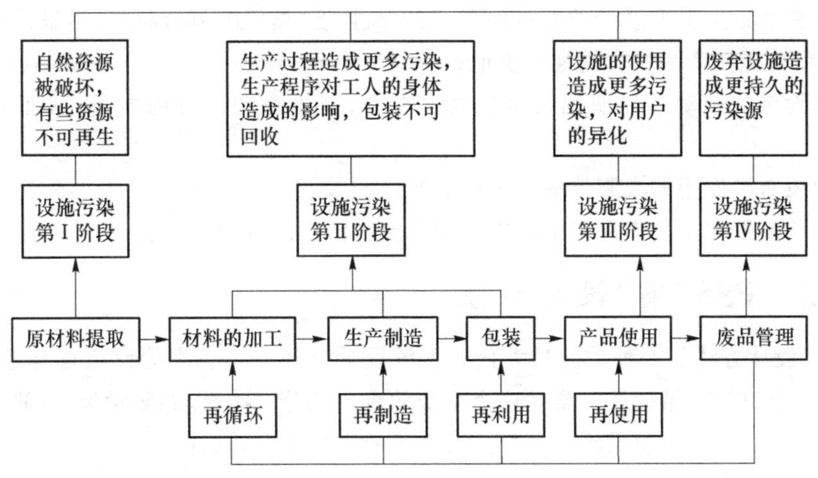

图 4-16　飞机客舱设施生命周期与污染的四个阶段

2. 飞机客舱设施“摇篮到摇篮”

“摇篮到摇篮”的绿色设计本质上是可回收设计。传统意义上的可回收不是完全回收，在回收过程中都有质量的损耗，或者是混合杂质的回收再利用。“思考椅”是全球第一把经过论证的“摇篮到摇篮”式的绿色设计，每个部件都可以保持相同的质量等级，并且可以无限次数地回收再利用，如可以再利用制造成公园长椅、减速带、花盆等，作为高档的工业原料回到生活当中。

“摇篮到摇篮”需要从开始研发飞机客舱设施时就要制定战略：尽可能地减少消耗新的原材料，采用太阳能可再生能源；废料即原料可安全回收到自然，保护生态环境；废品即物品的新产品类型具有多样性，无须控制消费。如高性能轻质树脂材料客舱手推车、“闭环”式可再生航空地毯，既满足“摇篮到摇篮”式的服务系统绿色设计，同时也满足 FAA 和波音公司对飞机客舱设施材料的要求。

3. 飞机客舱设施造型 PSS 绿色设计的主要思路

美国航天局对未来飞机提出了绿色、环保、更快速、更大型、更安静、更高效、更干净的追求目标。轻质材料有助于降低燃油消耗和废气排放，一架波音 747 飞机如果全部采用这种轻质手推车，可以使飞机重量减轻约 750 kg，相当于每年能节省 50 000 欧元的燃油成本。飞机客舱设施造型 PSS 绿色设计能够减少材料的使用量与避免使用有害材料，提高客舱设施的维修拆卸效率与能源使用效率，是面向循环与重新再制造的设计。

飞机客舱设施造型 PSS 绿色设计要体现在功能、形态、结构、连接与能源利用效率上：

① 多功能的客舱设施造型设计，多功能客舱设施比单一功能客舱设施的经济与生态效率更高；

② 模块化客舱设施造型设计，功能的模块、可使用的平台和再使用的模块允许选择服务、升级或再循环；

③ 客舱设施部件的逻辑顺序设计将最具价值与主要使用功能的部件设计在容易接触的位置，优化部件拆除顺序与拆除方向；

④ 客舱设施的使用操作和分离点应该很明显，合乎逻辑的结构可以缩短拆卸时间；

⑤ 减少客舱设施造型设计的材料种类，采用高强度、质轻的复合材料，尽量使用可循环材料，减少废弃物，提高产品生命周期的价值；

⑥ 客舱设施的移动部件使用强度比高的材料，减少移动部分的质量，从而节省能源的消耗；

⑦ 采用没有副作用的太阳能等再生清洁能源；

⑧ 基于化简的原则与集聚压缩的方法减少废物占用的客舱空间。

4.3.2 PSS“集”设计方法

PSS“集”设计方法是一种功能最大化的系统设计方法。飞机客舱设施自身是一个系统，它的功能、形、色、材质、结构等要素是这个系统的组成部分。乘员、客舱设施、客舱环境组成飞机客舱人机系统。飞机客舱设施是客舱人机系统的组成部分，设计、生产、使用、回收又存在于一个自然生态系统中。

1. 系统中的“个”与“集”

“个”的方法主要体现在飞机客舱设施设计中各个要素孤立，没有任何共通的设计方法；“集”与“个”的方法相反。

飞机客舱设施尺寸大小、材料选择、形态元素提取、色彩搭配、表面质感工艺处理、装配方法、使用方式等没有共通之处和必然的联系，这样的产品造型必然在人的使用过程中存在不安全的隐患，这就是“个”的方法。飞机客舱设施造型设计“集”的方法注重各个要素的协调、合作、交流，经过缜密的计划，寻求共通之处，通过相互之间的关联性协调乘客与设施之间的逻辑关系，如图 4－17 所示。

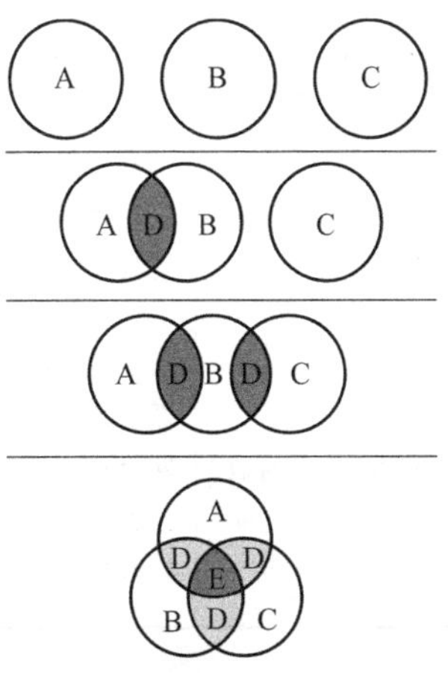

图 4－17　系统设计“集”的方法

2. PSS“集”设计方法案例——“飞行通行证”设计

分析乘客在乘机旅行中的问题，以 PSS“集”的方法解决问题，通过探讨流程中各个问题之间的关联性，提出创新的设计方案。在“飞行通行证”设计案例中，以一个合乎逻辑的“乘机流程系统”引导乘客安全有效地乘机。研究乘客与机票的交互服务，使用“飞行通行证”创建一种更为有效的机场安检模式；运用 PSS“集”的逐步分解法，将机场安检过程分解成内在联系的子系统，提高安检效率与乘客满意度；帮助乘客自助办理登机牌，高效通过乘机安检，准确找到飞机客舱座位，体验个性化客舱服务，抵达目的地后能便捷、无障碍地取到行李。同时这个设计概念也可以建立各个机场统一标准化模式的登机流程，提高换乘效率，全程流畅的乘机过程能为乘客提供更优质的服务。

(1) 乘机流程分析

①乘客抵达机场。由于时间无法掌控，至少需要提前 1～2 个小时到达机场。②按照流程办理乘机手续。这个流程包括办理登机牌手续、托运行李与排队进行安全检查三个步骤。③候机与登机。进入客舱需要快速寻找自己的座位。④飞行与抵达目的地。下了飞机后关注通道上的指示牌，取行李或办理转乘机手续或直接离开机场。

(2) 基于乘客意向的问题分析

通过问卷采访、跟踪调查，对乘客乘机旅行流程满意度进行调研，如表 4－10 所列。①飞行前，乘客不满意度主要体现为：办理登机手续流程繁琐，机场安检等候时间太长以及隐私得不到保护、心理不适等问题，不满意度最高的是飞机晚点，全球因天气、旅客等不可控因素导致航班晚点率在 15％～20％；②飞行中，乘客不满意度主要体现为：座椅、空间、餐饮、睡眠、客舱气味等问题；③结束飞行后，乘客不满意度主要体现为：取行李、丢失行李以及办理转机手续等问题。因为乘客在飞行前的流程效率不高导致整个地面时间较长，使整个乘机旅行时间远远高于实际飞行时间。

表 4－10　乘客乘机流程中的问题

旅行流程步骤	问题分析与综述	乘客感受
乘客抵达机场	①由于民航飞机的特殊性，时间无法掌控；②害怕误了航班；③在去机场的路上受天气、交通拥堵等不确定因素影响	①被动状态；②焦虑、紧张
办理登机手续	①第一次坐飞机的乘客不知道流程与登机步骤；②登机手续繁琐；③需要身份证件；④旅客流量大、排队太长；⑤不知行李托运是否通过安检	①被动状态；②焦虑、紧张
机场安全检查	①旅客流量大、排队长、拥堵，害怕误点；②行李安检有问题还要重新排队；③快到安检口发现排错了队；④还需要身份证件与登机牌；⑤被搜身检查不适；⑥隐私问题：特别是女性乘客当着众人脱外套，心理不适；⑦效率不高	①被动状态；②焦虑、紧张

续表 4-10

旅行流程步骤	问题分析与综述	乘客感受
候机、登机	①在候机厅害怕听到航班晚点的广播信息；②登机闸口再一次检票确认身份，程序繁琐；③进入机舱，过道拥挤；④每个机型座位指示不一样，找座位不畅；⑤害怕自己的缓慢影响后面的乘客	①被动状态；②焦虑、紧张
飞行与抵达目的地	①下机后需要看通道上的信息指示才能找到取行李处；②害怕行李已经到了，需要加快步伐；③较大的机场很多行李转盘，很难快速识别并找到自己的行李转盘；④取行李处拥堵、吵闹；⑤需要记住自己的行李特征，容易混淆拿错行李；⑥如果转机，因每个城市机场办理的登机手续有差异，往往靠自己经验办理手续容易出现差错	①被动状态；②焦虑、紧张

(3) 用 PSS“集”的方法解决问题，提出设计概念

“飞行通行证”设计概念。为乘客提供包括乘客指纹、面部识别的生物识别数据，还包括乘客个人信用卡、航班抵达时间、娱乐、饮食喜好等信息。当飞行通行证收集齐全这些信息后，登机就不再需要提供身份证等证件。这种低成本的电子票还能同步接收重要信息的更新，比如登机口的变化、登机电话和客舱座位分配等，它也能对接乘客客舱座椅信息，可在通过安检与通关时使用，能够提高乘客登机效率并为乘客提供良好的个人飞行体验。

“飞行通行证”是验票、领登机牌的终端产品。飞行通行证可以很清晰地告诉乘客整个流程与步骤，通知乘客一系列信息，如哪一个安检通道是开放且可以继续排队、行李通过安检被接收的信息、航空公司停止办理登机手续等与乘客相关的重要信息。

“飞行通行证”建立一种更有效的安检模式。在过去的机场，安检几乎是不存在的，允许乘客自由、灵活通过安检站登机。当前的机场安检是基于之前安全事件过程的一个集合反应，这个系统没有任何的分层与整合。搭配现有的安检高科技技术，将大大提高乘客的机场体验，用协调一致的 PSS 设计方法可实现这个概念。“飞行通行证”利用逐步分解法的原则，鼓励乘客轻松、有序地向前移动：首先，“飞行通行证”显示必要的信息控制旅客流量并进行分流，乘客通过自助形式快速直接进入安检通道，防止拥堵；其次，乘客下一关通过一个缓冲区域进行安全检查，以简洁的指示符号迎接并引导乘客穿过容易识别的交互式玻璃门；最后，“飞行通行证”设计的重点是在独立的楼层识别旅客信息，并在安检通过后批准入境，在乘客的另一边安检扫描并传送行李。

“飞行通行证”设计概念可以改善乘客的隐私问题。乘客大多不喜欢当前的安检方式，如被陌生人搜身检查，或者不愿意当其他人的面脱去衣服等，乘客的不适感受是一个不容忽视的问题。“飞行通行证”PSS 设计方法可以改进这种乘客被动安检的模式，通过互联网数据库确定某位乘客过去或曾经存在的潜在威胁信息、不安全行为等因素，用专门的空间隔离这些有潜在威胁的乘客，机场安全部门将会在这个舒适、隐私的空间对该乘客进行更加严格和彻底的安全检查。

“飞行通行证”可以改变乘客的登机流程。使用“飞行通行证”是组织乘客登机缓解拥堵的一个有效方式，当机场发出登机指令，乘客也可通过“飞行通行证”了解到获得批准登机的信息。当乘客到达登机舱门时，必须再次刷“飞行通行证”以确认获得登机指令，如果不是该航班的乘客将被拒绝入内，同时登机舱门口放置面部识别终端可核实旅客的身份，此概念也是为旅

客提供双重安检的保障。

当乘客走进飞机客舱通道，“飞行通行证”将提示乘客的座位信息并引导他们到正确的位置，同时座椅背部显示屏会出现立即确认并迎接乘客的人性化显示界面。乘客就座后，该乘客的娱乐、餐饮等偏好信息的界面会立即显示，方便空中乘务员提供个性化的服务。

“飞行通行证”具有智能识别功能。乘客抵达目的地后也可使用“飞行通行证”识别行李标签，导航与跟踪自己的行李，节省时间与提高流通效率。

“飞行通行证”建立标准化信息模式。通过该模式，乘客在其他机场也会有一种熟悉的体验，比如从一个城市到另一个城市、从一个航空公司到另一个航空公司，传达给乘客完全相同类型的信息和登机方式，标准模式会减少乘客的恐慌和焦虑感，提升乘客在旅行过程中的安全体验。图 4－18 所示为“飞行通行证”的设计方案。

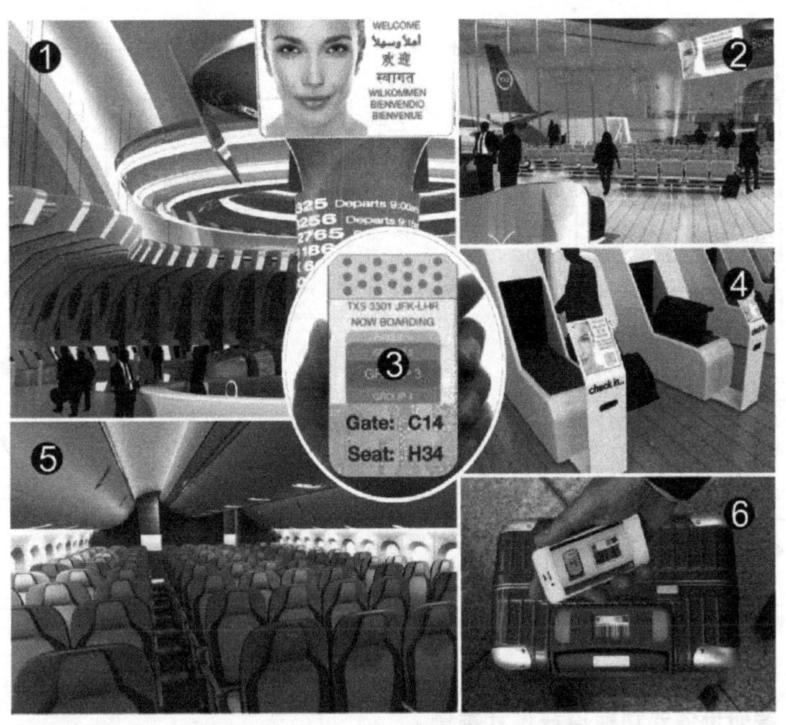

图 4－18　“飞行通行证”设计方案

4.3.3　PSS 模块化设计方法

PSS 模块化设计是一种标准化的设计方法，就是将飞机客舱设施有关联的功能要素进行分解组合重构，构成具有特定功能的子系统，并将该子系统作为通用设施模块，与其他客舱设施功能要素以一定的结构形式进行多形式组合，从而构成新的系统，产生多种相同功能或不同功能的客舱设施。PSS 模块化设计是飞机客舱设施系统设计思想的综合运用，能够达到灵活多变、提高形态可塑性、降低造价成本、增加功效多样性、有利于维护与服务的目的。

模块的互换性是 PSS 模块化设计方法的主要特征。以功能模块为主，通过模块功能互换与模块外形尺寸的互换来实现，主要分为母体式功能模块、拼接式功能模块、共生式功能模块、混合式功能模块四种形式。

1. 母体式功能模块

(1) 母体式功能模块定义

飞机客舱设施母体式功能模块就是以一个基础性的飞机客舱区域或一个主要服务空间或一个主要客舱设施为构造母体系统,如以经济舱或盥洗室或厨房等为构造母体,通过连接其他客舱设施与部件而完成不同子系统的功能。

(2) 功能分类集合分析法

首先定义整个母体功能模块系统,接着针对各个子功能结构进行分类集合、模块分解与定义有效模块。功能分类集合分析法是资源合理分配并获取服务系统创意设计的一种有效方法。如图 4-19 所示,运用功能分类集合分析法分别对短途航班与长途航班的乘客舱(母体功能模块)功能进行 PSS 设计。

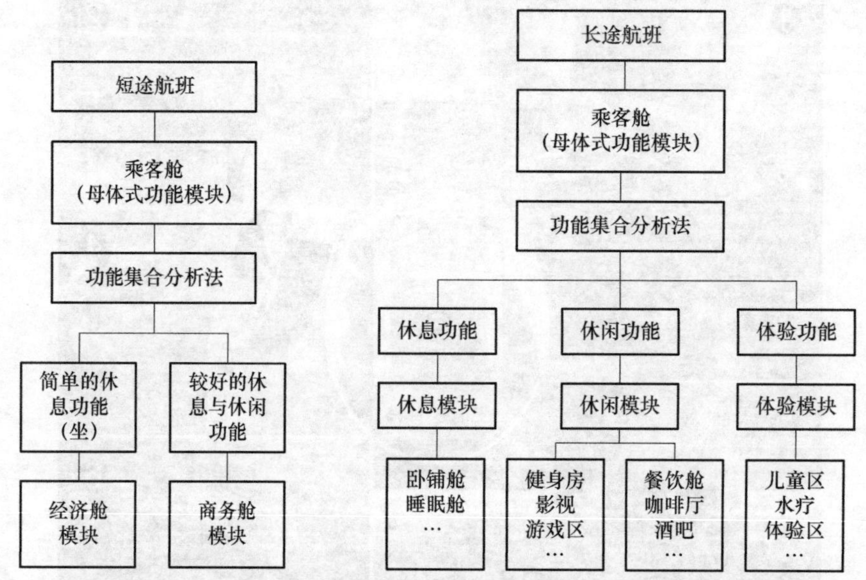

图 4-19　乘客舱(母体功能模块)功能分类集合分析法

(3) 飞机客舱母体式功能模块设计案例

空客公司基于 PSS 简化与集成的设计理念对飞机客舱母体式功能模块进行了设计,如图 4-20 所示。类似于现有的货运航空模式,航空公司有多种客舱模块通过货舱门进行安装拆解,可以快速、灵活地更换各种客舱内饰模块,比如咖啡厅、健身房、儿童区、酒吧等。这个概念设计方案可以减少飞机客舱定制三分之一的时间,并将客舱重新配置的速度从几个星期转变成几小时,甚至只需要几分钟,快速满足个性化需求。以航空公司对同一架飞机从短途航班模块替换成长途航班客舱为例,当国内短途航班降落,可快速移出具有更多常规经济舱座椅布局的模块化客舱,增加睡眠舱、咖啡吧、具有水疗体验的卧铺舱位舱室,为在飞机客舱过夜的乘客提供更舒适的体验,乘客从上机就可以开始享受他们的度假。飞机客舱母体式功能模块可以与飞机总体设计核心制造领域同时研制开发,可以促使航空公司花更多的精力改善乘客的舒适性体验,而不是应对复杂的工程挑战,也会为航空公司带来更多的商机。

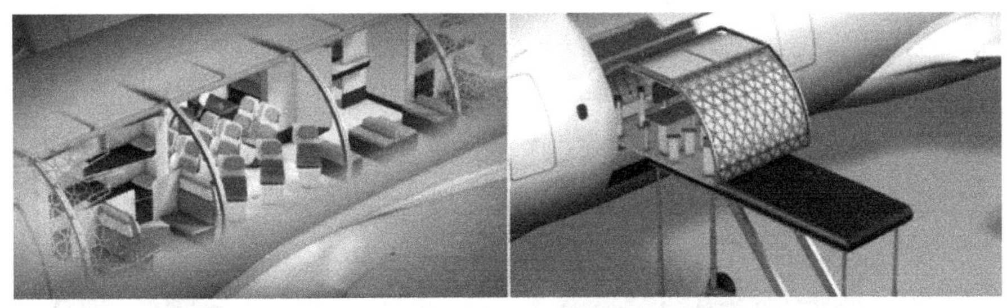

图 4-20　空客公司客舱母体式功能模块设计

2. 拼接式功能模块

(1) 拼接式功能模块定义

拼接式功能模块就是两个或两个以上的飞机客舱设施以“线型”结构进行功能模块组合连接。模块各自有不同的功能，组合后的整体不影响各个模块的功能，互不干扰。

(2) 主干功能交互法

主干功能交互法就是将飞机客舱设施功能系统分解出若干主干子功能系统，并将这些主干子功能系统定义成模块，根据各个不同主干功能模块任务逐步推进，直到这些子系统功能模块转入到其他的子系统功能模块中，形成交互关系后产生新的交互功能模块，如图 4-21 所示。

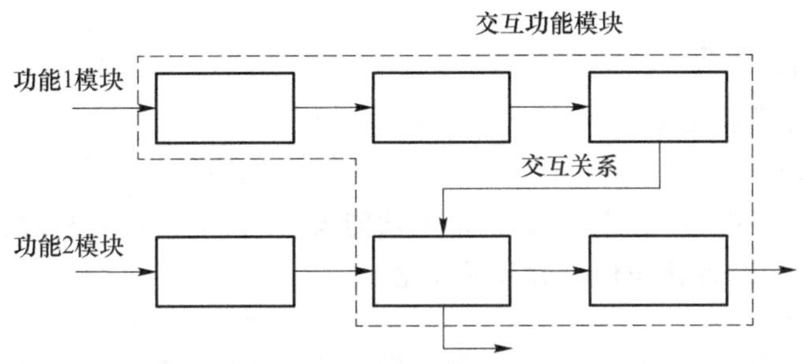

图 4-21　拼接式功能模块主干功能交互法

(3) “机上残疾人座椅”拼接式功能模块设计案例

航空公司为行动不便的乘客配备了机载轮椅，机载轮椅不需要如陆地上使用的轮椅那样功能强大，更加注重的是可靠性、轻重量与占用空间小的特点。运用拼接式功能模块的主干功能交互法进行“机上残疾人座椅”设计，针对乘客座椅子功能与机上轮椅子功能逐步推进，形成具有交互关系的交互功能模块，定位飞机客舱“轮椅＋座椅”功能的拼接式模块化设计。可以将经济舱座椅拼接为一个轮椅，固定在地板轨道上，座椅的框架、支撑结构均满足试航要求；为了使乘客在长时间不活动的过程中保持舒适的状态，降低久坐之后产生的腰部不适感，座椅造型与人体结构吻合，合适的人机尺寸符合乘客使用意向；扶手在座椅的主体结构上，安全带与脚踏板在轮椅上，脚踏采用简单几何防滑平板，不使用时可向内收回，座椅外侧醒目的橘红色固定开关使轮椅与座椅框架结合、分离。多功能座椅一般布局在飞机客舱的前排靠通道位置，方便使用轮椅的乘客操作，在分离轮椅时不会影响其他乘客。拼接式功能模块设计方案解决了飞机客舱使用轮椅乘客的双重功能需求，更加节省了飞机客舱的空间，如图 4-22 所示。

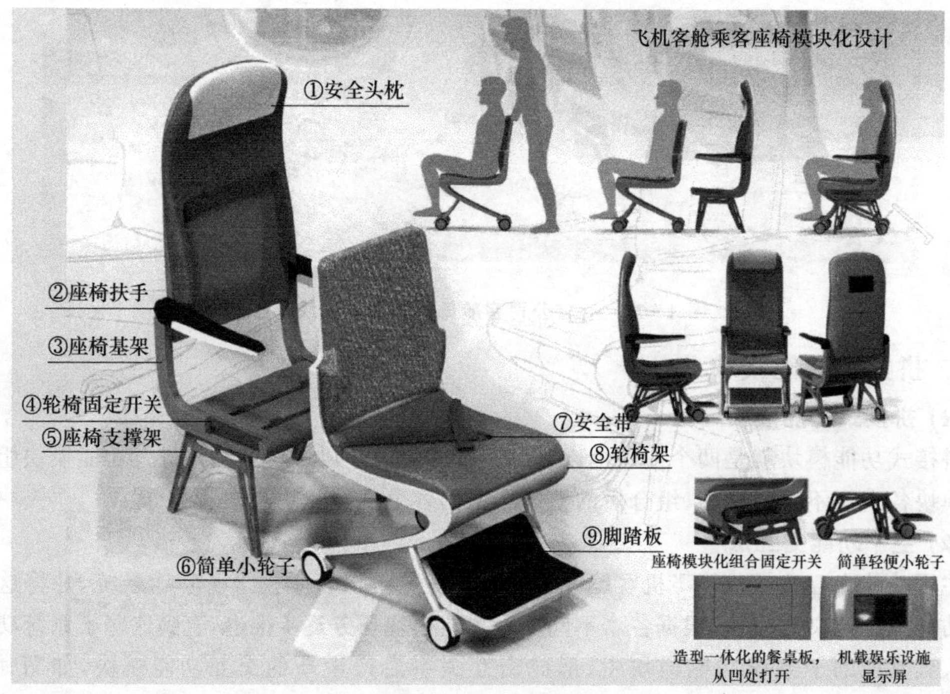

图 4-22 “机上残疾人座椅”拼接式功能模块设计

3. 共生式功能模块

(1) 共生式功能模块定义

共生式功能模块就是以飞机某一客舱区域或客舱设施为主体部分，利用自身提供的标准接口，采取任意组合模式，可以共存、共生多个功能模块，共生的功能模块具有共通性本质特征，体现出了功能使用个性化与使用效率最大化。

(2) 转换协调法

模块转换协调法就是子系统功能模块之间的相互转换，如图 4-23 所示。这种转换形成了三种协调的模块形式：完全转换模块（子系统功能模块 A 转换成子系统功能模块 B）、共生转换模块也叫局部转换模块（局部转换子系统功能模块 A 与部分子系统功能模块 B 共存）、转换模块链（以及这种连续转换的关系链）。

(3) 飞机客舱会议模块空间(IFCM)设计案例

当商务人士匆匆离开办公室去赶航班，到另一个目的地参加下一个会议，在飞机上利用笔记本电脑、智能手机继续日常工作已经变得很平常。商务乘客非常希望充分利用飞行过程中的时间，然而客舱空间的限制、噪声的干扰等给机上继续工作带来了不便，如既要交谈工作而又不打扰其他乘客就很困难，或者防止他人听到商业机密、看到保密数据等。因此，在飞机客舱配置一个私密性的商务办公空间尤为重要。共生式功能模块转换协调法将客舱会议模块空间设置在双通道客舱的中心部位，或者安排在头等舱与商务舱之间的中部区域，移除座位顶部行李箱，可以为四名乘客提供舒适的私密办公空间，所占位置的长度等同于一排经济舱座椅的长度。这个会议模块空间由轻材质的隔板构成，配备办公会议桌、座椅，座椅上的安全带可以在飞机颠簸的时候保护乘客。会议模块空间还配备有个人服务装置(PSU)，PSU 集成了笔记

本电脑、壁挂式触摸屏、USB、DVD 插口和各种电源端口、视频会议装置以及专用通信对讲耳机等配置。该设计案例是以用户使用为导向的 PSS 共生式功能模块设计，通过共享乘客所需的客舱设施，增加产品的使用率，如图 4－24 所示。

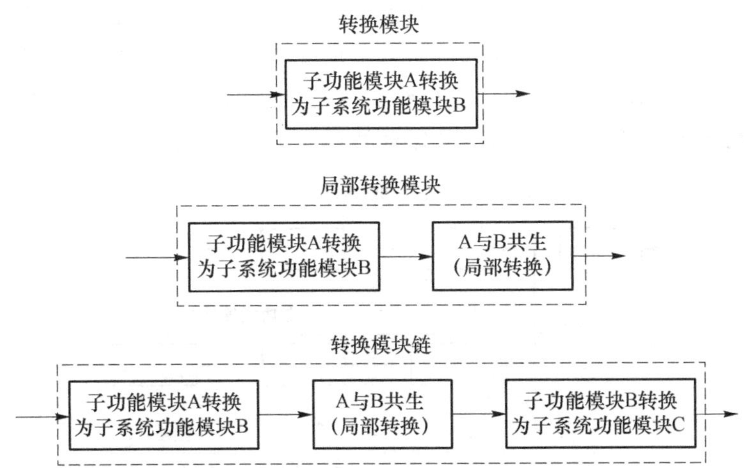

图 4－23　共生式功能模块转换协调法

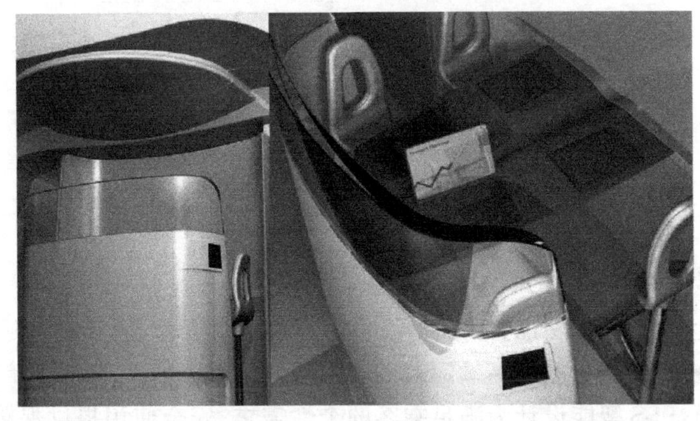

图 4－24　机上 IFCM 共生式功能模块设计方案

4. 混合式功能模块

(1) 混合式功能模块定义

飞机客舱设施混合式功能模块的最大特点就是各个功能模块全部采用统一尺寸的标准件进行组合，各个标准功能模块之间是多维度与多方向的交织结构模式，混合式功能模块设计具有整体统一、节省空间、增加功效的优势。

(2) 分支功能交织方法

分支功能交织方法就是定义出各个主干功能的分支功能结构，并形成结构功能链，每个分支都会对应潜在的功能模块，如图 4－25 所示。

(3) SICE 设计案例

空客公司推出的客舱厨房概念产品，有可能在未来成为飞机上厨房的新标准。飞机厨房空间创新设施(Space Innovative Catering Equipment，简称 SICE)全部采用统一的标准尺寸，

以消除目前由于不同标准尺寸之间的差异而造成的空间浪费，大约可以减轻10%～20%的重量，节省机舱空间。SICE采用重量轻、成本低的包装盒及可折叠型手推车替代传统的餐车来提供送餐服务，同时，还设计了一种转换台，能够更好地利用工作台上方的存储空间，提高厨房的功效，改善工作环境。大量研究表明，机组人员在机舱内的工伤超过60%发生在厨房，机上厨房设施混合式模块设计可以大大改善机组人员的工作环境。SICE设计方案的另一个优点是储存箱柜是全封闭设计，储存箱柜门也得到了改进，变得更加美观，与客舱整体环境更加和谐，封闭的储存箱柜全部实行冷冻储存，确保食品新鲜。

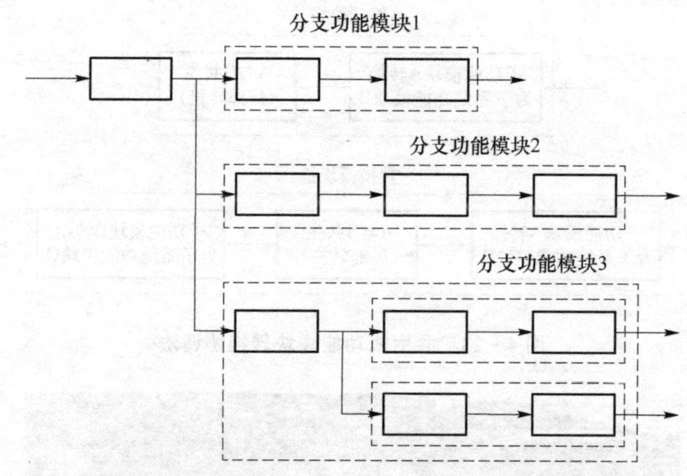

图4-25　混合式功能模块分支功能交织方法

4.3.4　PSS智能设计方法

1. PSS智能设计

PSS智能设计是以结构、功能、行为模拟为基础，将信息资源进行转换、延伸和扩展为机上乘员所用，保障飞机客舱服务系统高效运行的技术科学。服务是人、技术和商业价值完全融合的“产物”。一方面，PSS智能设计为满足乘客的个性需求、安全使用提供保障，提高了服务效率与效能；PSS智能设计为乘客提供了飞机客舱新的生活模式，现有的客舱设施将逐步采用更高智能的交互式文化娱乐手段。另一方面，PSS智能设计通过智能制造与数据管理平台，为飞机客舱设施提供维修技术服务，降低了成本。自动化、智能化、智慧化是民机客舱的主要特征与发展目标。智慧化设计是智能设计更高的层次，融合了数据共享化、人工智能化、整体系统化、智慧感知化、交换体系化、设计生态化等理念。

2. 飞机客舱的PSS智能设计

(1) 飞机客舱智能设计的核心理念

联合国预测到2050年世界人口可能达到90亿，IATA预测2050年航空公司可能会处理多达160亿名乘客和400万吨货物。为此，空中客车公司提出2050年未来飞机客舱概念，确定了如下四个核心需求：

① 乘客的安全、健康与幸福。例如，老年人希望保持健康，他们愿意在生活幸福上花费更多，这是未来一个非常重要的趋势。因此，未来客舱中的养生区域会配套丰富的维生素和抗氧

化剂、情绪照明系统与芳香疗法，座椅配有传感器和执行器促进人体内部循环，使乘客更放松地休息。

② 多维度客舱环境。最显著的多维度飞机客舱环境体现在互动区域，运用立体投影提供全息游戏、虚拟购物和互动学习的乘机体验。

③ 客舱设施服务个性化。

④ 无间隙与移动性的服务。个性化和无间隙移动的趋势体现在位于飞机客舱尾部的智能化技术区域，该区域可以使乘客通过一个简单的选择就享受到一个完整的豪华服务，但所有仿佛在地面上的生活一样；下一代人机界面、量子计算、全息界面以及智能座椅生物高聚合物薄膜功能将适应每个乘客的个性空间和支持个性化的需求。

乘客的登机主入口位于客舱中部，乘客通过一个巨大的登机舱门进入客舱，设计方案如图 4-26 所示。

图 4-26　空中客车公司的 2050 年飞机客舱概念

① 机身采用鸟骨仿生设计，鸟骨的张力仿生既保证机身强度，多孔的内部结构又保证机身更大的空间。机身不仅仅重量减轻、强度增大，同时也是一个智能的神经系统，它采用人工智能的方式发现问题就可以自修补。

② 变形座椅在两个层面上的工作：一是飞机客舱的层面，通过识别所有乘客负载系数调整飞机平衡与客舱最佳使用空间；二是个人层面，机身通过测量人体满足乘客个性化需求。

③ 客舱内膜使用智能材料，可以调节从不透明到透明，实现透明全景视窗以及通过呼吸调节客舱温度和湿度的功能。

④ 轻量级的内饰面料，更灵活的客舱内饰设计可以便于迅速安装和维修，且易于操作；纺织面料内衬可以为组装和集成问题提供大量的解决方案，如制造公差构建、照明主题选择等问题。

⑤ 透明 OLED 面板具有使用灵活、多功能集成等优点，例如，OLED 的标牌或照明直接可以显示厕所是否正在使用，而不必通过添加标牌背后的设备盒子，再建造一个额外的发光符号。

⑥ 酒吧可以为乘客提供互动交流区域。

⑦ 全息屏幕连接到云系统，代替传统的机载娱乐设施。

⑧ 座椅可以获得乘客体热作为飞机动力系统，比如弹射出舱，或者在智能互动区域提供虚拟的活动场景空间，比如虚拟一个高尔夫游戏、一场学术演讲等。

⑨ 未来飞机客舱没有顶部行李箱，乘客可以享受没有行李箱的旅行，因为当乘客到达酒店房间时，随身行李已到达房间，衣服已经挂在衣柜里。

(2) 飞机客舱智能设计所需的技术

① 仿生结构：一种模仿鸟骨的仿生结构，既轻又有强度；多孔的内部结构只在必要的地方施加张力，为其他地方留出空间，不仅降低了飞机的重量、节省了燃烧燃料，而且还可以增加方便乘客登机的超大舱门、全景天窗等其他功能。

② 高聚合生物薄膜：舱内的仿生结构涂有高聚合生物薄膜，可以控制自然光、湿度和温度，客舱可选择透明或不透明，可替代飞机舷窗的功能。

③ 集成神经网络：具有智能化的舒张与伸缩网络穿越整个客舱，这个网络可以被吸收到结构材料中去，不再需要电缆和线路。

④ 智能、变形材料：智能材料可以执行许多功能，如可以识别每一位乘客信息，并把这些信息传输到飞机信息系统。变形材料就像一片生长中的植物叶子，可以根据需要改变形状。形状记忆聚合物使用传感器激活系统，使材料具有人工智能，使它们能够适应乘客的个性化需求。

⑤ 自主材料：材料具有自洁功能，污染物就像荷叶上的水珠，自洁材料已用于飞机客舱盥洗室设施的表面，在未来将被应用到座椅的面料和地毯上，这些材料还具有自修复划痕的功能。

⑥ 生态材料：未来飞机客舱将全面生态化，可完全回收植物纤维，可以生长到一个自定义的形状，实现可持续性的生态设计观。

⑦ 3D 打印：使用添加层制造技术创建客舱设施，可以使生产复杂形状的客舱设施变得更简单。例如，当前生产异形客舱就要切割更大的材料块，浪费很多材料。

⑧ 全息技术：飞机客舱全息投影技术也就是虚拟成像技术，可以将飞机外部风景实时显示，也可再现物体的三维图形，根据乘客乘机的不同时间段呈现不同的场景，从而使乘客心情上感到愉悦。飞机客舱可以将目的地或者是一个城市的天际线、热带森林全息投射到飞机客舱壁上。

⑨ 能量收集：当乘客睡觉休息时，身体释放出来的热量被座位或飞机客舱收集，并与电池板、燃料舱等其他来源的能量相结合。

4.3.5 PSS 设计总体目标

飞机客舱设施造型安全人机设计的重点是以“设施＋服务”的理念解决服务系统中乘客需求的身心健康、经济能效、生态可持续、舒适、人机匹配体验最优化的问题。PSS 设计的总体目标为：既要符合人的特点，又应考虑如何才能保证人能适应飞机客舱环境及客舱设施安全使用

的要求，做到“产品宜人、人适产品”的和谐。飞机客舱设施与服务都是为满足乘客的多样化需求，以乘客价值为核心进行设计，目的是为乘客提供高品质的服务。服务系统设计的方法就是从整体上来考察一个过程，尽可能全面地把握影响事物变化的因素，注重事物之间相互的联系以及事物发展的总趋势，在设计当中对飞机客舱设施与安全相关的因素进行系统分析。图 4-27所示为飞机客舱设施造型安全人机 PSS 设计方法与流程模型。

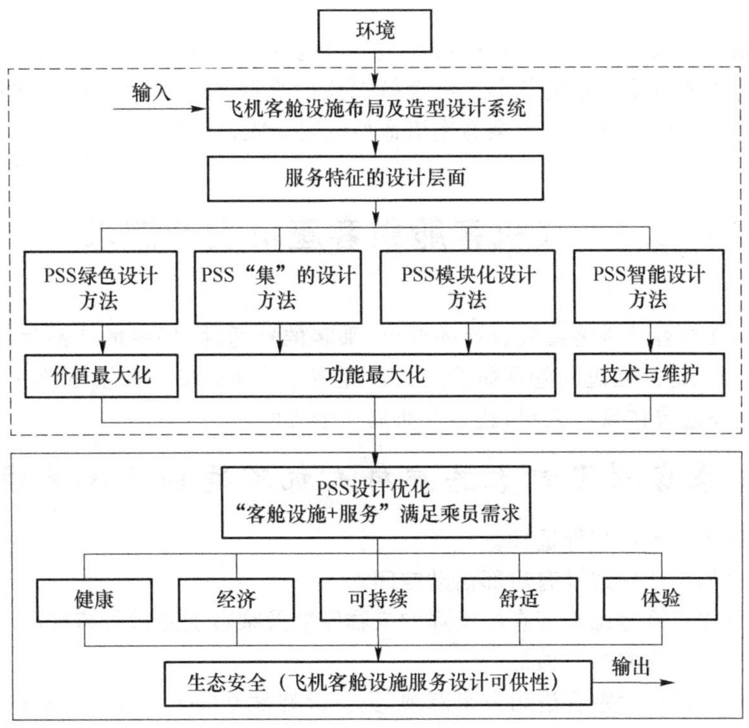

图 4-27　飞机客舱设施造型安全人机 PSS 设计方法与流程模型

第5章 系统设计视域下的乘客座椅造型安全人机设计

飞机客舱乘客座椅是乘客活动空间中的主要设施，乘客在座椅上的休息、娱乐与进餐等活动占据了整个空中旅行最重要的部分。结合航空公司的要求和乘客的评价，本章从人机、造型以及布局三个方面系统解析经济舱乘客座椅造型的安全人机设计。

5.1 飞机客舱乘客座椅设计需求

航空公司对飞机客舱乘客座椅设计的要求：乘客的舒适性；提供的产品生命周期长；易于维修；降低成本；轻、薄。通过问卷调研搜集并整理乘客反馈的飞机客舱座椅不适的体验，结果显示乘客的不适感主要体现在人机、造型与布局三个方面。

5.1.1 乘客对飞机客舱座椅人机不适的主要体现

① 座椅深度不够会影响舒适性。

② 某些座椅的设计导致没有肩部活动空间。

③ 座椅的宽度应该考虑乘客在冬天穿的衣物厚度及乘客随身携带挎包的习惯。

④ 座椅的扶手高度偏高或偏低。

⑤ 太长的扶手设计给乘客进出带来麻烦，更会影响紧急情况下乘客快速逃生。

⑥ 180°平放的座椅有许多硬的部位，且往往不是水平的。

⑦ 椅垫坐时间久了容易陷进去，导致血液不循环，挤压腿部导致乘客很疲劳。

⑧ 折叠小桌板因人机尺寸的设计问题，会挤压乘客腿部。

5.1.2 乘客对飞机客舱座椅造型不适的主要体现

① 座椅的后靠背杂志袋占用后面乘客腿部空间，导致乘客的膝盖部位拥挤。

图5-1 经济舱乘客座椅凸出的螺钉

② 相对于冷色调的座椅，暖色调座椅感觉更温馨。

③ 座椅上的颜色太多、太杂乱(如座椅上印刷的一些广告宣传)，让人无法静下心来。

④ 乘客很难发现在座椅扶手内侧的调节按钮和IFE音频插孔，且不方便操作。

⑤ 座椅控制调节器与界面设计不好操作。

⑥ 座位扶手尖锐的边缘会带来不安全的隐患。

⑦ 座椅上任何部件的突出物会对乘客的身体与衣物造成伤害。如图5-1所示，座椅凸出的螺钉应及时排除，避免对乘客造成伤害。

5.1.3　乘客对飞机客舱座椅布局不适的主要体现

① 商务舱座椅的布局设计不方便每位乘客直接从通道进出。

② 靠窗座位与窗户错位，乘客不能够舒适地观看窗外景色。

③ 一家人出行不能够舒适地坐在一起。

④ 邻座大体型乘客带来的不适。

⑤ 经济舱座椅无法躺卧休息。

⑥ 没有更廉价的短程经济舱座椅。

⑦ 经济舱前排座椅靠背向后倾斜，会影响后排乘客的活动空间与舒适性，如无法进餐等。

5.2　飞机客舱乘客座椅系统层级分类

5.2.1　飞机客舱乘客座椅的发展与分类

1. 飞机乘客座椅的起源与发展

如图 5－2 所示，最早的飞机乘客座椅由螺丝、螺帽和钢筋固定在飞机的地板上，乘务员根据飞机的航班和乘客数量用随身携带的扳手和螺丝刀调整飞机的座椅间距。1936 年，从英国飞往法国巴黎的航班上，座椅已经开始可以具备向后倾斜的功能，虽然倾斜角度不大，但也能带给乘客背部一个短暂的放松与休息。随着乘坐飞机的乘客逐渐增多，为满足乘客舒适需求的差异性，飞机客舱设置了卧铺，也逐渐由结实耐用的金属材质座椅代替木头材质座椅。20 世纪末，英国民航飞机首次配备全躺式座椅，满足乘客更安全、舒适的乘机体验。当今，飞机客舱座椅已向多功能化、定制化、个性化方向发展，乘客座椅不仅仅满足坐的休息作用，还具备了办公与休闲娱乐等综合功效。飞机客舱乘客座椅的造型也随之改变，如头等舱座椅的造型就像半个茧，凹背形成了一个圆顶罩在头上，为乘客提供隐私的环境。

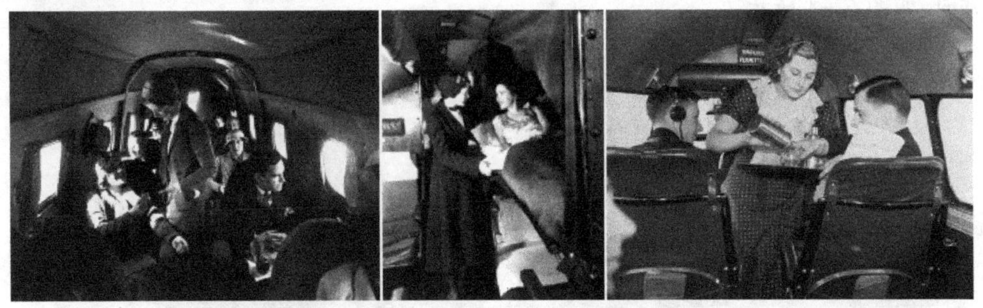

图 5－2　早期的客舱座椅与卧铺

2. 飞机乘客座椅的分类

民航客机乘客座椅分为头等舱座椅、商务舱座椅和经济舱座椅。按照乘客座椅的使用功能划分，可以分为可调节座椅和不可调节座椅。头等舱、商务舱都是可调节座椅。对于长途航班，考虑到乘客的舒适性都会配置可调节座椅，适合乘客的不同体型与不同活动方式；对于短

程航班，航空公司会在经济舱配置不可调节的座椅。机上还配有行动不便乘客使用的轮椅，机上轮椅在满足安全性的同时，要做到可折叠收纳，功能与形态简易。

3. 飞机乘客座椅设计与布局注重安全性与舒适性

飞机客舱可平躺式的座椅设计与独特的人字形座位布局，颠覆了以往按照座位空间区分头等舱座椅与经济舱座椅。阿提哈德航空公司设计的具有突破性的“住宅式”头等舱空间给乘客带来了全新的乘坐模式，“住宅式”头等舱的座椅不仅仅是一个座位，而且是有地板、房顶与家居产品的使用空间，长 1 829 mm×宽 2 261 mm×高 1 626 mm(除去顶部行李箱的高度)。多功能的配置如墙壁隐藏显示屏、可滑动的抽屉、集成的橱柜门，还配备了一个 762 mm 宽的大软垫扶手沙发座椅。弧线形的中央通道方便乘客错位通过。“住宅式”头等舱生活空间一方面具有安全可靠性，另一方面真正体现了豪华公寓式舒适性，如图 5-3 所示。

图 5-3 “住宅式”头等舱空间

5.2.2 经济舱乘客座椅组成部分的系统分析

乘客在乘机过程中的大部分活动都是在座椅上完成的。因此，座椅的设计直接影响乘客在飞机客舱中的安全与舒适性，以及对于航班印象的好坏。安全与坚固是飞机乘客座椅的基础，乘客舒适性的乘坐体验是更高的要求。经济舱乘客座椅的主要组成部分如下：主框架；靠垫与座椅垫；安全带；扶手；小桌板；头枕；液晶显示器；杂志袋；控制调节器；座位号指示标识等。乘客座椅每个部件发挥着其功效，可靠性、可用性、舒适性、私密性与娱乐性是座椅设计的发展方向，如图 5-4 所示。

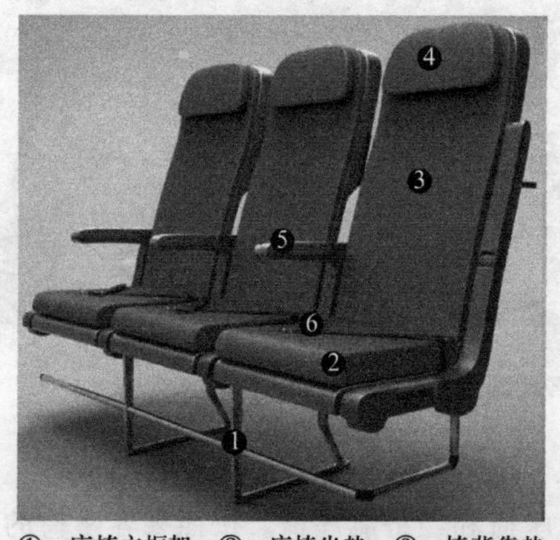

①—座椅主框架；②—座椅坐垫；③—椅背靠垫；④—座椅头枕；⑤—座椅扶手；⑥—座椅安全带；
⑦—座椅杂志袋；⑧—座椅食品桌；⑨—座椅液晶显示器 (IFE)

图 5-4 经济舱乘客座椅主要组成部分

1. 主框架

主框架是经济舱乘客座椅的关键构件，通常由金属或碳纤维部件构成，是最主要的受力部分，座椅和飞机客舱地板轨道相连接，在发生坠撞时能够最大限度维持座椅形状。在飞机急速减速和坠地时，乘客会受到极大的冲击力，这就需要座椅主框架具有吸能、抗冲击、抗损毁的结构，吸能座椅一般有 X 型与 N 型主框架结构。

2. 靠垫和座椅垫

经济舱座椅背部靠垫和座椅垫的作用如下：①在正常和应急受力状态下吸收部分冲击力的能量，保护乘客不受伤害。②兼顾乘客的隐私功能，如图 5－5 所示。③不能限制人体活动姿势，提供舒适的乘坐感受，例如人坐在凹形座椅靠垫上容易产生疲劳。④组成靠垫和座椅垫的材料，如海绵、外层布料或皮料等须符合阻燃要求，以在客舱起火时最大程度保护乘员安全撤离。

图 5－5　隐私功能的靠垫设计

座椅垫从功能、使用方式、材料上进行设计延伸，有三种类型：①漂浮型。当乘客紧急撤离落水后，具有漂浮功能的座椅垫起到救生作用。②可调节型。乘客可以根据坐姿的舒适程度调节座椅垫的伸缩长短。③真空型。座椅垫使用空气间隔层替代常规的泡沫材料，空气填充部分的结构被特殊结构的纺织品保护。纺织空气座椅垫不仅确保了可调节性与可靠性，而且更加卫生和轻质。

3. 安全带

安全带在正常和应急状态下保护机上乘员避免脱离座位。在早期的几次飞行事故中，由于乘客座椅上没有配备安全带，故发生了多起乘客受伤事件，安全带标志着保护乘客安全的设施有了革新式的进步，飞机客舱乘客座椅与安全带的组合是一大设计创新。最开始的安全带材质是不能拉伸的布料，在紧急的情况下也不容易解开，现在的飞机客舱乘客座椅已经统一配备标准安全带，操作程序简便，能耐受住巨大冲击力保护乘客的身体免受撞伤，在紧急情况下易于单手解除快速释放逃生。安全带必须强制执行额定强度、织带的特性以及释放装置等民用航空行业安全性能标准。安全带设计除了考虑技术上的安全性能外，还要考虑肥胖乘客、儿童乘客以及紧急逃生舱门处座椅安全带尺度的差异性。

4. 扶　手

乘客座椅扶手一方面为乘客乘机旅途中带来舒适性，另一方面作为支撑方便残疾人、老人从座位起身。经济舱乘客座椅扶手考虑空间与重量的要求，造型小巧；商务舱、头等舱座椅的扶手注重舒适与功能，一般小桌板收藏在扶手内部，造型宽大。经济舱乘客对座椅扶手空间的争夺往往会产生矛盾，从而导致一些不安全的行为，在不增加重量、不占用客舱空间、不影响其他乘客利益的前提下，进行扶手造型创新设计，以 TRIZ 原理解决技术矛盾，运用分割发明原理“一分为二”的设计方法解决座椅扶手之争。乘客座椅扶手“一分为二”的设计方法分为“X 轴一分为二”法、“Y 轴一分为二”法和“Z 轴一分为二”法。

图 5-6　经济舱座椅扶手改良设计——"X 轴一分为二"法

(1)"X 轴一分为二"法

如图 5-6 所示,将现有经济舱座椅的扶手进行改良设计,通过横向分割或增设装置的方法,直接将原有的座椅扶手一分为二,增大座椅扶手面积,为乘客提供独立的肘部支撑,不占用邻座空间。

(2)"Y 轴一分为二"法

如图 5-7 所示,该方法是改良现有经济舱座椅扶手的纵向空间使用方式,是一个简单的创造个人空间的方法。"回形针"扶手概念设计就是"Y 轴一分为二"创意法,回形针扶手设计方案给了相邻座位另一个扶手,相邻乘客可以使用相同的扶手表面享受自己的肘部空间,如图 5-8 所示。

图 5-7　经济舱座椅扶手改良设计——"Y 轴一分为二"法

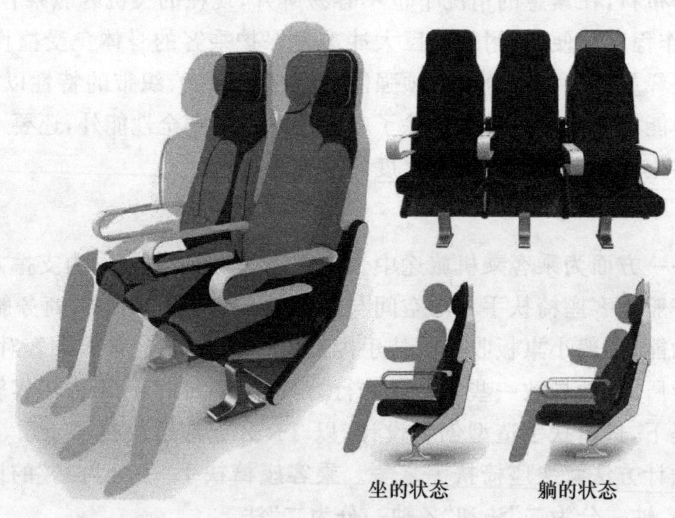

图 5-8　飞机经济舱乘客座椅改良设计

(3) "Z 轴一分为二"法

该方法一般是通过座位交错布局，使一排三个座位都有独立的扶手与隐私空间。图 5-9 所示是汤普森航空座椅设计方案，通过座位交错布局，在 Z 轴空间为三位乘客提供独立、舒适的肘部空间；通过座椅头枕部位多出来的一块翼状造型设计为乘客提供个人隐私空间，也避免了乘客沉睡后靠在其他乘客肩膀上的尴尬。

图 5-9　经济舱座椅扶手改良设计
——"Z 轴一分为二"法

5. 小桌板

小桌板是飞机客舱座椅的重要组成部分，它为乘客的进餐、放置小物品等提供方便，小桌板不使用时都是折叠或隐藏收纳。其造型设计要考虑乘客能方便进出，大小与高矮要符合大多数乘客使用的人机尺寸。小桌板一般分为整体式与可折叠式两种形式。

通过对乘客使用的飞机客舱小桌板进行实地访问与问卷调查，如图 5-10 所示，针对小桌板的形状、色彩、尺寸、高度、卫生、使用安全等方面进行了感性意向的调查与分析：小桌板摩擦力小，偏滑；裸露的结构可能夹小孩的手；乘客在小桌板上长时间看书或使用自带娱乐设施时，脖子会酸痛；小桌板高度要适应不同身高的乘客使用；小桌板太窄，可在允许的条件下加宽；小桌板是否可以与婴儿摇篮结合；加牢加固，提高载重；卫生问题，如可否使用一次性小桌板保护膜；小桌板颜色单调；小桌板形状单一，造型可以灵活多样化。

飞机客舱座椅小桌板设计的未来发展主要体现智能化、多功能化、更多空间等趋势。飞机客舱座椅小桌板主要分为智能安全型、人机舒适型、空间延伸型、仿生型、多功能型。

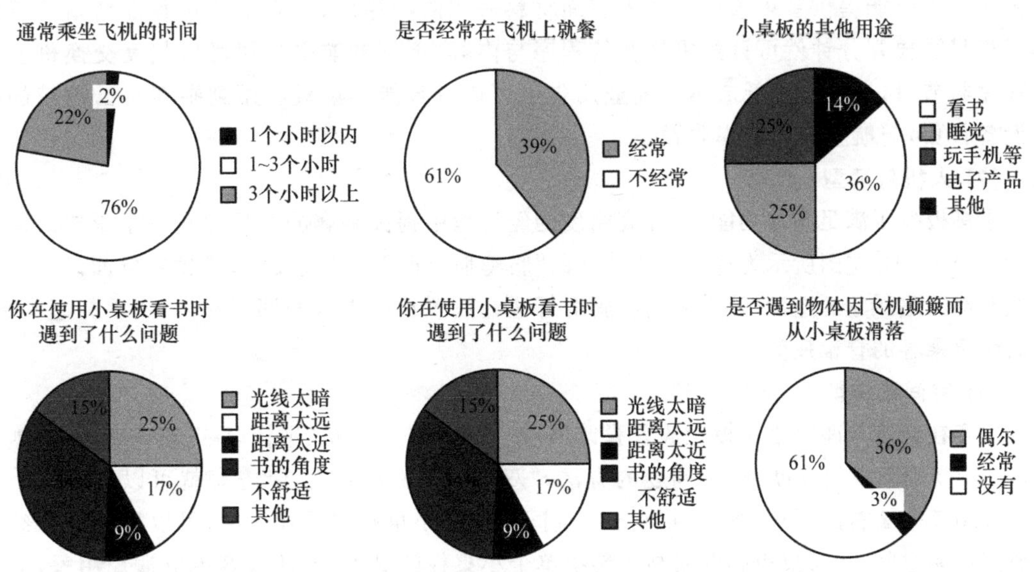

图 5-10　乘客使用小桌板的意向调查与分析(一)

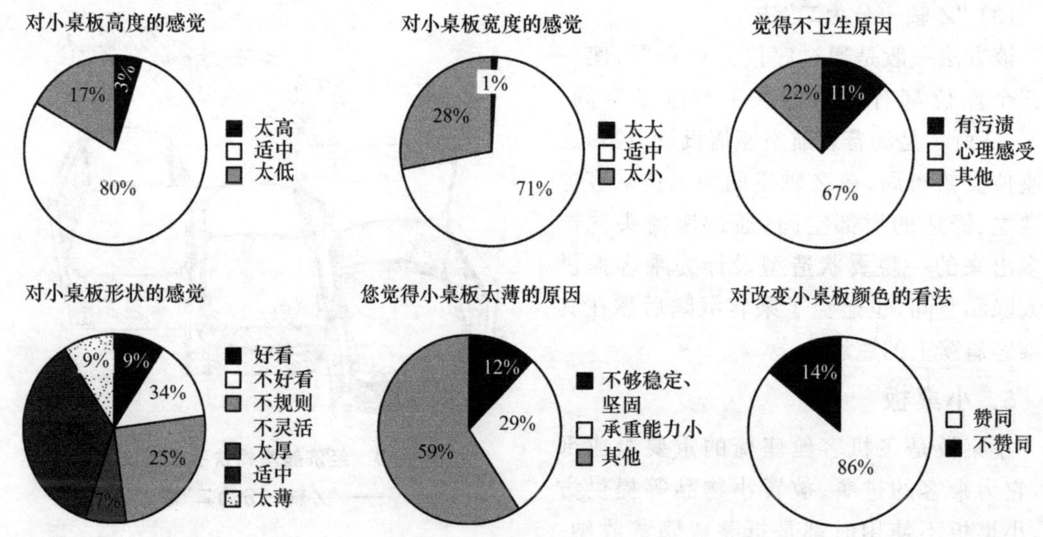

图 5－10　乘客使用小桌板的意向调查与分析(二)

(1) 智能安全型

虚拟现实技术的应用是未来设计的创新趋势,乘客座椅智能小桌板是一个新的设计方向。智能小桌板成为座椅多功能的聚焦点,通过巧妙的创新设计和数字、材料、制造等综合技术得以实现其智能化。如图 5－11 所示,智能交互体验式小桌板的信息面板可以提供定制化的信息。例如,可以一目了然地看到乘客座位号、航班号、抵达地点及时间、客舱乘客须知等信息。桌板具有可调节饮品温度的元器件,乘客可以根据自己的喜好调节饮品的温度。桌板具有感应充电功能,在特定区域可以对随身携带的电子设备感应充电。桌板表面有一个长条形凹槽,以座椅靠背为支撑,乘客可以将随身携带的平板电脑、手机放置于这个凹槽,并根据喜好调整角度,解放双手。放一本书到智能桌面就能显示出这本书的简介,把耳机放上去就能提供音乐选项。桌板表面材料采用防滑涂层,可以防止小物品滑落。智能小桌板只需要几分钟就可订购更换新的程序与内容,不同的航空公司可以相互交换机上娱乐程序与节目,进一步降低成本。商业广告也可通过智能小桌板应用到乘客自己携带的电子设备首页,与航空公司共享收益。

(2) 人机舒适型

小桌板除了满足基本功能外,在高密度的经济舱中提高乘客的舒适性是一个重要的设计要素。图 5－12 左图所示为符合人体特征的“胳膊肘空间”小桌板设计,通过在桌面设计一个类似肘部凹陷形状的造型,让乘客的胳膊肘舒适地放置在小桌板的凹陷形内,用手托起头部,从而缓解乘客的脊椎疲劳。

(3) 空间延伸型

乘客在经济舱座椅小桌板上放置餐饮后,将无法再放置手机、平板电脑、书或杂志等,基于 TRIZ“转变到新空间维度”解决问题的方法,“双层小桌板创意设计”方案就可以解决这个难题。如图 5－12 右图所示,将相隔 76 mm 空间的双层小桌板层叠在一起,可以提供一个额外的放置物品空间,上层桌板高度略高于传统单个小桌板的高度,方便乘客更舒适地用餐,下层小桌板可以存放乘客随身携带的小物件,避免乘客下机时在座椅杂志袋遗落物品,上层桌板有

放置水杯的镂空位置，可以使水杯更稳固。该设计方案的唯一缺点是双层小桌板的重量比单层小桌板增加了 5%～7%。

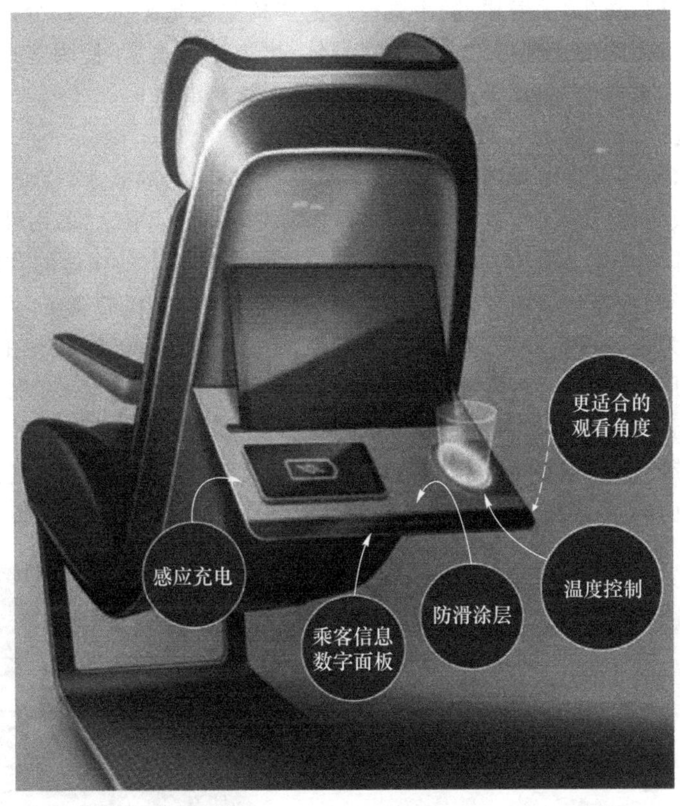

图 5-11　智能小桌板设计

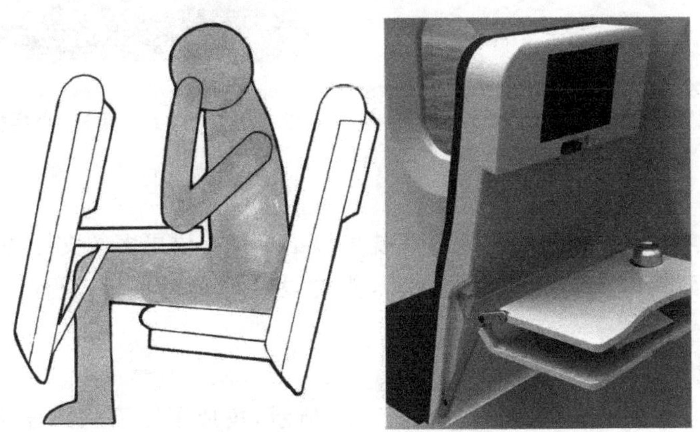

图 5-12　"胳膊肘空间"小桌板与双层小桌板设计[①]

(4) 仿生型

乘客在座椅上长时间使用平板电脑、手机等电子设备后，会产生脖子疼、手臂酸麻等不适

① 设计师 Pohl 设计的"胳膊肘空间"餐桌获得"水晶客舱奖"。

症状。通过研究表明,对乘客身体的支撑更优于对平板电脑的支撑,依据乘客人体测量和生物力学的研究数据,进行仿生“手臂原型”小桌板设计,如图 5 - 13 所示,将小桌板与传统的座椅扶手融于一体。同时,仿生“手臂原型”小桌板作为座椅整体造型的一部分,不占用空间,具备折叠功能,符合人机工程的造型可以支撑乘客身体,增加座椅宽度,使乘客在狭窄的经济舱享受更大的空间。“手臂原型”小桌板还能被方便移除或替换组件。

(5) 多功能型

乘客需要更多空间满足放置随身携带的电子设备、小物品的需求,因此多功能、人性化的经济舱座椅小桌板设计应运而生。多功能型小桌板设计基于 TRIZ“多用性”发明原理,其优点是某一产品或部件具备多项功能,从而减少满足这些功能所需的物体的数量。

“盒式”小桌板设计方案如图 5 - 14 所示。打开“盒式”小桌板的盖子,可以固定乘客随身携带的平板电脑,为乘客提供舒适的视角。不同尺寸大小的物品可以放置在小桌板内部空格中,分隔的内衬使用柔软的面料,内部区域还分隔出了放置水杯的区域,并配备了平板电脑、手机专用插槽。关闭盖子,就会有一个光滑平整的桌面供乘客进餐使用,乘客一边进餐还能一边继续享受随身携带的设备播放的音乐。当要下飞机时,“盒式”小桌板可以直立固定,与座椅背部吻合,小桌板底面的一些镂空小孔,可以清楚地看到里面是否落下了物品。

图 5 - 13 仿生“手臂原型”小桌板设计方案

图 5 - 14 “盒式”小桌板创意设计①

6. 头 枕

头枕用于乘客阅读和睡觉休息,通过头枕可以给身体提供更多的支撑功能,增加乘客的舒适度。随着材料、面料以及制造技术的进步,头枕设计趋向于更轻、更薄、更集成、更舒适的方向。

(1) 功能集成

经济舱座椅“功能集成头枕”设计如图 5 - 15 所示,集成了以下三部分功能:第一,集成储存空间功能。打开头枕外壳后,有一个安全、实用的内部储藏空间,配置耳机插孔和 USB 充电插槽。第二,集成轻便光导纤维阅读灯。第三,适合更多人群使用。头枕作为座椅独立部分安装,可以实现上下移动,适合较矮或较高乘客舒适使用。

① 代尔夫特理工大学团队设计的“盒式”餐桌设计方案。

(2) 更灵活的使用方式

经济舱座椅可翻转的“U 形头枕”设计如图 5 - 16 所示，头枕内部采用充气填充，更轻、更舒适。当头枕处于直立位置时，几乎与座椅靠背齐平，为乘客头部提供支撑；当向下翻转时，头枕适合用于乘客颈部支撑，可根据乘客身高体型进行倾斜角度调节。

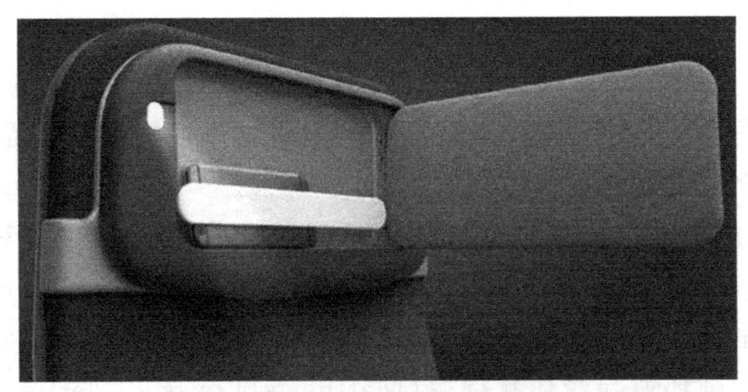

图 5 - 15　“功能集成头枕”设计

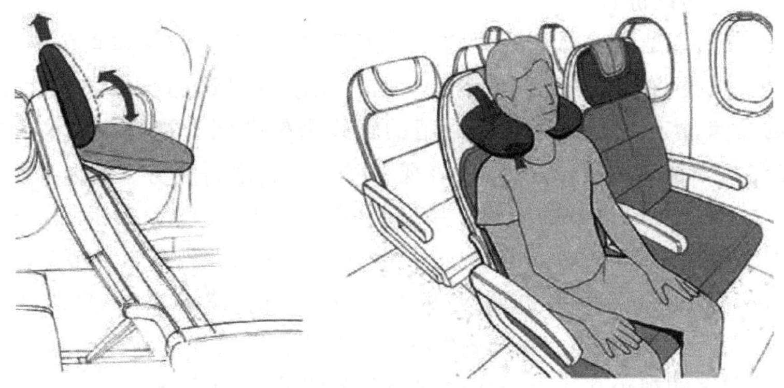

图 5 - 16　可翻转的“U 形头枕”设计

(3) 先进的技术、材料应用

经济舱座椅头枕是对于乘客较重要的接触点。如图 5 - 17 所示，经济舱座椅“概念头枕”设计有两个创新改进：一方面提升了隐私性和舒适性，另一方面创新了乘客的乘机体验。头枕内置扬声器，创造声音区域，整合消除噪声。头枕集成电机可以根据 VR 内容来支持和引导乘客的头部运动。由乘客体温触发的形状记忆聚合物材料可以帮助乘客改变座椅温度与头枕形状，以适应每个乘客的偏好。头枕使用自清洁、自愈材料进行维护，对环境无污染。

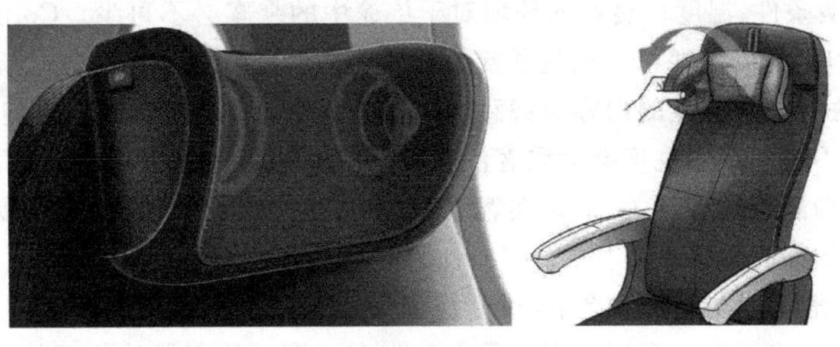

图 5 - 17　经济舱座椅“概念头枕”设计

7. 液晶显示器

乘客在飞机客舱中的舒适体验与航空座椅密切相关。Luian Zhang 和 Martin G 等人研究发现,航空座椅引起的不适主要与生物力学因素相关,舒适感主要与放松与幸福感等因素相关。IFE 是飞机乘客座椅的组成部分,乘客在使用 IFE 时,显示屏与座椅之间的不恰当位置关系,不仅会易使眼睛产生疲劳,影响视力,甚至会间接引起不当的坐姿,长时间不正确的坐姿很可能引起一些显性与隐性疾病。因此,本节结合乘客主观坐姿舒适度的评价,采用方差分析法,从人机工程学的角度为飞机乘客座椅的间距与显示屏高度的最佳值提供参考理论依据。

(1) IFE 舒适性的影响因素

舒适是一种心理放松的状态,它是对人生理和心理的共同产物的一种反馈。IFE 给乘客心理带来舒适的同时,也带来了一些生理上的危害。根据(Jaschinski Kruza,1991)对显示屏的研究,人在使用显示屏时的舒适性与视觉上的负荷显著相关,而影响视觉负荷的因素有视距离、屏幕的颜色以及周围环境与身体状况等(Matthews,Lovasik,Mertins,1989),在这些条件下获得的视觉疲劳症状的主观报告有时与视觉系统的生理反应相关。这些都会影响乘客使用 IFE 时的主观舒适度的评价。

① 视距离。视距离是影响视觉疲劳的主要因素之一,它决定着焦点位置,是影响睫状肌和水平眼外肌承受负荷的主要因素。人的睫状肌可以改变眼睛晶状体的光功率,从而在视网膜上形成清晰的图像,水平的眼外肌汇聚眼睛的轴线来融合两个视网膜图像。随着视距的缩短,这些动眼神经变得越来越紧张,所以在短视距时易引起眼睛疲劳。国内外关于安全且舒适的视距离研究也较多,Grandjean 的实验结果表明,在字符高度为 3.5 cm 的条件下,实验者自由选择的适宜的视距离为 53~93 cm,与 Jaschinski Kruza 的发现基本一致。舒适的视距也会因显示器的大小和使用方式(看视频,阅读,购物等)的不同而略有变化,童时中认为 21 寸显示器的视距范围为 750~1 000 mm。而调查发现 14 寸显示器的舒适视距为 56~93 cm。因此,在飞机经济舱中,乘客的视距离主要受座椅间距和 IFE 高度的影响。

② IFE 显示器的高度。IFE 显示器的高度不仅决定了视距离,乘客的视线高度也会随 IFE 显示器高度的增加而增加,其眼表暴露面积也随之加大,从而导致泪液的蒸发量也增加。根据 Kazuo Tsubota 的研究发现,人在仰视和直视时的泪液蒸发量是俯视的 3.4 倍和 2.5 倍。泪液不仅可以杀菌,还可以清洗眼睛内的尘污和提高光学性能,泪液的蒸发量增加是乘客眼睛发干的主要原因之一。因此,IFE 显示器最好与乘客坐姿水平视线向下呈 10°~20°,屏幕略微向上倾斜 10°,这样不仅可以减少眼角膜的暴露面积以减少视觉疲劳,还可以使颈部肌肉达到放松状态以减少肌肉紧张感。

③ 眩光、照明条件、温度。良好的环境对于旅途中的乘客必不可少。Collins M 研究发现眩光、照明条件和字符清晰度与主观视觉疲劳有显著的关系,当乘客受到飞机客舱眩光的影响时,乘客会因无法看清屏幕上的内容而潜意识地拉近距离,长时间受眩光影响更易引发眼干、眼疲劳等症状。不同的照明亮度会对乘客的视觉功效产生不同的影响。飞机客舱温度与乘客的生理健康和心理舒适密切相关,乘客在客舱恒温 25℃时感觉最舒服,并且观看 IFE 显示器会使乘客有心理放松的体验。

④ 座椅靠背角度。在飞行旅途中,乘客往往会因为在机上阅读、睡觉休息、看视频等行为而变换坐姿,不同的坐姿对于靠背角度的需求也略有差别。陆剑雄认为要使坐姿能形成接近于正常的腰弯形态,躯干与大腿间约为 115°时较为健康。Grandjean 关于不同场合下的靠背

最佳角度的研究中认为阅读时最佳角度为 101°～104°，在休闲放松状态下的最佳靠背角度是 105°～108°。对于装有 IFE 显示器的座椅，靠背角度的选取就显得至关重要，要尽可能减少对乘客体验 IFE 显示器的影响，还要提升乘客坐姿的舒适性。

飞机上影响乘客体验 IFE 显示器的因素众多，但从安全角度考虑，视距离与观看视线角度相比其他因素更为重要，所以本节选取座椅间距与 IFE 高度两个因素进行分析研究。

(2) 方差分析法

方差分析是检验不同水平下某因变量的均值变化是否显著的一种检验方法，并且可以分析出影响因素的影响贡献力度。处理多余一个因素的试验统计推断方法叫作多因素方差分析。倘若这些因素在不同水平下的搭配也影响试验结果，则在统计学中称为交互作用。若每组试验次数相同，则称为等重复试验。双因素方差分析法在实际解决问题中应用较为广泛，该方法经常应用在产品开发中用户倾向的差异性研究，以及减少产品设计师与消费者之间的认知偏差研究，从而提高产品开发效率。

① 双因素方差分析的数学模型。首先假设 $X_{ijk} \sim N(\mu_{ij}, \sigma^2)$（各 X_{ijk} 独立且 μ_{ij} 和 σ^2 未知；$i=1,2,\cdots,r; j=1,2,\cdots,s; k=1,2,\cdots,t$），由于考虑到两个因素联合起来产生交互效应，故

$$X_{ijk} = \mu_{ij} + \alpha_i + \beta_j + \gamma_{ij} + \varepsilon_{ijk}$$

$$\varepsilon_{ijk} \sim N(0, \sigma^2)$$

$$\sum_{i=1}^{r} \alpha_i = 0, \quad \sum_{j=1}^{s} \beta_j = 0, \quad \sum_{i=1}^{r} \gamma_{ij} = \sum_{j=1}^{s} \gamma_{ij} = 0 \tag{1}$$

其中

$$\mu = \frac{1}{r_s} \sum_{j=1}^{r} \sum_{i=1}^{s} \mu_{ij} \quad (\mu\text{ 称为总平均})$$

$$\mu_{i\cdot} = \frac{1}{s} \sum_{j=1}^{s} \mu_{ij}, \quad \mu_{\cdot j} = \frac{1}{r} \sum_{i=1}^{r} \mu_{ij}$$

$$\alpha_i = \mu_{i\cdot} - \mu, \quad \beta_j = \mu_{\cdot j} - \mu$$

$$\gamma_{ij} = \mu_{ij} - \mu_{i\cdot} - \mu_{\cdot j} + \mu \tag{2}$$

式中：α_i 表示因素 A_i 的水平效应；β_j 表示因素 B_j 的水平效应；γ_{ij} 表示因素 A_i、B_j 的水平交互效应；ε_{ijk} 表示水平组合（A_i、B_j）第 k 次重复实验的随机误差。

② 双因素等重复试验的方差分析步骤。首先，根据数学模型检验以下三个假设。假设一：不同水平下的因素 A 对实验影响是否显著；假设二：不同水平下的因素 B 对实验影响是否显著；假设三：不同水平下的因素 A 和 B 的交互效应对实验结果影响是否显著。

根据样本数据与总离差平方和的分解计算出 F_A、F_B、$F_{A\times B}$（F 是一种检验假设是否显著的统计量）。

$$F_A = \frac{\overline{S_A}}{\overline{S_e}}, \quad F_B = \frac{\overline{S_B}}{\overline{S_e}}, \quad F_{A\times B} = \frac{\overline{S}_{A\times B}}{\overline{S_e}} \tag{3}$$

最后，通过计算出的三个 F 的值及其对应的 P 值（F 和 P 是一种检验假设的统计量），对比 P 值与 0.05 的大小，并根据 F 值进行判别，若 F 值很大且 $P<0.05$，则认为此因素的不同水平对观测变量有极其显著的影响，反之则认为此因素的不同水平对观测变量的影响不显著，从而验证假设。

(3) 经济舱乘客座椅 IFE 双因素重复试验的方差分析

为了提升乘客乘机过程中的舒适体验，以经济舱乘客座椅上的 IFE 显示器最优布局为目

的，研究舒适的座椅间距与理想的 IFE 显示器高度之间的关系。采用双因素等重复实验的方差分析法进行分析研究，在实验中设有两个影响因素 A（座椅间距）、B（IFE 高度）。因素 A 有三个不同水平，记作（A_1，A_2，A_3）；因素 B 有三个不同水平，记作（B_1，B_2，B_3）；现对各水平下的因素 A、B 进行不同的组合，记作（A_i，B_j）（$i=1,2,3$；$j=1,2,3$），并且都做 $n\geqslant 2$ 次独立重复实验。

① 数据收集。本次实验在模拟飞机经济舱进行，有 64 位受试者（经常乘坐飞机）参与。其中，年均在 25 岁左右的男女各 32 名，采用 7 点量表进行评估，如图 5－18 所示。经济舱乘客座椅间距采用各大航空公司常用的三组间距（32 英寸 、34 英寸、36 英寸）。由于近十几年来人的身高显著增长，本次测试依据中国成年人人体尺寸 95 百分位（GB 10000—1988）为基础作为参照；显示器高度采用它的上端高度离地面分别为 150 cm（坐姿高）、138 cm（坐姿眼高）和 126 cm（与视线水平呈 10°～15°），在此高度下，乘客坐直时眼睛呈自然放松状态，视中心大概在显示器中心位置，可减少干眼症和颈椎病的发生。在每次实验前都要进行以下测试：对所有受试者进行视力测试，约 5.0 左右（包括矫正视力）；对受试者的心情、身体健康等进行询问，确保这些因素不会影响实验评估；讲授一些关于舒适评价的知识；每次实验时的室内温度为 27℃，空气湿度为 50%。这些测试项目可能对 IFE 显示器使用舒适性的评估结果产生干扰，通过测试，受试者均满足实验条件。在实验中，通过前后移动乘客座椅来改变座椅间距，IFE 显示器（14 寸）的高度用支架来调整。测试者坐在座椅上使用 IFE 显示器（也可用鼠标操作），进行 4 h 的自由娱乐，在此过程中分别进行看视频、购物、阅读及玩游戏等，并且通过腰靠、颈靠和坐垫来调整在使用不同 IFE 显示器时的坐姿及座椅高度，以获得舒适体验。为了防止前一组对下一组的影响，实验工具与模拟舱环境每次测试前都保持一致。每个星期进行不同组合的测评，并进行三个周期。以对应每个组的平均值作为最终结果，并记录每个参与者实验后的感受。最终只有 25 名受试者完成了全部测评，根据身高、性别挑选出最具有代表性的 16 组数据，分别是身高 160 cm 的受试者 4 名，身高 160～170 cm 的受试者 4 名，身高 170～180 cm 的受试者 4 名，180 cm 以上的受试者 4 名，且每组男女各两名。部分受试者对 IFE 显示器体验舒适性评价如表 5－1 所列，A_1、A_2、A_3 分别表示座椅间距 81 cm、86 cm、91 cm，B_1、B_2、B_3 分别表示 IFE 高度 150 cm、138 cm、126 cm。

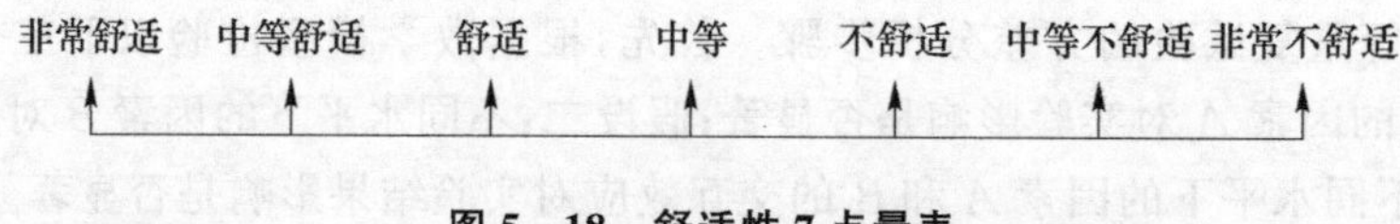

图 5－18　舒适性 7 点量表

表 5－1　16 名受试者对 IFE 显示器体验舒适性评价

编号	A_1B_1	A_1B_2	A_1B_3	A_2B_1	A_2B_2	A_2B_3	A_3B_1	A_3B_2	A_3B_3
1	2	2	3	3	3	6	5	4	7
2	3	1	2	2	3	7	5	5	6
3	1	2	4	3	4	6	4	3	5
4	1	1	3	2	4	6	6	6	7
5	2	3	4	3	4	6	4	5	5
6	1	3	4	3	4	5	4	6	7

续表 5-1

编号	A_1B_1	A_1B_2	A_1B_3	A_2B_1	A_2B_2	A_2B_3	A_3B_1	A_3B_2	A_3B_3
7	1	1	2	2	2	5	3	4	6
8	2	2	4	3	3	6	2	5	7
9	2	3	4	3	4	6	4	5	6
10	3	4	5	4	4	6	6	6	7
11	3	3	4	4	4	5	3	5	6
12	4	3	4	2	4	5	4	5	6
13	2	2	4	1	6	6	5	6	7
14	2	2	3	2	5	5	4	7	6
15	3	3	4	2	5	4	3	6	7
16	2	1	4	2	4	6	4	6	6

注：表中 A_1、A_2、A_3 分别表示座椅间距 81 cm、86 cm、91 cm，B_1、B_2、B_3 分别表示 IFE 高度 150 cm、138 cm、126 cm。

② 数据处理。在本次实验中有两个因素在三种不同条件下变化，为了验证经济舱乘客座椅间距与显示器的高度对乘客舒适性的影响是否显著，以及两者是否存在交互作用，以求得最佳的搭配，依据表 5-1 测试数据，通过 SPSS 软件进行双因素重复实验方差分析，得出描述性统计量，表 5-2 列出了九种情况下乘客使用显示器的舒适性评估的均值和标准差。

表 5-2　描述性统计量

组　合	均　值	标准偏差	N
A_1B_1	2.125 0	0.885 06	16
A_1B_2	2.250 0	0.930 95	16
A_1B_3	3.625 0	0.806 23	16
A_2B_1	2.562 5	0.813 94	16
A_2B_2	3.937 5	0.928 71	16
A_2B_3	5.625 0	0.718 80	16
A_3B_1	4.125 0	1.087 81	16
A_3B_2	5.250 0	1.000 00	16
A_3B_3	6.312 5	0.704 15	16

由于自变量水平均超过两个，所以需进行球形度检验。Mauchly 球形度检验如表 5-3 所列。其结果表明，乘客座椅间距、显示器高度和乘客座椅间距×显示器高度的显著性水平均大于 0.05($P_1=0.128$、$P_2=0.217$、$P_3=0.680$)，因此满足球形假设。本次选用“球形度”法计算，如表 5-4 所列，乘客座椅间距主效应 $F_{(2,30)}=93.839$，显著性 $P<0.001$，偏 Eta 方值为 0.862，结合表 5-3 可知，乘客座椅间距对舒适性具有显著影响。显示器高度的主效应 $F_{(2,30)}=97.786$，显著性水平 $P<0.001$，偏 Eta 方值为 0.867，表明显示器高度对舒适性也有显著影响。

表 5-3 Mauchly 球形度检验

主体内效应	Mauchly 的 W	近似卡方	df	Sig	Epsilon		
					Greenhouse-Geisser	Huynh-feldt	下限
乘客座椅间距	0.746	4.110	2	0.128	0.797	0.877	0.500
显示器高度	0.804	3.056	2	0.217	0.836	0.929	0.500
乘客座椅间距×显示器高度	0.611	6.615	9	0.680	0.829	1.000	0.250

表 5-4 主体内效应

源	平方和	df	均方	F	Sig	偏 Eta 方
乘客座椅间距	157.875	2	78.938	93.839	0.000	0.862
误差(座椅间距)	25.236	30	0.841	/	/	/
显示器高度	123.500	2	61.750	97.786	0.000	0.867
误差(IFE 高度)	18.644	30	0.631	/	/	/
乘客座椅间距×显示器高度	12.250	4	3.063	5.015	0.000	0.251
误差(乘客座椅间距×显示器高度)	36.639	60	0.611	/	/	/

乘客座椅间距和显示器的高度存在显著的交互作用($F_{(4,60)}=5.015, P<0.01$),需要进行简单效应分析,如表 5-5 所列。在乘客座椅间距一定的情况下,三种显示器的高度对舒适性体验的影响显著($F_{(2,30)}=28.10, 46.98, 29.17, P<0.001$)。结合表 5-4,可得出自变量与因变量的关系,如图 5-19 所示。从图中可知,当座椅间距分别为 91 cm、86 cm、81 cm 时,所对应的舒适性显示屏高度依次为 126 cm、138 cm、150 cm。

表 5-5 简单效应分析

源	平方和	df	均方	F	显著性
误差	11.83	30	0.39	/	/
B WITHIN A(1)	22.17	2	11.08	28.10	0.000
误差	24.04	30	0.80	/	/
B WITHIN A(2)	75.29	2	37.65	46.98	0.000
误差	19.71	30	0.66	/	/
B WITHIN A(3)	38.29	2	19.15	29.14	0.000

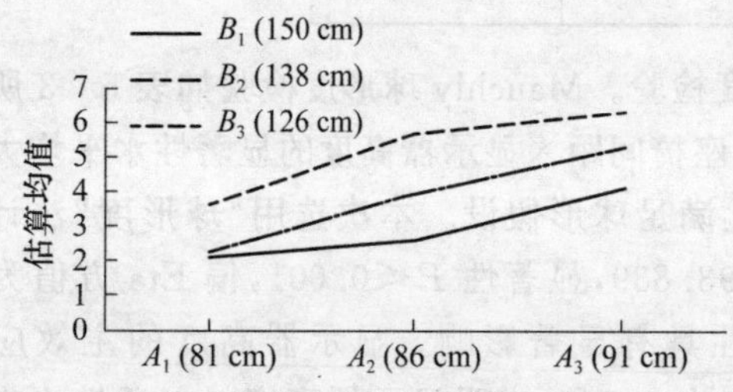

图 5-19 自变量与因变量关系图

第一,当乘客座椅间距为 91 cm,显示器高度为 126 cm 时,乘客观看显示器体验最舒适,可以确定为最佳值,一般可为长途航班或双通道商务经济舱座椅布局与 IFE 设计作参考;第二,乘客座椅间距为 86 cm,显示器高度为 126 cm,乘客观看显示器舒适性体验次之;第三,乘客座椅间距为 91 cm,显示器高度为 138 cm,可以确定为经济值,一般可考虑为国内廉价航空公司经济舱座椅布局

作参考。最不舒适的是乘客座椅间距为 81 cm，显示器高度为 138 cm；与其差不多的是乘客座椅间距为 81 cm，显示器高度为 150 cm。

③ 实验总结。结合以上分析结果，可得出受试者更倾向于经济舱乘客座椅间距较大的 91 cm。这和 Florian Kremser 等人发现的“在 34～40 英寸的座椅间距上具有最大程度的总体幸福感”相似。当乘客座椅间距为 81 cm 时，受试者的幸福感明显降低。同时，在测试的整个过程中，有 15 名受试者在看视频、玩游戏或阅读时，坐姿或多或少发生了变化，其中 12 名受试者指出，在间距 81 cm 时，改变坐姿比较困难。一些使用 IFE 玩游戏的受试者更倾向于 86 cm 的距离，其原因是当人的注意力高度集中时，坐姿会稍微前倾，处于 86 cm 的距离时，手臂只要稍微向前就可触摸屏幕。通过观察发现，受试者使用 IFE 更多是为了看视频，但当看视频时，86 cm 的座椅距离会让人觉得视距很短，时间长会更加容易产生视觉疲劳。从 IFE 显示器的高度对舒适性的影响进行分析，大部分受试者更倾向于显示器的高度为 126 cm。当显示器的高度为 126 cm 时，受试者与显示器垂直面的视野角度范围为 10°～20°，视距离在 60～70 cm，颈部也呈放松状态。对于那些高个乘客就比较满意 150 cm 的高度，当显示器高度为 150 cm 时，大多数受试者由于视线角度高于自然水平视线，导致受试者眼球暴露面积较大，长时间易引起眼睛疲劳酸痛，相比于前两种高度较为不适。而当显示器高度为 138 cm 时，对舒适性的影响则趋于前两种之间。

因此，当乘客座椅间距为 91 cm，显示器高度为 126 cm 时，乘客观看显示器体验最舒适，可以确定为最佳值，这一般可以为长途航班或双通道商务经济舱座椅布局与 IFE 设计作参考。而乘客座椅间距为 86 cm，显示器高度为 126 cm 时，乘客观看显示器的舒适性体验次之，一些座椅间距较小的廉价经济舱也可考虑采用这种显示器高度，可以提高舒适性。采用这种显示器高度时，乘客的头部在自然放松状态下会略微向下倾斜 5°～15°，显示屏向上倾斜 10°，且视距离大于 65 cm，达到了安全视距离，这样有利于乘客更加舒适地体验 IFE，理想的经济舱乘客座椅设计如图 5-20 所示。

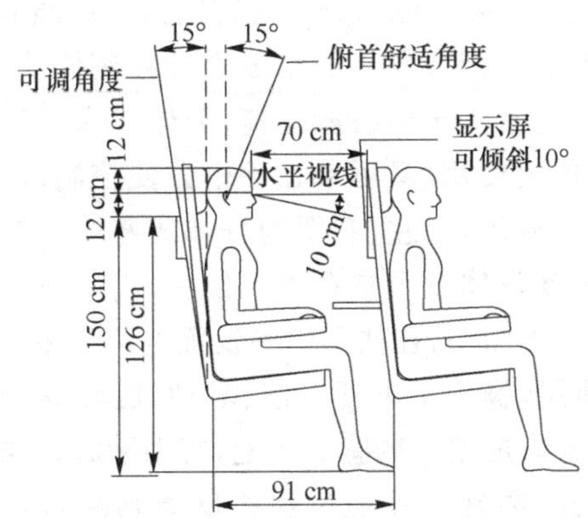

图 5-20　理想的经济舱乘客座椅设计

近年来各大航空公司竞争激烈，乘客对飞机上的服务要求也越来越高，航空公司对经济舱乘客座椅配置 IFE 越来越常见，不合理的乘客座椅间距与显示器高度会对乘客的生理健康带来不利影响。符合安全人因学的经济舱乘客座椅也越来越受旅客的青睐，这在无形中增加了航空公司的品牌效益。但近些年，我国人体尺寸存在较大差异，这对经济舱乘客座椅设计也是重大挑战之一。本次测试也存在一些不足之处，第一，测试数据不多，存在一些巧合性；第二，没有考虑受试者的工作性质，测试评估可能受平时习惯影响；第三，可能与其他影响因素存在着交互作用并影响分析结果。

8. 杂志袋

经济舱座椅杂志袋是存放安全须知、机上杂志、垃圾袋以及乘客小件物品的设施。杂志袋造型设计要满足三方面的要求：首先，杂志袋尽量不要占用乘客的膝部空间；其次，材质要轻、薄，不增加飞机额外的重量；第三，尽量内部可视，下机时防止乘客的小件物品遗落。图 5-21 所示为两种经济舱座椅杂志袋造型设计。左图为占用膝部空间的杂志袋设计；右图中，一根可伸缩尼龙绳可以将三个方位的小单元件串连起来组成杂志袋，造型简洁几乎不占用乘客腿部空间，且制作与安装成本低，易替换。

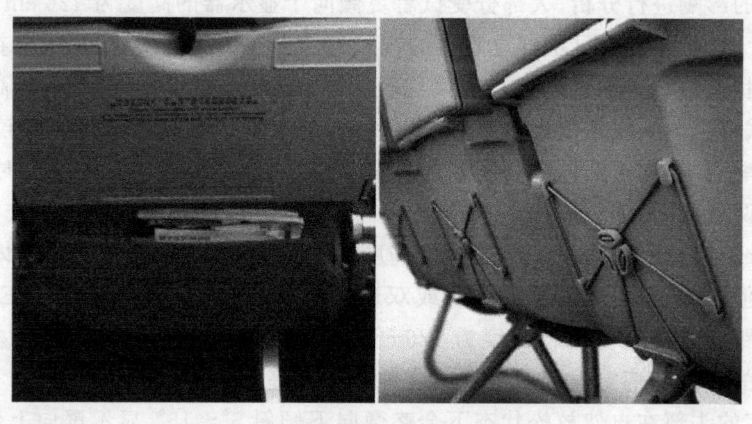

图 5-21　经济舱座椅杂志袋设计

9. 控制调节器设计

飞机客舱乘客座椅控制调节器是实现座椅功能的重要组成部分。乘客座椅控制调节器设计一般分为一体式与分体式两种形式。一体式座椅控制调节器一般集成设计在座椅扶手上，功能单一，仅用于调节座椅靠背角度有限向后倾斜，通常用于经济舱座椅；分体式座椅控制调节器一般用于头等舱或商务舱座椅，既可固定在座椅上使用，又可拿在手中方便控制调节，从安全的角度考虑，需要固定或隐藏收纳。如图 5-22 所示，上左、右图为分体式座椅控制调节器设计，控制器操作显示界面简洁直观，乘客不用挪动身体就可拿在手中使用，当不使用时可固定收纳；左下、右图均为一体式座椅控制调节器，右下图中，在扶手内侧设置有调节座椅的按钮和 IFE 音频插孔，乘客往往需起身才能发现和使用，操作不方便。按、滑动、旋转等是飞机客舱乘客座椅及电子设备控制器特定的操作方式，并有反馈的触感所匹配，帮助乘客预先定义触觉标准。触觉和适当的组合声音反馈给乘客信息，乘客往往通过这些反馈判断是否操作成功。

座椅控制可调节装置的设计要遵循以下原则：

① 调节按键必须要有容易识别的形状，而且重要的功能调节不能和其他按钮混淆在一起，可以以不同的形状、大小或颜色来区分。

② 调节按键最好符合手指的几何形态，形态简洁、风格统一、色彩不宜过多。

③ 乘客在标准的坐姿状态下就可以轻易地触及并使用座椅控制器。

④ 调节按键标识和指示要通俗易懂，操作方向具有逻辑性和一致性。例如，参照人体结构设计的座椅控制调节器界面，乘客在使用时一目了然。

⑤ 控制器必须在明显的位置，要容易找到且便于理解其功能。

⑥ 控制器要迅速提供反馈。

⑦ 控制器不需要太多的操作动作与步骤。

⑧ 控制调节只需要使用单手就可以完成。

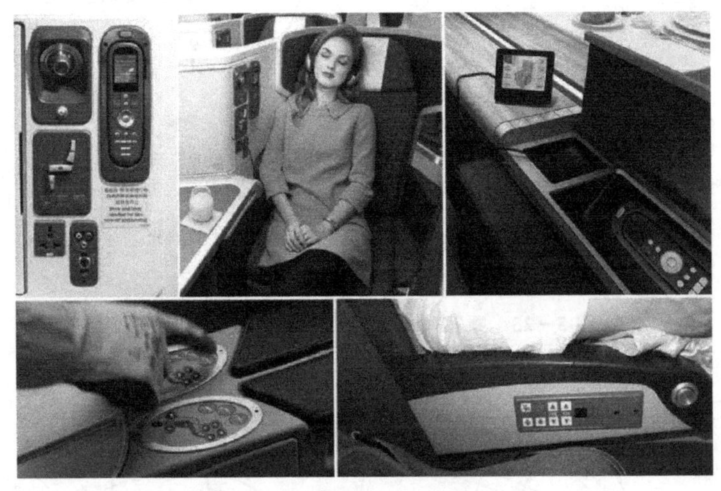

图 5－22　乘客座椅控制调节器

10. 座位号指示标识设计

飞机客舱座位号指示标识属于指示性符号设计。座位号指示标识设计要符合两大条件，一是乘客的视觉特征，二是要正确传递飞机客舱座位号指示信息的因果逻辑关系。飞机客舱座位号指示标识还要综合考虑明暗对比、清晰、牢固以及易于色弱乘客识别等因素。乘客踏入飞机客舱，首要任务就是寻找自己的座位，因飞机客舱通道狭小，前面乘客因寻找座位长时间停留在通道，往往会导致后面乘客阻滞，同时也会造成自己心理上的压力。

(1) 乘客的视觉特征

乘客进入飞机客舱的视觉特征体现在站立时的水平面与垂直面视野范围、自然光线下的色视野两个特征上。在飞机客舱正常亮度条件下，乘客站立时的自然视线一般低于水平标准视线，如图 5－23 所示，垂直面视野范围以“图形符号＞字母＞数字或文字”为原则。因此，座位号指示标识放置在行李箱正下方易于乘客识别。在模拟自然光线的客舱中，白色视野最大，考虑到色弱乘客的识别，使用黑色或深色底衬托白色数字表示座位排列号最常见，如图 5－24 所示。

(2) 座位号指示标识设计逻辑性

飞机客舱座位号指示标识设计逻辑性也就是要符合人的视觉相容性原则，常用的方法包括：①图形、字母与数字结合逻辑性，图形符号与字母、数字结合的标识符号传递的指示信息更直观。②透视逻辑性，要符合近大远小的规律与视认习惯。③方向性逻辑性，如从左到右、从上到下等。④对比逻辑性，如明度对比易辨认。⑤视觉立体逻辑性，采用表面的光线反射和阴影、近色调鲜明远色调变淡等方法都会增加标识符号立体视觉效果。这些方法优化了指示标识，传递给乘客有联想性、肯定的信息，如图 5－25 所示。

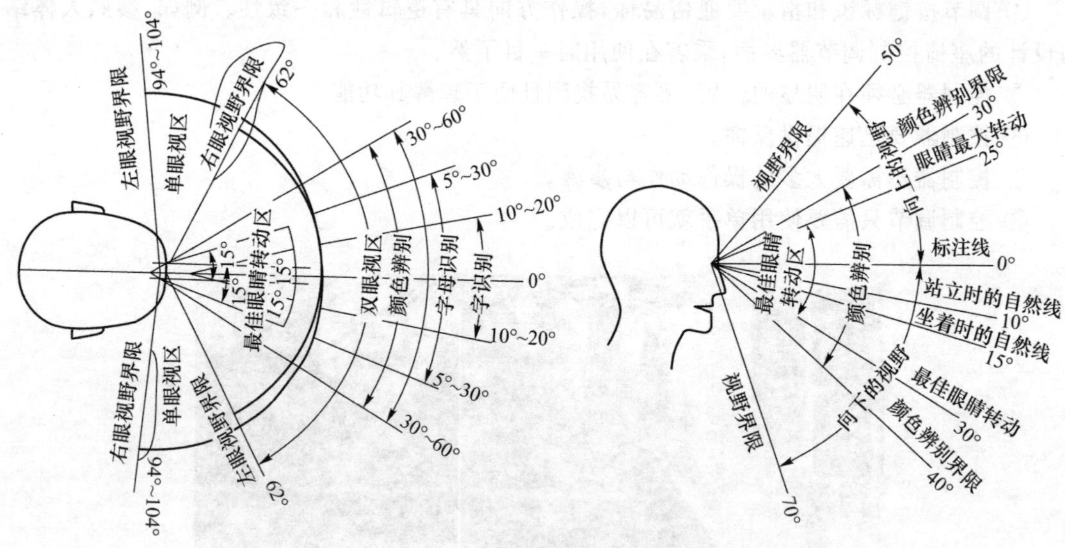

图 5-23　乘客站立时的水平面与垂直面视野

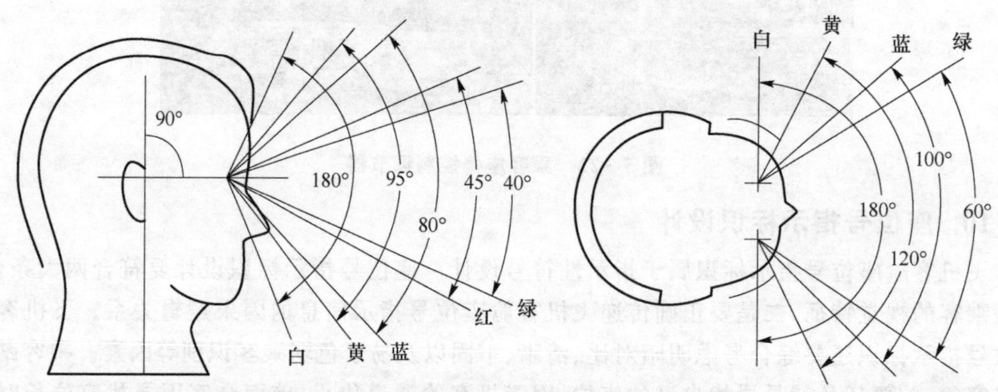

图 5-24　乘客在自然光线下的色视野

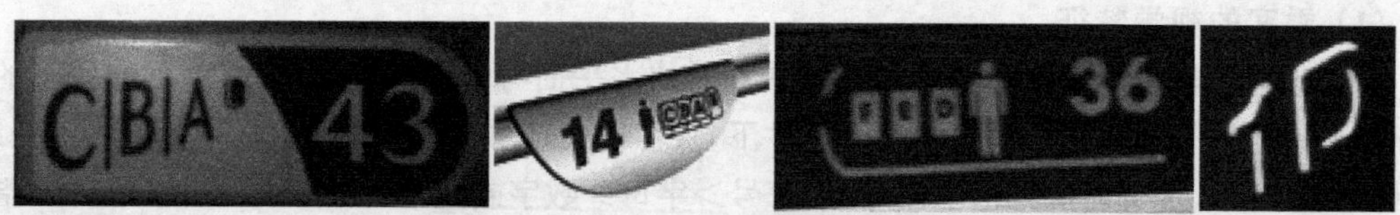

图 5-25　座位号指示标识设计示例

5.3 经济舱乘客座椅造型安全人机设计模型

安全、舒适与不安全、不舒适是两个独立的实体，都有其潜在感性因素。如“不舒适”相关因素为疼痛、僵硬和麻木等，而“舒适”的相关因素多为幸福、宽敞的空间和放松等。飞机客舱乘客座椅造型安全人机设计往往受到人的因素、环境的因素（如客舱的宽度、深度与通道宽度

等)、文化的因素限制。安全人机设计的系统研究主要是研究"乘客-座椅-情景-文化与美学"之间的关系。如图 5－26 所示,飞机客舱乘客座椅安全人机设计模型说明了两方面的关系:一方面人的层面(人体测量变量)、座椅层面(座椅特征)、环境层面(活动空间/使用情景)、文化与美学层面四个层次之间的相互关系;另一方面,四个层次之间的关系确定乘客的身体姿势、压力分布和运动特征之间的相互关系,最终使乘客感知到座椅是否安全与舒适。

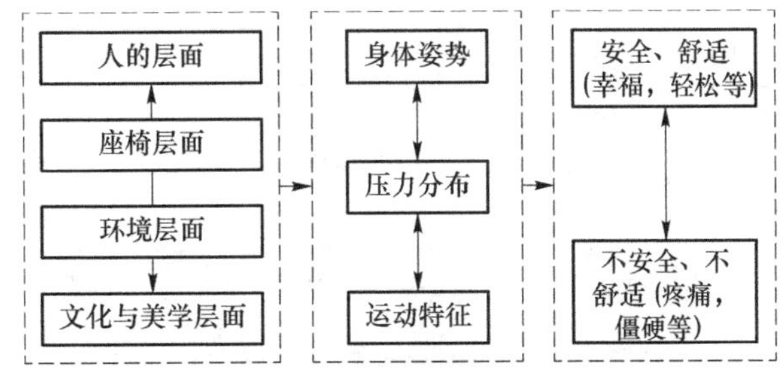

图 5－26　乘客座椅造型安全人机设计模型

5.3.1　人的层面

无论是社会经济的发展还是科学的产生,归根到底最终取决于人的问题(如人的需要等)。人的社会关系及内涵于其中的人的社会本质,通过现实个人最基本的实践活动——物质生产劳动而创造的。在飞机客舱中,乘客的坐姿尺寸与活动空间、生物力学和人体测量数据是影响姿势、压力和运动的因素,从而乘客感知是否安全与舒适;人体测量中的均值、百分位等测量数据表示的是更多群体能更安全、舒适、自然地使用座椅设施的参数。飞机客舱乘客座椅设计不仅为大众化需求服务,还要考虑其他特殊群体的需求,例如小体型和大体型乘客、高体型与矮体型乘客,因此以人体尺寸数据量变的研究方法来分析客舱乘客座椅的造型设计比较合理。

1. 座位高度

飞机客舱乘客座椅座位不能过高,否则大腿下侧受到压力过大会导致血液不通。座位的高度参考人的坐姿"小腿加足高"的高度,且椅垫到地板的高度要低于"小腿加足高"的高度。因此,为保证大多数乘客的舒适性,经济舱座椅高度取男性与女性乘客"小腿加足高"垂直坐高的第 5 百分位,还需要考虑女性乘客鞋跟的高度,座位高度 381～445 mm 较为舒适。经济舱乘客的坐姿测量、乘客不同坐姿的高度测量、乘客坐姿活动空间范围如图 5－27～图 5－29 所示。

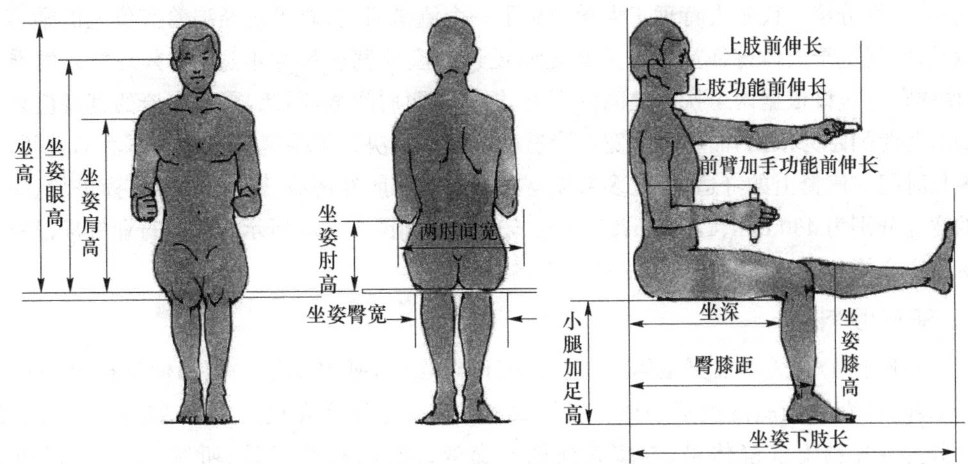

图 5－27　飞机客舱乘客的坐姿测量

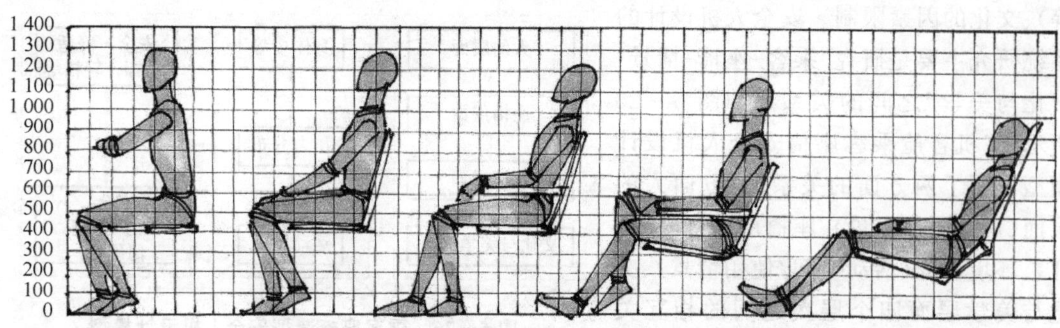

图 5-28　飞机客舱乘客不同坐姿的高度测量

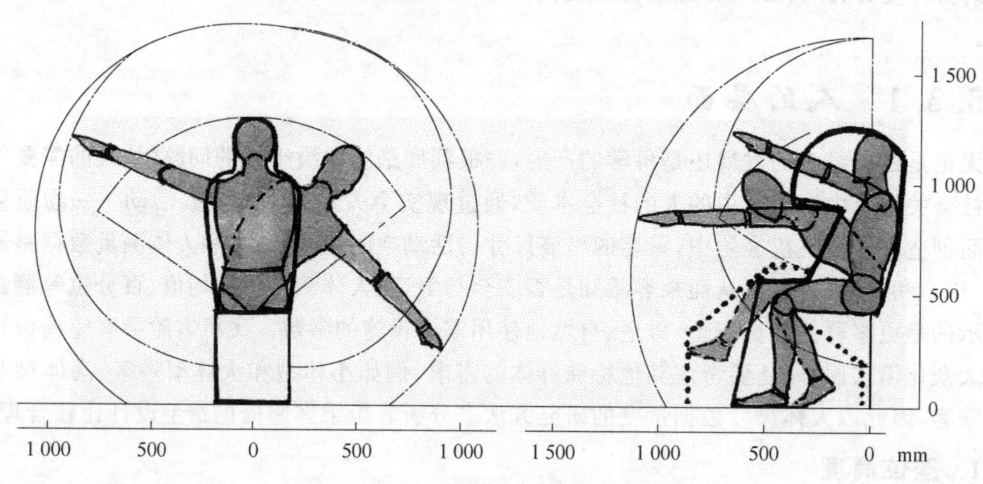

图 5-29　飞机客舱乘客的坐姿活动空间

2. 座椅深度与宽度

乘客座椅的深度应该考虑小体型乘客的使用，为小腿提供所需的间隙，尽量减小大腿所承受的力。座椅座宽应该考虑大体型乘客使用的舒适性。除头等舱外，乘客座椅大多是一排几个座椅连在一起，座椅宽度除了考虑乘客的衣服厚度，还要考虑其随身携带的物件，所以座椅宽度一般采用第 95 百分位。代尔夫特理工大学曾做了一个测试研究，对飞机经济舱座位上的乘客进行人体测量，发现基于人体臀部宽度尺寸数据而设计的座椅宽度尺寸不适合 8%～21%的乘客使用，座椅的宽度应该依据两个扶手之间的距离，即坐姿两肘间宽，因此，乘客座椅的宽度应该以乘客坐姿时两肘间距为依据，而不是臀宽。合适的座椅宽度决定了乘客更多的身体活动空间，保障了乘客长时间在座椅上的舒适度，大多数航空公司飞机客舱经济舱、豪华经济舱、商务舱、头等舱座椅的宽度分别为 430 mm、470 mm、510 mm、530 mm，如图 5-30 所示。航空行业标准没有对民用飞机旅客座椅的座位高度与宽度做强制性的规定。

3. 椅背倾斜度

乘客在座椅上的活动主要是休息、娱乐、工作与吃饭，乘客的这些活动使座椅上的压力分布各不一样，椅背的倾斜度也不一样。我们做过一个关于乘客在机上主要活动的问卷调查，主要活动分为在座椅上安静休息、与家人或朋友交谈、阅读、机载娱乐（听音乐、看电影或者游

戏)、照顾小孩、工作以及其他,乘客选择在座椅上安静休息、阅读与机载娱乐排在前三位,占所有调查内容的 87%。因此,飞机客舱乘客座椅造型设计要考虑大多数乘客的乘机喜好与飞行体验,乘客在座椅上休息与阅读时用椅的尺寸参考范围如表 5-6 所列。

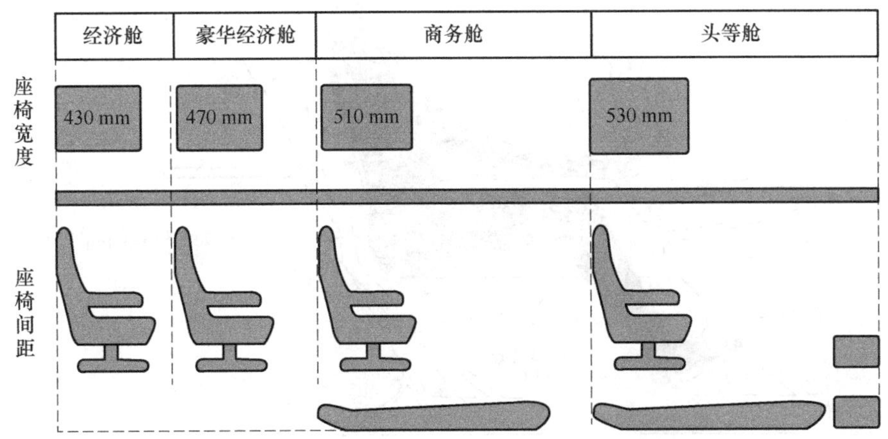

图 5-30 航空公司各个等级舱位座椅宽度

表 5-6 乘客在座椅上休息与阅读时用椅的尺寸参考范围①

尺 寸	阅 读	休 息
座椅垫倾角	23°～24°	25°～26°
靠背倾角	101°～104°	105°～108°
座位高度	390～400 mm	370～380 mm

4. 座位间距

飞机客舱座位间距是指相邻两排座椅前排的后背到后排后背之间的距离。在我们的问卷调查中,大约 25%的乘客认为经济舱座位宽度拥挤、没有足够多的腿部伸展空间(主要抱怨膝部空间太小)。合理的座位间距能为乘客提供舒适的乘坐空间,保障应急条件下乘员安全撤离。在应急状态下,民航规章规定任何飞机在 90 秒内必须撤出所有乘员,合理的座椅间距为此提供了保证。FAA、CAAC 等适航规定了客舱最小的通道宽度、最小的座椅间距、最小的应急出口通道距离等。座位间距是影响乘客腿部舒适的重要因素,但不是绝对因素。例如,经济舱座位间距大,但椅背较厚且杂志袋占用了乘客膝部空间,乘客也不会舒适;座位间距相对较小,但座椅椅背很薄,杂志袋上移,能够释放出更大的膝部空间。飞机客舱乘客座椅造型设计可以参照波音公司乘客座椅舒适性指导原则、座椅椅背厚度和空间等级,如图 5-31 所示。座椅不同组成部件的厚度会影响乘客的舒适度,厚度越大,占用乘客的活动空间越多。例如,靠背的厚度会影响臀部至膝部的空间,靠背越厚,膝部空间越少。如表 5-7 所列,厚度的等级分为 A、B、C、D 四个等级。

---

① 来源:Grandjean,Boni,and Krestzschmer。

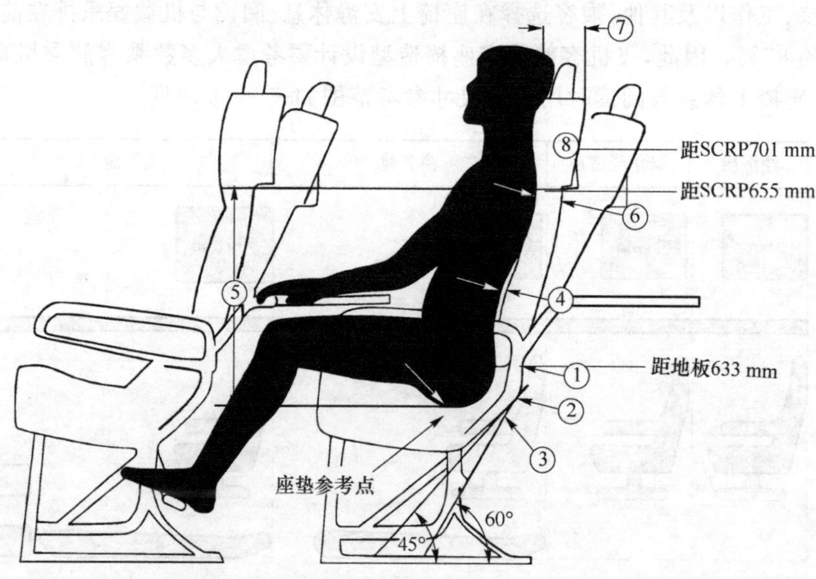

图 5-31 波音公司飞机客舱乘客座椅舒适性指导原则(图中序号对应表 5-7 中数据)

表 5-7 波音公司座椅舒适等级对应的椅背厚度和空间 mm

项 目	等级			
	A	B	C	D
腿部空间				
① 膝盖处的座椅厚度(距地板 24.9 英寸,约 633 mm)	<25.4	25.4～50.8	50.8～76.2	>76.2
② 60°胫部空隙距坐垫参考点(SCRP,Seat Cushion Reference Point)	<20.3	20.3～43.2	43.2～63.5	>63.5
③ 45°胫部空隙(自 SCRP)	<12.7	12.7～30.5	30.5～48.3	>48.3
肩部空间				
④ 腰椎深度	<12.7	12.7～20.3	20.3～27.9	>27.9
⑤ 肩阻高度	>655	630～655	602～630	<602
工作、吃饭及视觉空间				
⑥ 椅背上部厚度	<38.1	38.1～63.5	63.5～88.9	>88.9
⑦ 头枕厚度	<38.1	38.1～71.1	71.1～102	>102
⑧ 座椅靠背间的距离(距 SCRP27.6 英寸,约 701 mm)	<102	76.2～102	50.8～76.2	<50.8

5. 乘客座椅造型设计要符合人体构造特征

(1) 乘客座椅造型设计要促进腰椎前凸

腰椎是人体坐姿时承载负荷与动作的主要部位,健康、正常的人体腰椎是处于放松的姿势状态。如图 5-32 所示,人的脊柱主要由颈椎、胸椎、腰椎、骶骨及尾骨构成(见图(a)),腰椎、骶骨和椎间盘及软组织承受坐姿时上半身大部分的负荷。图(b)是与人的坐姿舒适性直接相

关的腰曲，人体正常腰曲弧线是松弛状态下的曲卧弧线。图(c)是人直立时，脊柱呈前凸内弓形，腰曲弧线接近松弛状态，当乘客在座椅上且靠背向后倾斜接近 110°的坐姿，此时背部肌肉逐渐放松，腰椎接近松弛状态。图(d)是人的脊柱与大腿成 90°坐姿即垂直坐立时，脊柱成后弯外弓形，松弛的腰曲弧线改变导致椎间盘压力增大。

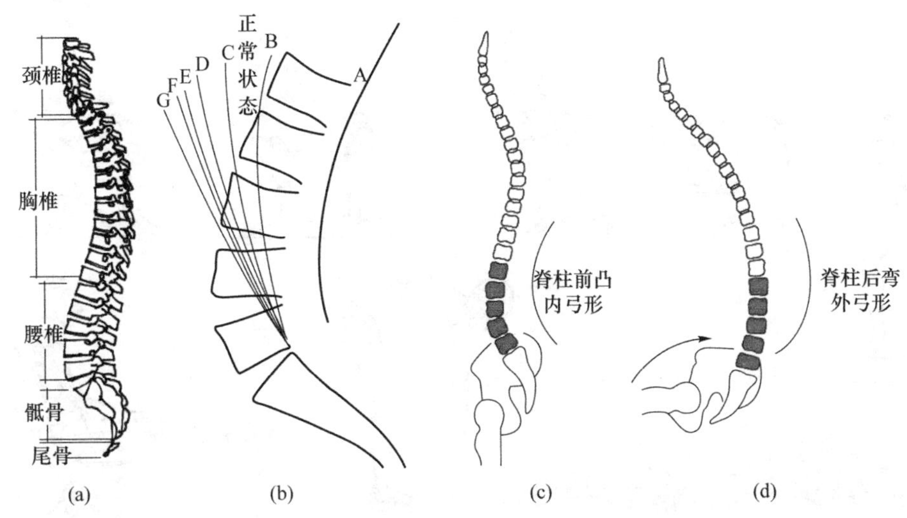

图 5 - 32　脊椎弯曲与姿态

因此"促进腰椎前凸"的经济舱座椅造型设计使乘客更健康。从安全逃生与经济成本的角度考虑，座椅靠背后倾的角度还要综合考虑座椅的排距，如图 5 - 33 所示。

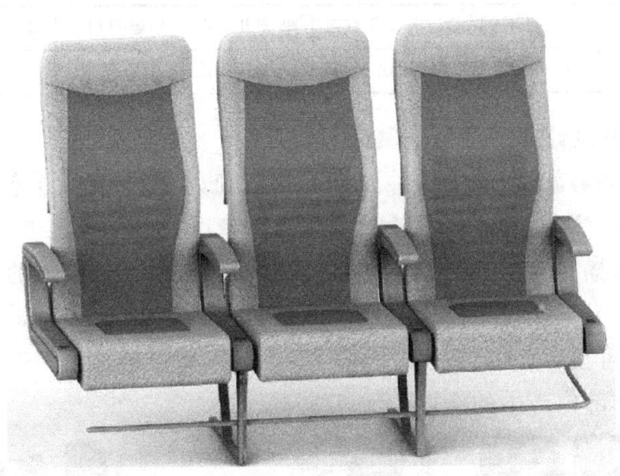

图 5 - 33　"促进腰椎前凸"的经济舱座椅造型设计

(2) 乘客座椅造型设计要最小腰椎压力

首先，乘客能在座椅上舒展开身体、平躺侧卧睡觉(大腿与脊柱 135°的夹角姿势)，在这个放松的状态下，身体对腰椎的压迫与压力最小、休息质量最好。其次，乘客双脚离开地面，座椅靠背向后倾斜到 110°，可以减少腰椎后部的压力。乘客坐在座椅上，脚离开地面更符合人体坐姿舒适性特征，这也是商务舱座椅一般都配备脚踏板的原因。再次，乘客双脚落地，后仰姿势坐在座椅上，可以相应减少腰椎后部的压力。然后，人长时间坐在固定不动的座椅上，会感到背部很疲劳甚至疼痛。最后，人的弯腰动作与上半身坐姿挺直且与双腿保持 90°，这两个姿势对椎间盘压力最大。不同姿势对椎间盘的压力如图 5－34 所示，对应的数据如表 5－8 所列。

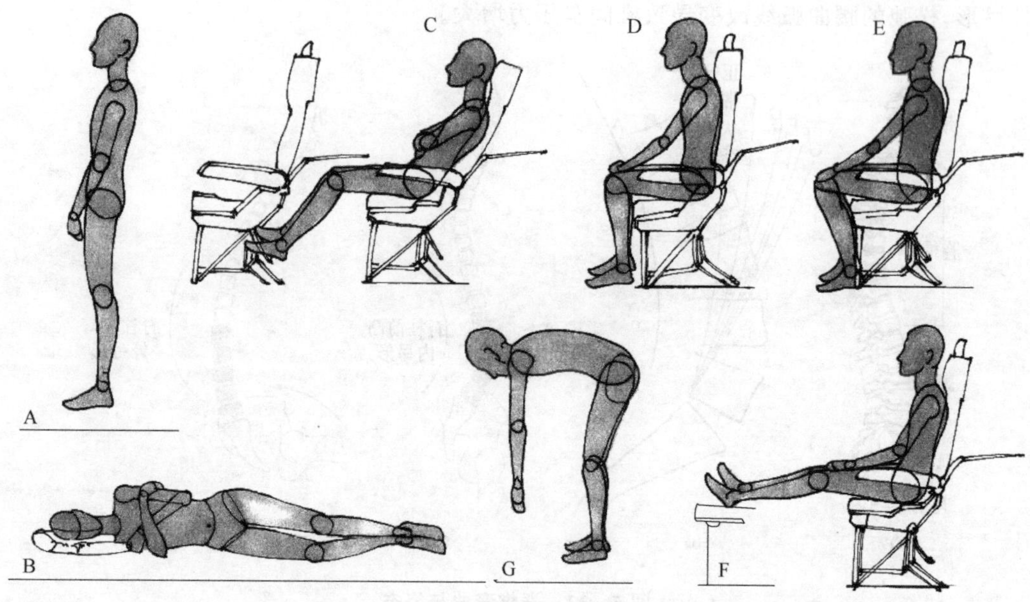

图 5－34　人的不同姿势对椎间盘的压力(图中字母对应的压力值见表 5－8)

表 5－8　人的不同姿势对腰椎的压力

人的姿势	站立(A)	侧卧平躺(B)	坐姿Ⅰ(C)	坐姿Ⅱ(D)	坐姿Ⅲ(E)	坐姿Ⅳ(F)	弯腰(G)
压力/MPa	0.5	0.1	0.3	0.48	0.4	1	1.1

(3) 乘客座椅造型设计要避免坐姿僵化

人长时间以一种姿势就坐，不管这种姿势是否正确，姿势僵化就会使人的血液流通不畅，从而导致痉挛与肩背酸痛。因此，经济舱乘客座椅造型设计需要考虑乘客多种姿态的需求，乘客会通过卧、躺、扭转、摇晃等姿势的调整，缓解长时间久坐对身体造成的不适。如图 5－35 所示，伦敦 Factory Design 工业设计公司的设计师亚当·怀特(Adam White)从人体解剖学获得灵感，设计了经济舱“可扭转”座椅造型，座椅的靠背与座椅垫结构会随着乘客的不同姿势的调整而变化，减轻对人体部位产生的压迫。

图 5－35　经济舱“可扭转”座椅设计

(4) 乘客座椅造型设计要防止剪力

乘客处于坐姿状态时，乘客与座椅垫的摩擦产生人的体表剪力。飞机乘客座椅造型设计应该尽量减小剪力，剪力越大，乘客滑出座椅垫的可能性就越大，不适感越强。当座椅的靠背向后倾斜，便会产生剪力，这时座椅垫应该向上前方倾斜，防止剪力的产生。

(5) 乘客座椅造型设计要进行压力分布测试

通过飞机客舱乘客座椅压力分布测试主要研究两方面的内容。一方面，研究乘客的身体与座椅压力的分布的关系；另一方面，研究乘客的运动特征与座椅压力分布的关系。

乘客在座椅上休息、阅读、休闲娱乐、交谈、工作与进餐等，就会有相应的卧、躺、坐、前倾等多种不同的姿势，每种姿势的压力分布是不一样的。合理设计人在座椅上的活动姿势与压力分布的关系，能给乘客带来安全、健康与舒适；反之，在座椅造型设计中不考虑压力分布与乘客活动姿势的关系，长时间飞行后带给乘客的只有疲劳和疼痛。通常运用压力测试的方法来测量乘客在座椅上的压力分布，这种方法可以发现座椅最佳的结构轮廓和泡沫垫的形状、厚度与硬度。

座椅压力分布可以通过坐垫式压力分布系统进行测试，如图 5-36 所示，贴紧人体的柔性传感器将人体部位的压强分布数据通过界面显示出来，还能实时显示重心点位置及其变化。在乘客坐姿不变的条件下，通过座椅压力分布测试结果可得出座椅垫坐骨中心及周边压力值最大，座椅垫大腿接触部位压力逐渐减小，以此为依据设计座椅垫的不同部位部件的压力大小。较理想的座椅压力分布为：靠背承载 20%～50%，座椅垫后部承载 49%～54%，座椅垫中部承载＜28%，座椅垫前部承载 6%。

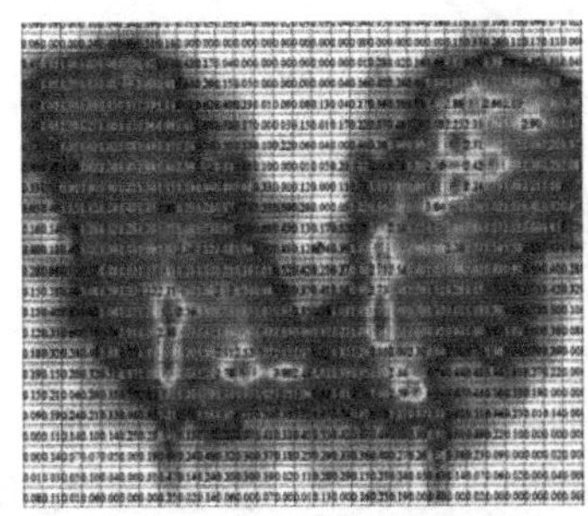

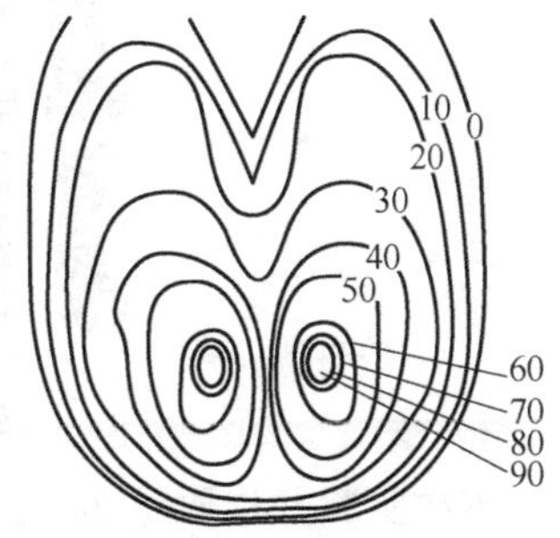

图 5-36　座椅压力分布测试

基于压力分布测试的飞机座椅优化设计案例：首先，通过实验得出乘客在睡眠、使用手机(阅读)和使用 IFE 三种行为下的最舒适静态坐姿与最佳压力值，并提出针对性的座椅设计方案，提高乘客乘机过程中的舒适度；然后，基于人机工程学理论，结合观察法与压力分布实验，借助 SPSS 统计软件，得出乘客在三种常见行为下的最舒适静态坐姿与对应的最佳压力值；最后，研究乘客乘机过程中不同行为的坐姿与压力值，有助于细化乘客需求，为飞机座椅设计提供新的思路。设计实例通过优化座椅调节方式，提升了乘坐民航飞机的体验感。

① 最舒适静态坐姿研究实验

乘客在飞机座椅上会产生各种行为，为保证实验的普遍性，本次实验选取了乘客在飞机上最常进行的三项活动，分别为睡眠、使用手机(阅读)、使用机载娱乐设施。实验将通过两种方式来记录数据：一种方式是利用摄像机记录被测试人员在实验过程中的坐姿变化，为降低坐姿变化的随机性，同时便于记录被测试人员坐姿的变化次数，本次实验将经济舱座椅的四个重要

组成部分分别对应被测试人员身体的四个部位，对应关系如图 5-37 所示。另一种方式是利用压力分布测试仪，记录被测试人员在实验期间的压力变化数据。将两种方法结合起来，借助 SPSS 软件对实验结果进行分析，一方面，可以得到被测试人员坐姿变化的次数与频率，为后续设计提供参考；另一方面，根据压力分布测试仪的数据，结合对应坐姿，计算最佳压力值。为保证相对真实的乘坐体验，实验室以现有双通道客机经济舱座椅及布局为参考，经济舱乘客座椅靠背后仰角度约为 16°，最大倾角约为 106°，座椅的间距设定为 30 英寸(约 76.2 cm)。在双通道民航客机的客舱中，三联座椅中间位置的乘客左右两侧均有其他乘客落座，因各种因素导致的不舒适体验最为突出，所以本实验将被测试人员位置设置在三联座椅的中间位置，优先解决中间乘客面临的问题。

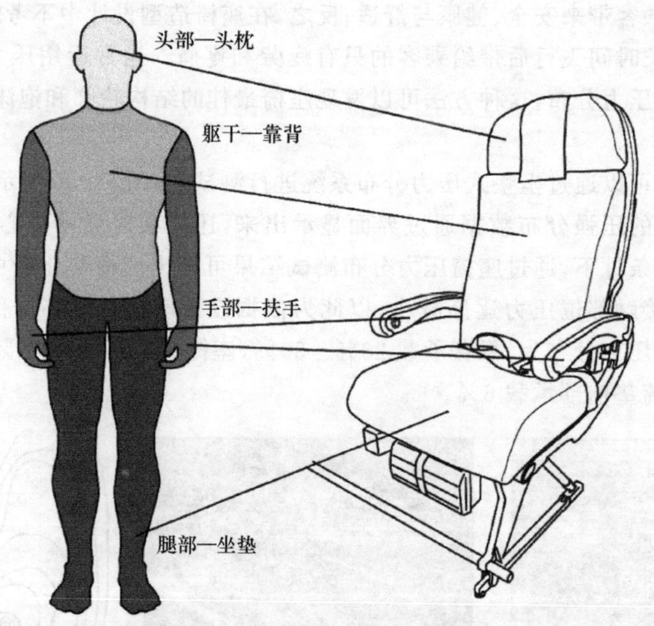

图 5-37　实验观测分区与座椅对应关系

本次实验共选取了 24 名测试对象，其中男性测试对象为 14 人，女性测试对象为 10 人，年龄区间在 20～65 岁，男性测试对象的平均身高为 172.11 cm，女性测试对象的平均身高为 160.50 cm。所有的测试对象都没有肢体疾病和残疾症状，并能对刺激做出正常反馈，其中仅有一人没有乘坐飞机的经历，其余测试对象均有过一次或多次乘坐飞机出行的经历。

虽然理论上乘客在座椅上的坐姿变化是完全随机的，但在客舱环境、行为习惯、生理特征等因素的影响下，乘客的坐姿变化将会呈现出一种循环的状态，即随着时间的推移，乘客最终会在多种坐姿之间切换。本次实验的目的就是找到被测试人员采用最多的坐姿，理论上这就是乘客在某一行为下最舒适的静态坐姿。

实验在飞机客舱模拟实验室进行，实验情景如图 5-38 所示。被测试人员将会坐在第二排中间位置的座椅上分别完成三项测试任务，即睡眠、使用手机(阅读)以及使用 IFE，同时被测试人员的前后左右都会有实验人员落座，模拟真实的乘机情景，测试时间为一小时。随后，被测试人员还需在座椅靠背放倒状态下再次完成相应的测试任务，随即实验结束。相关的实验数据将会继续利用 SPSS 软件进行分析处理。

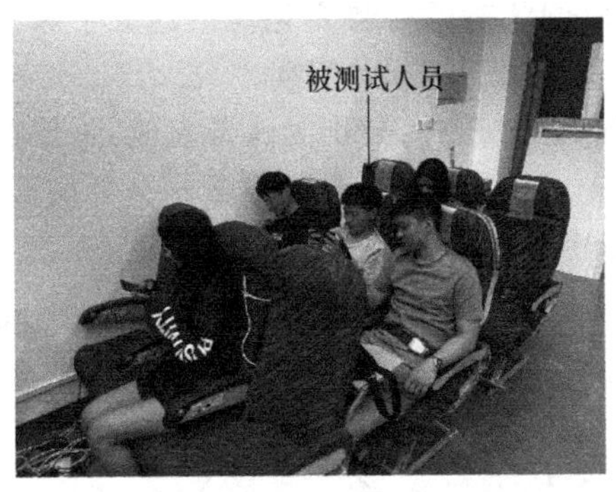

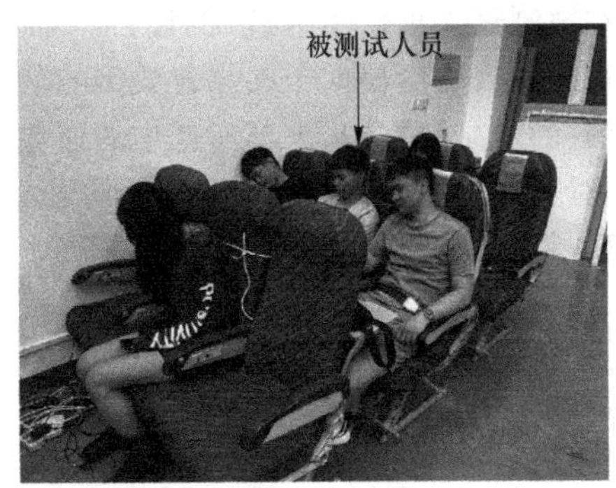

图 5-38　实验过程

② 实验结果与分析

通过前文所设定的观测方式,被测试人员产生的每个姿势都将由四个部分组成,即头部(H)、躯干(B)、手部(C)、腿部(L),在计数时,任意一个部分姿势发生变化都会进行记录。每一个被测试人员在进行实验的时候都会产生一定数量的姿势变化,为对被测试人员的三项模拟行为进行初步评估,简单比对了三项活动中每一位测试人员姿势变化的数量情况,如表5-9所列。

表 5-9　整体姿势变化次数汇总

被测试人员	1	2	3	4	5	6	7	8
睡眠—靠背调直	15	13	17	24	21	24	18	20
睡眠—靠背放倒	22	22	22	6	15	18	20	16
被测试人员	9	10	11	12	13	14	15	16
使用手机(阅读)—靠背调直	35	47	42	18	30	31	29	40
使用手机(阅读)—靠背放倒	7	11	9	8	19	8	10	9
被测试人员	17	18	19	20	21	22	23	24
使用 IFE—靠背调直	27	20	14	20	18	15	7	16
使用 IFE—靠背放倒	26	15	20	17	19	21	24	16

通过均值运算,对所得的数据进行整合归类,得到三项模拟行为在靠背调直和靠背放倒状态下的姿势变化数量,如表 5-10 所列。

表 5-10　均值运算结果的规范

姿势	靠背调直状态	靠背放倒状态
睡眠	19	17.625
使用手机(阅读)	34	10.125
使用 IFE	17.125	19.75

由表中的数据,通过整体分析可以得到,在被测试人员睡眠和使用 IFE 时,靠背放倒状态的姿势变化数量与靠背调直状态的姿势变化数量相差不大;在被测试人员睡眠时,靠背放倒状态的姿势变化略低于靠背调直状态;在被测试人员使用 IFE 时,靠背调直状态略低于靠背放

倒状态;在被测试人员使用手机(阅读)时,靠背放倒状态的姿势变化均值远低于靠背调直状态,说明被测试人员更偏向于在靠背放倒的状态下使用手机或是阅读。

在所有的记录数据中,头部所产生的姿势变化分为三种,分别为头部左偏、头部摆正与头部右偏。对实验中的头部数据进行统计分析,其中,L 表示头部左偏,C 表示头部摆正,R 表示头部右偏。将数据输入到 SPSS 软件,可以得到如图 5-39 所示的统计结果。

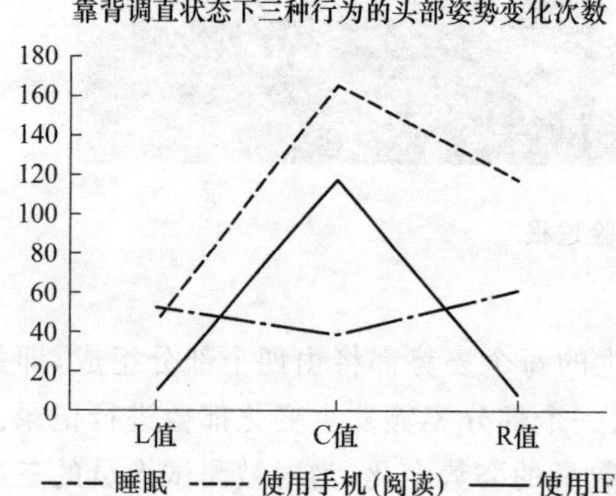

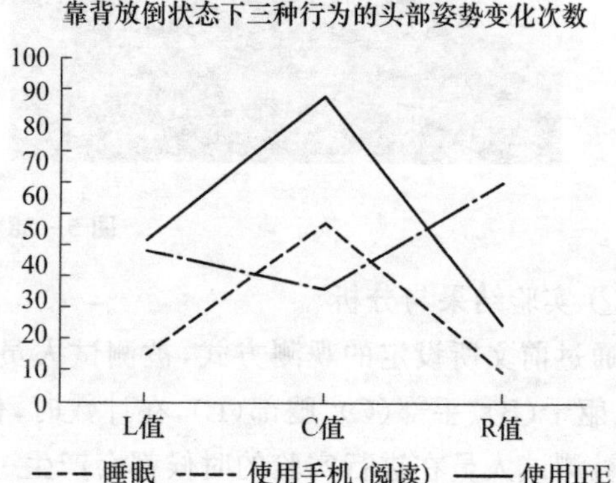

图 5-39 头部姿势变化次数统计结果

在睡眠时,无论在靠背调直还是放倒的状态下,R 值出现的次数远大于 L 值与 C 值,其中 C 值的数量最小,这说明在进行睡眠行为时,被测试人员的头部极大概率会出现偏倒的情况,并且偏向右侧概率较大。在使用手机(阅读)和使用 IFE 时,被测试人员采用头部摆正的姿势次数远高于其他两种姿势。

在所有的记录数据中,躯干部分所产生的姿势变化也分为三种,分别为躯干左倾、躯干居中以及躯干右倾,其中躯干左倾表示为 L,躯干居中表示为 C,躯干右倾表示为 R。将产生的数据输入到 SPSS 软件中,得到如图 5-40 所示的统计结果。

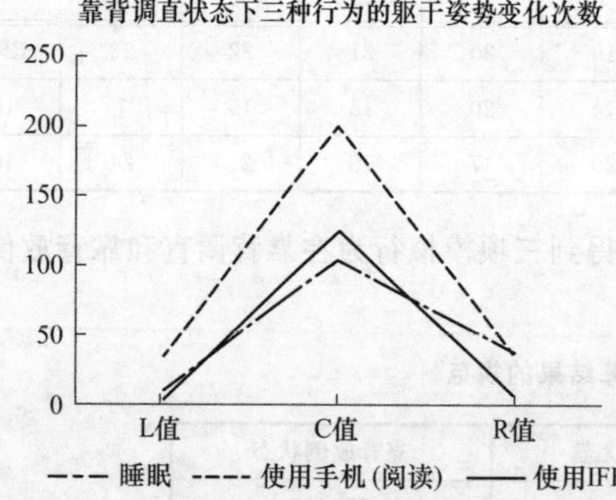

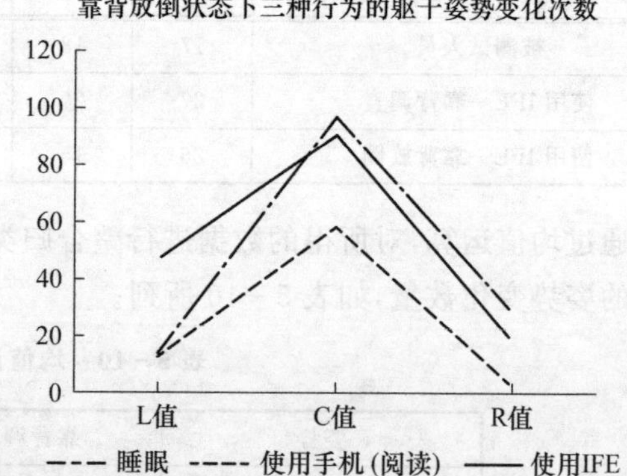

图 5-40 躯干姿势变化次数统计结果

统计结果显示,在三种模拟行为中,被测试人员的躯干保持在靠背正中,即采取躯干居中的姿势均占大多数。

与前文所述的两个观测区域相比,被测试人员双手的姿势变化更加丰富,在进行测试的模拟行为中,需要双手参与进行的模拟行为只有一项,即使用手机(阅读),因此这项行为的手部姿势变化会单独罗列出来进行分析。在睡眠行为和使用 IFE 行为下,双手的姿势变化总结下

来分为五种，即双手交叉置于胸前、双手环抱置于腹部、双手手指交叉置于腹部、双手置于大腿、单手支撑头部。对五种行为进行编号，即 A、B、C、D、E，并将对应统计结果导入 SPSS 软件进行分析处理，得到如图 5－41 所示的统计结果。

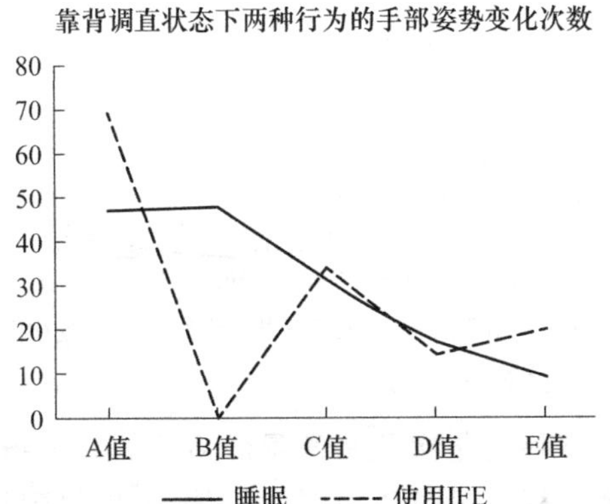

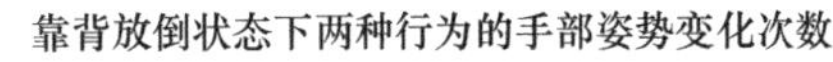

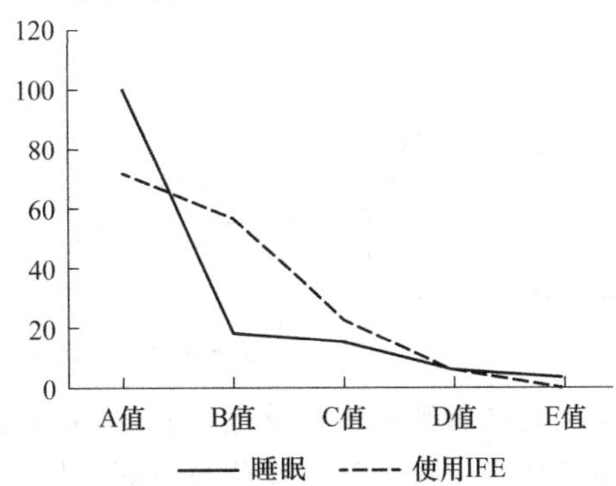

图 5－41　睡眠和使用 IFE 手部姿势变化次数统计结果

统计结果中显示，在座椅靠背调直状态下，被测试者睡眠时双手交叉与双手抱腹出现次数最多；使用 IFE 时双手交叉出现次数最多；在座椅靠背放倒状态下，被测试者睡眠和使用 IFE 时，双手交叉出现次数最多。综合四种行为状态的数据，被测试者双手交叉是被测试人员采用次数最多的手部姿势。

而对于使用手机（阅读）行为的手部姿势变化总结下来分为三种，即双手持手机（书籍）、左手持手机（书籍）、右手持手机（书籍）。对这三种行为分别赋值：双手持手机（书籍）为 D；左手持手机（书籍）为 L；右手持手机（书籍）为 R。将数据导入到统计软件中进行分析，得到如图5－42 所示的统计结果。

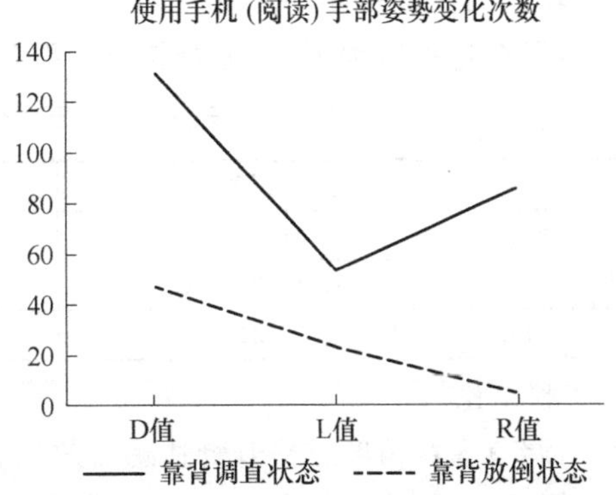

图 5－42　使用手机（阅读）手部姿势变化次数统计结果

统计结果显示，双手持手机（书籍）是被测试人员采用最多的姿势，同时在双手操作手机或拿取书籍时，手肘大部分时间都放置在扶手上形成支撑，因此在这个行为下，可以对座椅的扶手进行设计优化，使其便于乘客阅读或使用手机。

相比于手部，腿部的变化相对简单，虽然有更多的变化类型，但基本都是单条腿部姿势变化的排列组合，其中主要的姿势变化有六种，分别为双腿弯曲（A）、双腿伸展（B）、左腿弯曲，右腿伸展（C）、右腿弯曲，左腿伸展（D）、二郎腿（左腿翘起）（E）、二郎腿（右侧翘起）（F）。将六种姿势变化分别赋值为 A、B、C、D、E、F。将数据导入到统计软件中进行分析，得到如图 5－43 所示的统计结果。

统计结果显示，当靠背放倒后，被测试人员大概率会选择伸展腿部的姿势；同时，在靠背调直状态下，被测试者使用 IFE 时大概率会选择弯曲腿部的姿势，睡眠时腿部弯曲与腿部伸展相差不大，使用手机（阅读）时选择腿部伸展的概率更大。

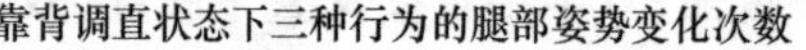

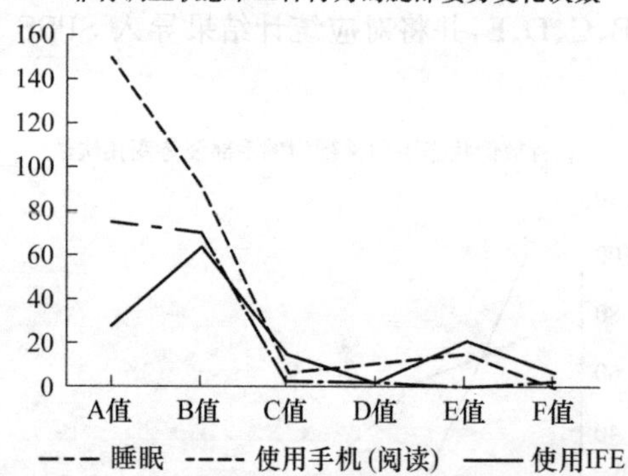

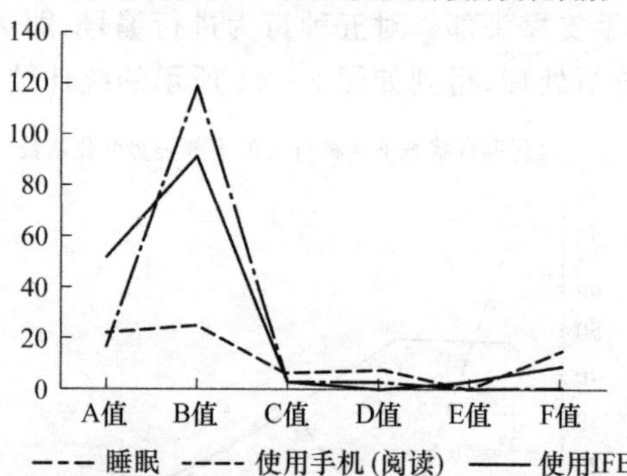

图 5-43　腿部姿势变化次数统计结果

前文是对图像数据进行整理分析,结果显示:姿势变化次数是衡量舒适性的一个指标;压力分布测试仪所记录的压力变化数值则是另一个指标。通过压力测试软件,可以得到每一个被测试人员在进行实验时,每个时间点的坐垫和靠背的压力数值,通过 SPSS 软件计算出相应的均值与最佳压力值,汇总如表 5-11 所列。表中的数值以坐垫压力/靠背压力(比例系数)的形式表现,一方面可以看到,比例系数越小,即分布在靠背上的压力越大,对比前文姿势变化次数,被测试人员改变姿势的次数会越少,也从侧面反映了被测试人员感受到的舒适性更高;另一方面,睡眠和使用手机(阅读)两种行为都是在座椅放倒状态下比例系数更小,说明这两种行为更适合较大的靠背角度,而使用 IFE 在两种状态,比例系数差距不大,但调直状态略小于放倒状态,所以在这种行为下,更适合较小的靠背角度。

表 5-11　压力分布测试数据汇总　mmHg

行为	调直状态	放倒状态	最佳压力值
睡眠	21.32/23.59(0.903)	21.56/32.27(0.668)	21.51/32.20
使用手机(阅读)	25.13/21.98(1.143)	21.24/34.51(0.615)	21.19/34.43
使用 IFE	21.04/24.06(0.874)	24.79/25.16(0.985)	21.34/33.72

③ 实验结论

第一,调节靠背角度对提升舒适感有效果。实验测试所得的压力分布数据显示,当座椅靠背呈现放倒状态时,除去使用 IFE 时没有明显的变化外,其余两种行为下的压力系数都有明显的下降,这表明在座椅放倒后,靠背分担了一部分压力,坐垫上的压力减小,对坐骨结节的压迫减小,结合实验结果的坐姿变化次数来看,放倒靠背后的坐姿变化次数相对靠背调直状态有所减少,从侧面证明,调节靠背角度能提升被测试人员的舒适感。

第二,不同的模拟行为有不同的舒适姿势。通过前文对姿势变化整体与局部的分析整理后,可以大致对每个模拟行为的舒适姿势进行一个组合,即将观测分区的四个部分中出现最多的姿势进行组合,可以得到此次实验对应模拟行为下的最舒适姿势,如表 5-12 所列。

表 5-12　最舒适姿势汇总

行为	头部	躯干	手部	腿部
睡眠	右偏	摆正	交叉于胸前	双腿伸展
使用手机(阅读)	居中	摆正	双手持手机(书籍)	双腿伸展
使用 IFE	居中	摆正	交叉于胸前	双腿弯曲

第三，优化设计方案。根据乘客的最舒适坐姿，参考人机尺寸数据对飞机座椅进行改良设计，改良优化方案如图 5-44 所示。阅读模式下，座椅后仰角度 8°，靠背扶手位置的骨架在椅面形成突起，方便乘客支撑手肘；睡眠模式下，座椅后仰角度 16°，两侧头枕由骨架带动向内翻折 30°，满足大部分人头部右偏的习惯，同时翻折的头枕能够起到一定保护隐私的作用；娱乐模式下，座椅后仰角度 10°。

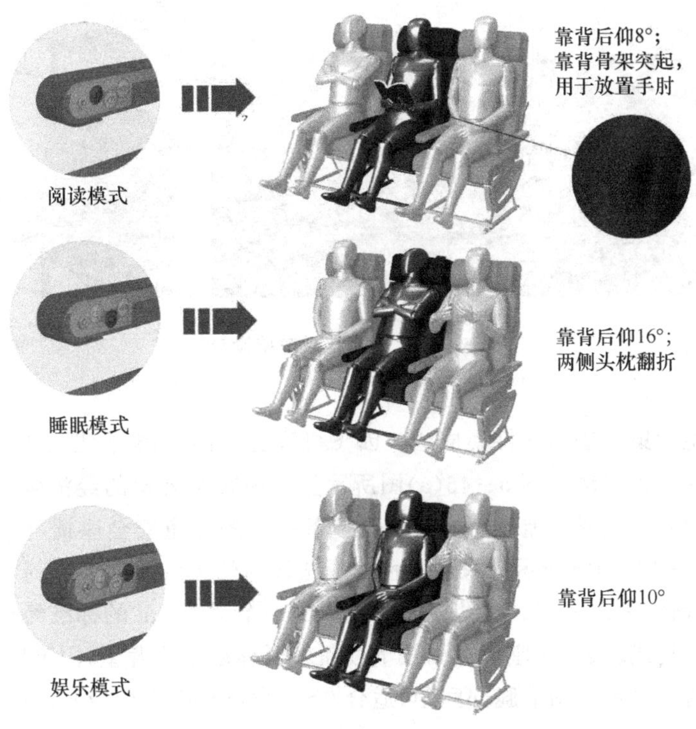

图 5-44　飞机座椅优化设计方案

通过结合观察法与压力分布实验，研究乘客乘机过程中最常进行的三项行为的最舒适静态坐姿与最佳压力值，并以此为参考，进行座椅的优化方案设计。但由于各方面的限制，本次的研究仍存在诸多不足之处，如被测试者在测试过程中都使用了手机，或在实验的过程中因与研究人员对话而出现了不自然变化的姿势。综上所述，对不同行为坐姿变化的分析研究，不仅对于飞机座椅的优化设计，也对高铁乘客座椅、大巴乘客座椅设计有一定的参考价值。

6. 为小体型乘客设计的座椅

民航飞机座椅设计中，除了考虑大多数的正常人群外，特殊使用者——儿童和残障人员乘机次数日益增长也为设计带来了新的考验与挑战。飞机客舱的安全永远是第一位的，CCAR-91 部规定交通运输飞机必须为每一位 2 周岁以上的乘客提供一个独立的座椅（或卧铺）。飞机客舱婴幼儿座椅造型的安全人机设计既有通用共性的规律，又有其独特性。

(1) 重构法

重构法也是分割法，即在不改变现有经济舱座位布局与标准尺寸的前提下，通过分割的方法对座椅的宽度进行重新分配，打破单一、固定的座位宽度，重新构建的座椅尺寸具有可灵活分配的多种模式。幼儿专用座椅设计如图 5-45 所示，安装在飞机客舱尾部，这个区域可以减少对其他乘客的干扰；供一般体型的成年乘客和幼儿共同乘坐的整体两座宽度座椅中间没有扶手，幼儿有自己的安全座椅，成年乘客可获得更宽敞的座位空间。

图 5-45　幼儿专用座椅设计

（2）集成法

集成法分为隐性集成法与显性集成法。因飞机客舱空间有限，隐性集成法是内饰产品造型设计非常有效的一种方法。图 5-46(a)图所示为空中客车公司的经济舱座椅设计专利，该座椅是一个集成的儿童座椅。航空公司为飞机配备独立的儿童安全座椅，固定在现有的乘客座椅上使用。图 5-46(b)图所示为采用隐性集成法设计的经济舱乘客座椅，集成儿童安全座椅，零部件少、重量轻、不占空间。将儿童座椅集成到一个 787 mm 的标准经济舱座椅中，乘客不需要任何特殊工具或培训，在座位表面按下按钮就可移动座椅背垫，固定后就形成了一个儿童座椅。儿童座椅可以灵活调节腿部间距，适合 0～2 岁(第 95 百分位)或 0～4 岁(第 50 百分位)婴幼儿的人机尺寸，还可以在 115°～145°的范围内进行调整，针对儿童的不同活动阶段提供最大的舒适度，比如睡觉的时候可以放倒至最大的角度；具有可调节的头枕和侧部支撑，五点式安全带全方位保护儿童免受撞击伤害，还配置了可收纳的脚踏板和杯座；为避免在使用过程中干扰后面的乘客，该隐性集成的座椅布局在飞机的最后排，儿童座椅打开后与飞行方向相反，陪同儿童的家长与儿童可以眼神交流。

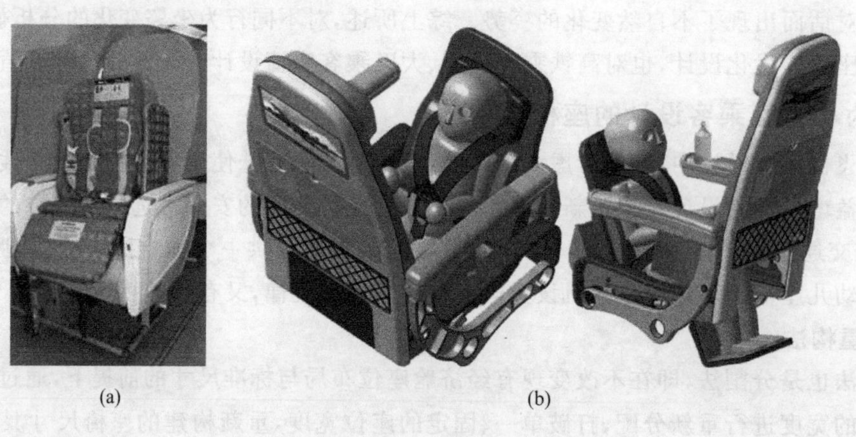

(a)　　　　(b)

图 5-46　隐性集成的经济舱儿童座椅设计

(3) 移植法

移植法就是将甲产品的形态、使用方法与功能等移植到乙产品的创新设计中，但移植的前提条件是具有某种造型元素、使用方式、功能需求的相似性，而不是简单强加在一起。图5－47所示为墨西哥设计师 Bovidtech 采用移植法为机上两岁以下婴幼儿设计的婴幼儿摇篮座椅与脚蹬。该座椅固定在客舱最前排舱壁上，面朝父母，方便照看与交流；家长连续踩脚蹬，摇篮座椅会前后晃动，婴儿会在舒适中入眠。该座椅基于 PSS 设计方法，可以出租给有需求的父母，从而为航空公司增加收入。

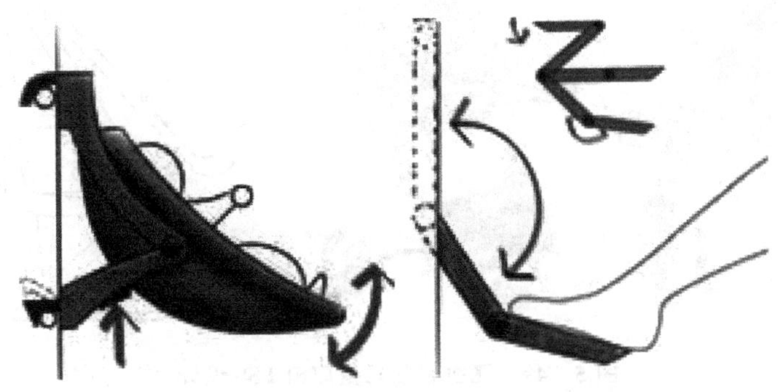

图 5－47　飞机客舱婴幼儿摇篮座椅与脚蹬设计

(4) 考虑情感需求的设计

飞机客舱设施设计不仅要考虑产品物理功能的需求，还要考虑乘客心理上的情感需求，真正体现以用户为中心的设计观。以机上最小乘客情感需求为中心进行创意设计拓展，根据婴幼儿的行为习惯、生理特征展开设计概念，一个适合两岁以下幼儿使用的经济舱儿童安全座椅设计如图 5－48 所示，该座椅可固定在妈妈座椅的扶手上。该方案的创新点在于妈妈与幼儿能够面对面地互动交流，也是感性工学设计方法在儿童座椅设计中的体现。

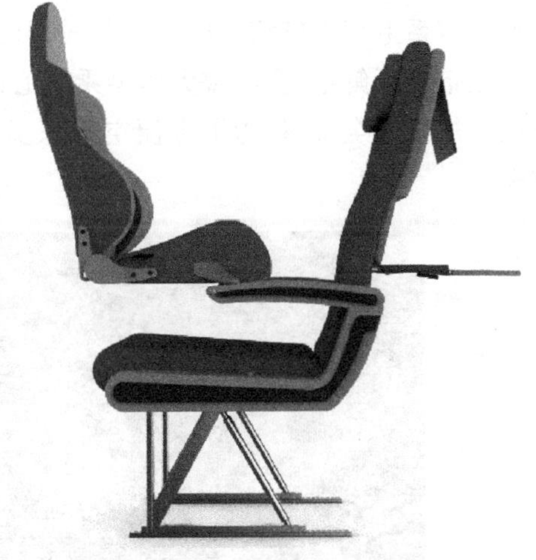

图 5－48　经济舱儿童座椅设计

(5) 飞机客舱儿童座椅 PSS 设计

如图 5－49 所示，该设计的创新点在于寻求机场儿童手推车与飞机客舱儿童座椅的共同之处，这也是 PSS 设计“集”的方法的应用。妈妈带 2 岁以下的幼儿登机，在机场安检后采用手机扫码租赁的方式使用儿童手推车，可一直推到飞机客舱座位上。将儿童推车折叠后与现有客舱座椅进行固定结合，满足飞机客舱儿童安全座椅的功能需求，且拆装简单。飞机到达目的地后，使用手机 App 还车简便，为乘客提供了便利。设计方案在满足适航要求的前提下，不占空间，节约成本，实现一物多用的功效。

7. 为大体型乘客设计的座椅

肥胖乘客乘机是航空公司必须面临的问题。以英国为例，英国现有 26％的成年人达到了肥胖标准，到 2030 年这个数字将上升到 42％，英国肥胖成年人的总数将有 2 700 万；美国卫生

与人类服务部门统计，截至2020年，美国有40%的成年人肥胖，美国联合航空公司仅一年就有700多名乘客投诉抱怨“超大体型邻座乘客”让他们感到局促。因此，大体型乘客在乘机旅途中难堪的体验也是航空公司不得不面对的问题。基于PSS模块化设计方法对乘客座椅优化配置，满足大体型乘客座椅造型设计存在的功能使用需求与多样化服务需求，提升大体型乘客的乘机幸福感，从而提高航班载客率而使航空公司盈利。

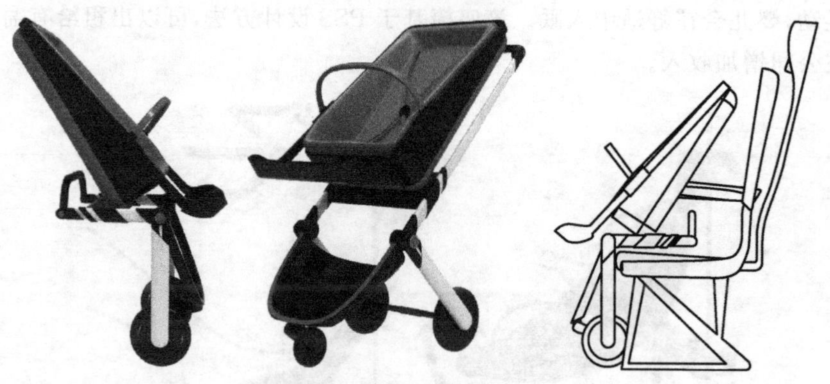

图5-49　飞机客舱儿童座椅PSS设计

(1) 当前解决问题的不足之处

部分航空公司已出台新规，规定大体型乘客必须购买双份机票，解决了对邻座乘客干扰的问题，但也带来了新的问题。首先，大体型乘客为乘机出行付了超额费用，没有体现公平原则；其次，一排三个座位，因为大体型乘客购买了两个座位，所以必然要减少一位乘客，降低了航班运营效率，也导致一对夫妇或家庭成员不得不分开坐等问题；还有一个不可忽视的问题就是大体型乘客系上现有座椅上的安全带较困难，虽然客舱免费提供安全带加长服务，但因这些加长的安全带色彩鲜艳，会导致大体型乘客心理上的尴尬或自卑，如图5-50所示。航空公司使用鲜艳的加长安全带，是为了方便空乘人员在到达目的地后迅速发现安全带，提高整理客舱的效率。

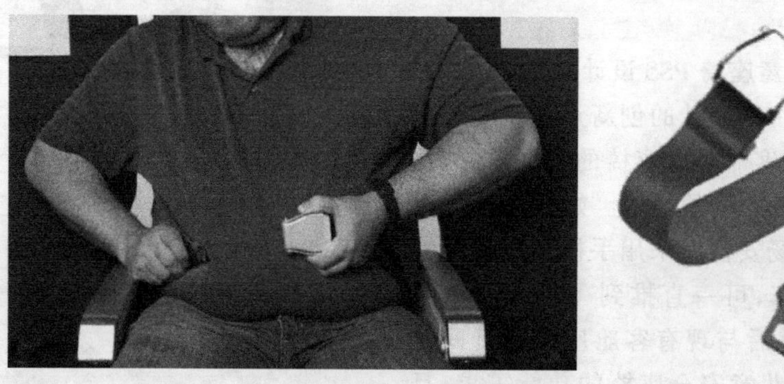

图5-50　飞机客舱免费提供鲜艳的加长安全带

(2) 经济舱座椅人机尺寸

大体型乘客乘坐飞机出行的次数逐年增加，这就要求航空公司开发新的座椅，或者在现有座椅基础上进行改良设计，以提升大体型乘客飞行体验。因紧急逃生等适航强制要求，规定后排扶手前沿到前排靠背的距离不应小于305 mm，座深以430～470 mm为宜。这方面的法规

主要从安全方面考虑,没有提供座椅宽度的最小尺寸,并没有将乘客舒适度的标准提供给航空公司。图 5-51 所示为国内某航空公司所使用的座位间距,适航除了缺少对座椅宽度的最小要求,对于座位间距尺寸的强制性要求也不够。从经济成本考虑,航空公司不愿因增加座椅间距而减少座位。当前长途航班经济舱座椅最小的宽度只有 410 mm,大多数航空公司的经济舱座椅提供 430～460 mm 的平均宽度。为了提升乘客的舒适性体验,英国民航飞机、火车、长途汽车和公交车座位的最小宽度调整到 440 mm,德国汉莎航空公司宣布将减少座位以提高乘客乘坐的舒适性。

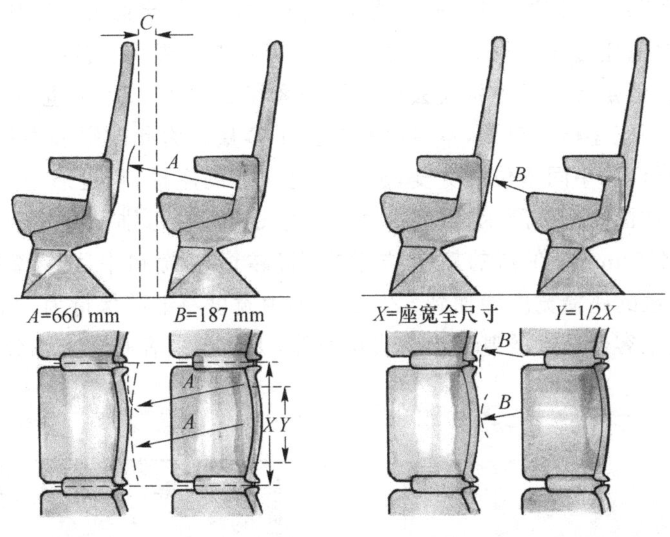

图 5-51　经济舱座椅间距

欧洲人体测量研究修订小组在修订飞机座椅最低标准时,曾建议将座椅间距 A 尺寸至少增加到 710 mm,这样可容纳第 95 百分位的欧洲乘客;B 尺寸最小可接受的范围介于 230 mm 和 255 mm 之间;C 尺寸应增加至允许第 95 百分位的乘客站立,避免乘客产生容易疲劳或不舒服的身体姿势。

(3) 问题的提出

航空公司规定,出于安全的考虑,使用加长安全带的大体型乘客不允许乘坐紧急出口的座椅。首先,安全带加长后,当遇到紧急情况时会绊倒其他逃生的乘客;其次,大体型乘客超重会影响座椅的可靠性。在飞机客舱中,除了座椅和安全带的问题,大体型乘客使用折叠小桌板、操控扶手上的按钮与座椅内侧的耳机插头等都有一些困难与不适,通过客舱通道、放置行李、使用盥洗室等也会遇到障碍。体型较大乘客最好的座椅位置应该是靠窗座位,当遇到紧急疏散情况时不会影响其他乘客迅速撤离。当前的客舱设施如座椅、安全带、救生衣、应急疏散滑梯和紧急出口等尺寸都是按照第 50 百分位的乘客尺寸而设计的,这意味着肥胖乘客可能无法使用这些客舱救生产品。同时,大体型乘客还面临着情感和心理上的问题。

(4) 乘客选择座位多样性和灵活性不够

飞机客舱应被分成两个或三个等级配置,以满足不同乘客的需求。各个等级的座舱除了空间的差异,等级更高的舱位还有额外的服务和隐私功能:经济舱的乘客只有最低限度的服务;豪华经济舱有较大倾斜角度放倒的座椅、精致的饮食和相对较少的乘客;商务舱或头等舱的差异就更加明显，如更高级优质的餐饮、可以放倒成平躺式睡床的座椅、各种设施（睡衣、洗漱用品、淋浴、迷你酒吧和私人衣橱等）以及更好的娱乐和休息环境。大体型乘客不得不购买两张座位，或升级到更大空间的座位，但他们真正需要的是额外的空间，而不是额外的服务，他们不希望支付额外的服务费用。

(5) 航空公司提出新的解决方案

解决大体型乘客乘机最直接的办法就是航空公司开发出更大的座椅。根据“乘客所希望的未来飞机客舱座椅”的问卷调查，调查结果依次为：座位更宽敞；可以躺着睡觉；可以购物；更大的屏幕娱乐与游戏；具有按摩功能；有私密空间；有大的工作台面方便工作；可以有更多空间放随身携带的小物件；座位还可以更小、更廉价。61％参与问卷调查的乘客希望未来的飞机客舱配置更大的座椅，但是飞机客舱将失去最多的乘客容量，经济成本上也不允许。航空公司迫使大体型乘客购买两张座椅的机票，本身已经减少了容量。为此航空公司提出了新的解决方案：窄体飞机减少靠窗和中间座位的宽度，加宽靠近通道的座椅，靠近通道加宽的座椅提供给大体型乘客使用。如图 5－52 所示，空客 A320 系列飞机现在每排设有 6 个座位，通道两边各 3 个，每个座椅宽 460 mm。在新的解决方案中，将靠窗座椅和中间座椅的宽度都减少到 430 mm，再将靠通道的座椅宽度增加到 520 mm，通道宽度将继续保持为 480 mm 不变。这个方案是在降低其他乘客舒适性的基础上节省出座宽，大体型乘客心理上也会感到不安和尴尬。

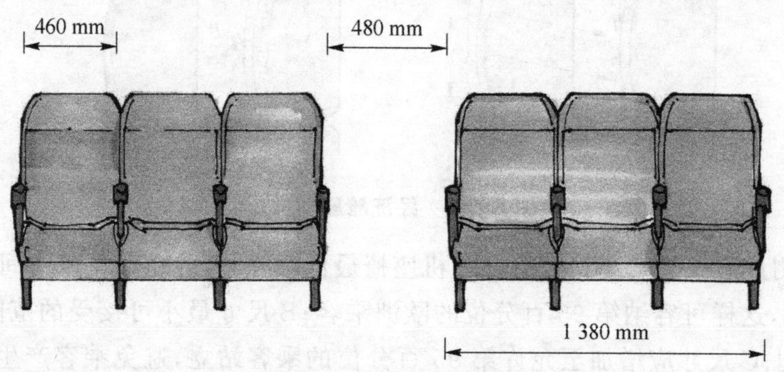

图 5－52　A320 经济舱乘客座椅尺寸

(6) 设计概念的产生——“150％座椅”的设计

设计 1.5 倍宽度的经济舱座椅，大体型乘客只需要支付 1.5 倍票价，而不是原来 2 倍的票价，还能满足大体型乘客的需求。这个设计方案可以减少飞机客舱 50％乘客容量的损失，也是航空公司的一个创新销售模式。

① “150％座椅”设计方案一如图 5－53 所示。该设计方案的优点：将两个较大座位永久地设置在客舱入口处最前面两排，靠近盥洗室，为大体型乘客上下飞机、使用盥洗室提供了便利，而且更换航班时乘务员不需要重新调整座宽；稍减小 1.5 倍座位的宽度可以留出更宽的通道给大体型乘客通过，与座椅配套的有更长的安全带与更宽大的小桌板。该设计方案的缺点：独立的宽大座位放在客舱入口的最前部，会形成座位是被单独隔离出来的错觉，而大体型乘客心理上希望他们被当作普通乘客对待，希望他们的座位可以与其他乘客的座位混合在一起；需要确保每趟航班有一定数量的肥胖乘客购买大座位。

② “150％座椅”设计方案二。这种解决方案相对灵活，有以下两种模式：模式一，经济舱一排三个座位可以满足三个乘客使用；模式二，一排三个座位可以收起中间座椅的一个扶手，

从而转换成一个大体型乘客和另一个乘客使用。通过设计方案二，航空公司也能确保座椅更大化的利用与灵活满足多种乘客的需求，但没有真正满足大体型乘客心理、生理上的本质需求。

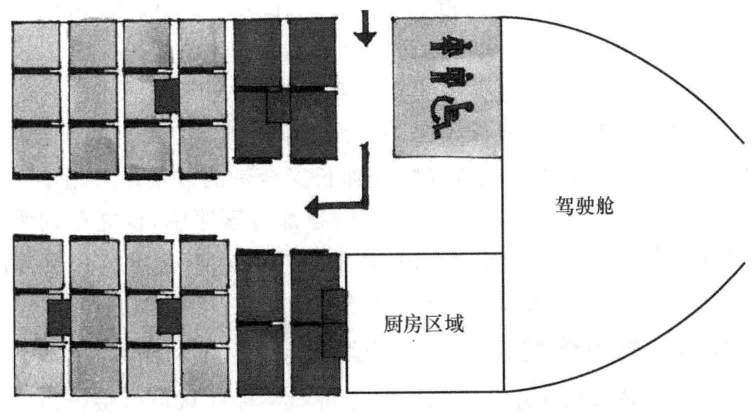

图 5-53　“150%座椅”设计方案一

③ “150%座椅”设计方案三如图 5-54 所示。这个设计概念提供了一个三合一的座位，可以满足三种模式：三个乘客使用、一个乘客与一个大体型乘客使用、两个大体型乘客使用。在现有的经济舱座椅改良设计中具备完全灵活性，这个方案只解决了座椅宽度的问题，主要缺点就是乘务员需要根据航班乘客的变动更换座位的配置。

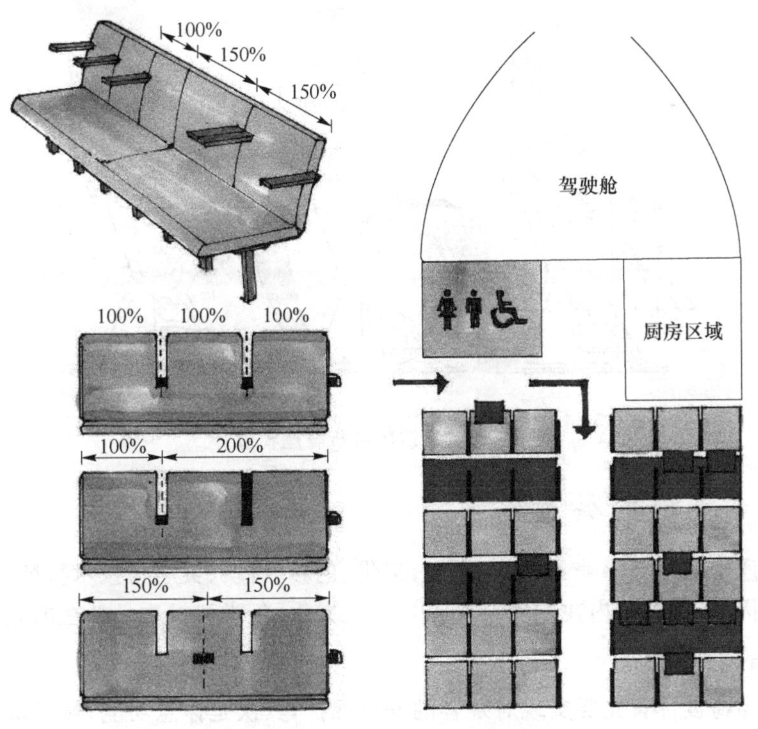

图 5-54　“150%座椅”设计方案三

④ “150%座椅”设计方案四在不改变经济舱座椅尺寸和布局的情况下，在结构上设置滑动扶手，使之可以滑到座椅的中间位置，从而最大限度地发挥飞机客舱的商业用途。由于此类

座椅“不定型”的功能，一排三座的向后倾斜功能将被取消，意味着会降低舒适度，可以考虑应用于短途航班或者低成本航空公司中。该方案的优点如下：因其减少了零部件，所以可以降低座椅的重量，且前排座椅向后倾斜往往是后排乘客最不能接受的问题之一；飞机在起飞和降落前乘务员可以减少检查座椅是否复位这道程序；座位保持不变，可以使大体型乘客在心理上不会感觉不安；这一方案也可以让家庭成员们亲密地坐在一起体验旅行。

(7) 系统解决大体型乘客与座椅有关的其他设施问题

针对鲜艳的加长安全带给大体型乘客带来的情感上的问题，150％的大座椅上可以增加安全带的标准长度，这样飞机客舱也可以减少配备加长安全带的数量。采用下拉式顶部行李箱设计，避免大体型乘客需要把随身行李举到过高的顶部行李箱中，也能帮助乘客加快登机过程，并降低航空公司的周转时间。座椅上 IFE 控制键与耳机插孔设置在前排座椅椅背的后部，更易于使用，避免乘客腿部或肘部意外碰上按键。

8. 为高大体型与矮小体型乘客设计的座椅

调查研究发现，高大体型与矮小体型乘客对经济舱座椅的认可度最低。矮小体型乘客常常抱怨经济舱座椅太高，不适的人体部位主要来自于脚(脚不能达到地板)；而高大体型乘客主要抱怨颈部不适，因为 IFE 显示屏对他们来说太远了。经济舱可折叠座椅设计方案如图 5－55所示，座椅盆折叠助推器可将座椅底部折叠，乘客可自主移动座椅，满足高矮不同乘客的需求，还可以作为儿童座椅使用。

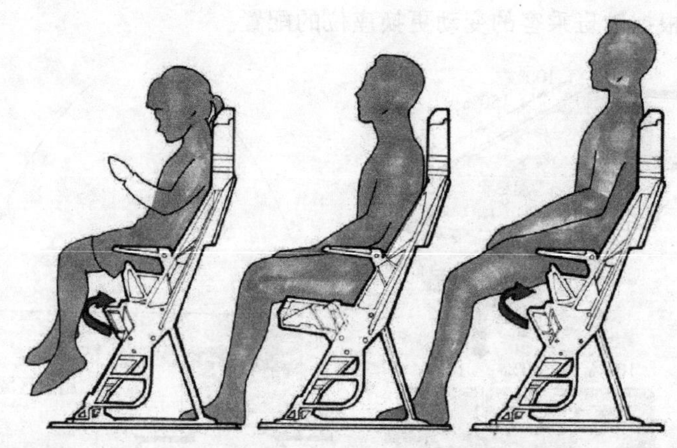

图 5－55　经济舱可折叠座椅设计

5.3.2　座椅的层面

飞机乘客座椅的特征涵盖了功能、形态、文化、色彩、材质、美学与技术特征，这些特征都存在安全限制性因素；功能是内在的安全要求，形态、文化、色彩和材质是外在的安全体现。

1. 座椅的功能特征

飞机乘客座椅设计首先要实现对乘客的安全保护，其次是休息功能，然后依次满足乘客在座椅上工作、娱乐、进餐、观景等各种需求。

(1) 有益于乘客身体健康的座椅造型设计

在长途飞行中，乘客可以通过激活“可活动的座椅”背部传感器进行游戏，乘客靠上半身控

制游戏传感器可以增加人的上半身和腿部肌肉的活动，比在小桌板上进行阅读、使用笔记本电脑工作和玩平板电脑游戏更健康与放松。还可以为游戏与视听爱好者开发能隔离客舱环境噪声、内置扬声器的座椅，乘客不需要额外佩戴耳机，通过手操控带动全身活动，带来精神与身体上的愉悦体验，如图 5－56 所示。

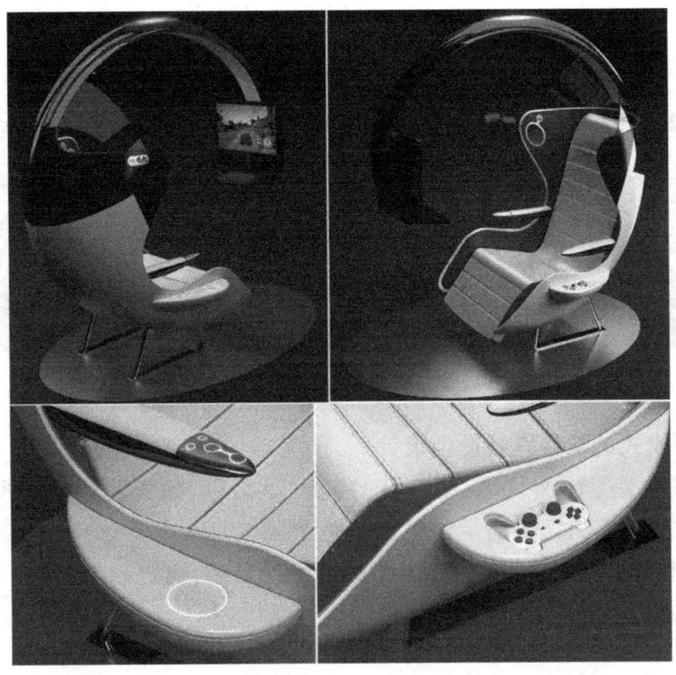

图 5－56　专为游戏和视听爱好者开发的座椅

(2) 具有良好隐私功能的乘客座椅造型设计

飞机客舱良好的隐私功能主要指乘客的私人信息、休闲娱乐爱好等不被公开，乘客在乘机过程的工作状态与内容、个人座位空间等不被干扰。一般通过座椅造型隔离设施与错位座位布局的方法，可以满足乘客隐私功能需求。如图 5－57 左图所示，两个商务舱座椅之间用一个磨砂材质的隔板隔开，保护了乘客各自的隐私，同时也不显空间拥堵与沉闷；如图 5－57 右图所示，商务舱座位通过错位排列布局，乘客有各自独立的隐私空间，可以自由进出客舱通道，不干扰其他乘客。

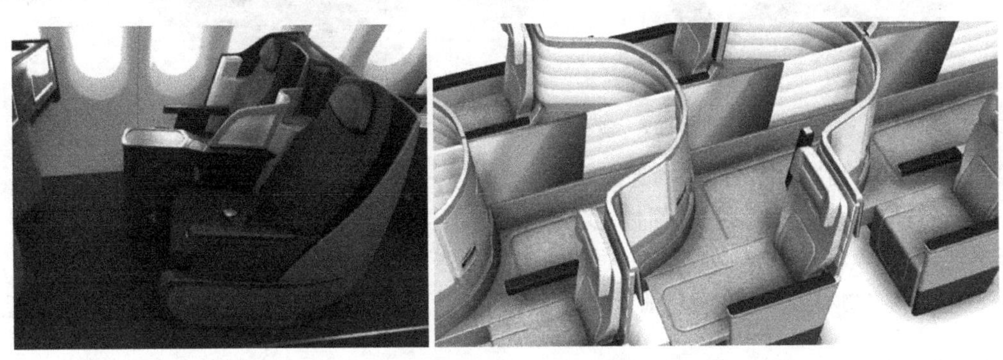

图 5－57　具有隐私功能的乘客座椅设计

(3) 具有多种收纳功能的乘客座椅造型设计

现代人出行会随身携带较多的物品，头等舱与商务舱的座椅造型设计就要考虑增加更多储存空间。如图 5－58 所示，座椅杂志袋设计既要容纳杂志，还要能容纳平板电脑等自带电子产品；可折叠的小桌板通过增加巧妙的结构造型可以支撑平板电脑或手机，方便乘客舒适使用。

图 5－58　具有多种收纳功能的头等舱座椅设计①

(4) 多种使用模式的乘客座椅造型设计

多种使用模式的头等舱座椅，可扮演床、座椅、小桌板、独立的办公场所等多个角色，如图 5－59所示。头等舱座椅需要满足乘客舒适地平卧、斜躺、坐等休息的需求；小桌板还具备餐桌功能，既可以独自就餐，又能享受双人共同进餐的乐趣；通过收纳、转换等方式，头等舱座椅又可以转变为私人办公空间。

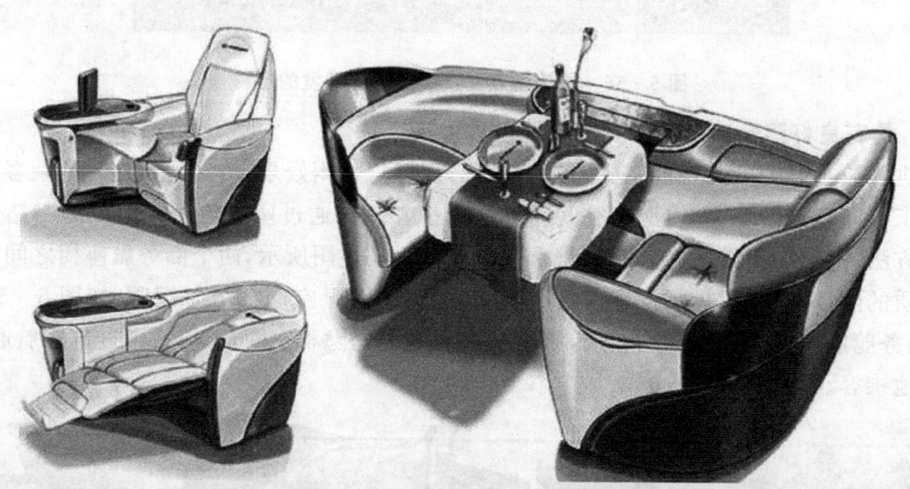

图 5－59　多种使用模式的头等舱座椅设计

(5)"物尽其用"的经济舱座椅造型设计

经济舱座椅设计在不牺牲牢固性、安全强度的前提下，进一步降低座椅重量、减小厚度、提高舒适性，利用座椅造型空间满足各种可能的功能需求是一种创新。以经济舱座椅为例，如图 5－60所示，"物尽其用"体现在细节设计：使用复合材料降低椅背厚度，为座椅倾斜创造空

① 美国联合航空国内航线窄体飞机头等舱座椅设计。

间；可以大角度放倒的座椅能缩短椅盆的深度，乘客的腿可以伸展在前排座位的下面，倾斜的IFE 箱可以作为脚凳；“一分为二”法解决扶手之争的问题；有存放乘客更多的随身携带小件物品如眼镜、水杯的存放空间；杂志袋不占用乘客膝部空间；赋予小桌板更多的使用功能，如能支撑乘客随身携带的电子产品等。

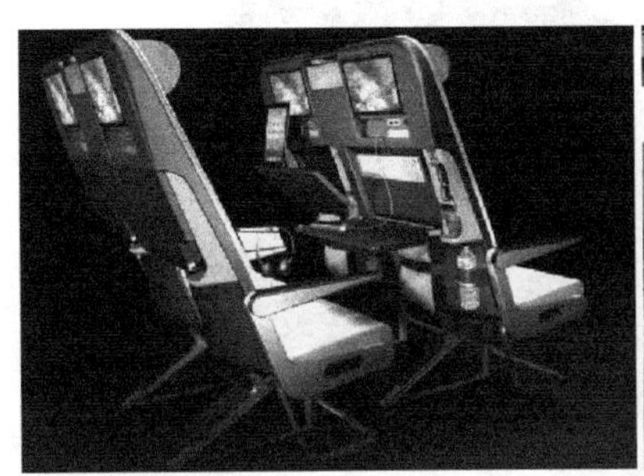
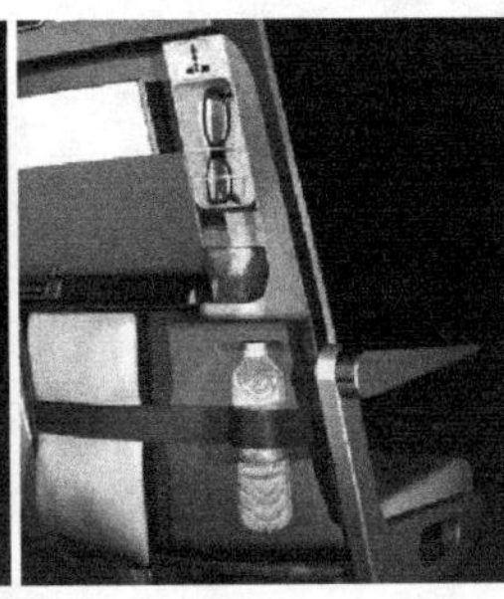

图 5-60　“物尽其用”的经济舱座椅设计

2. 座椅的形态特征

安全的飞机客舱乘客座椅造型设计在于其形态和功能之间的和谐。

(1) 外观形态具有隔离不安全零部件的功效

空中失火在航空重大事故中排第四位，第一起航空事故就是空中失火导致的，机上失火率发生最高的部位就是客舱，其余依次为机上洗手间、驾驶舱、货舱和厨房。除电气短路、乘客躲在卫生间吸烟是导致客舱火灾的主要原因，锂电池也是客舱失火的一个源头，在飞机客舱，已多次发生乘客手机掉入座椅缝隙处，由于挤压起火的事件。运用合理的造型，隔离或杜绝手机掉进两个座椅之间的缝隙，采用阻燃、隔热外壳把座椅内部线缆进行包裹，防止因电线摩擦、振动而导致电路短路起火。

(2) 座椅的几何形态

座椅的几何形态分为直线几何与曲线几何，如图 5-61 所示。直线几何的座椅造型朴实粗犷，传达厚实、坚固的实用功能视觉信息；曲线几何的座椅造型流畅圆润，体现的是亲近与自然，还能增加乘客更大空间的心理感知。两种不同几何形态都能体现对乘客的安全保护

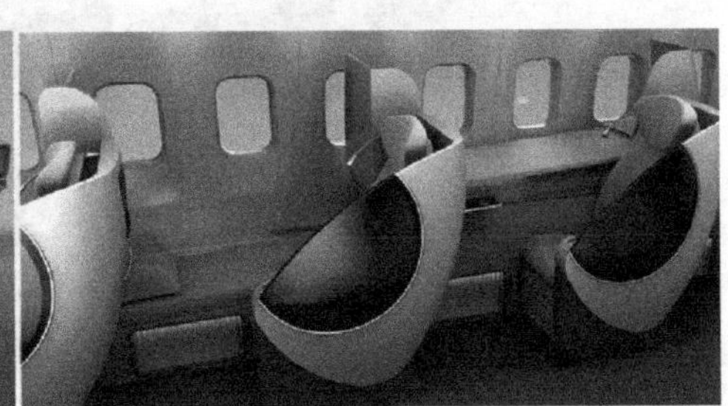

图 5-61　直线几何与曲线几何的座椅造型

(3) 座椅的点、线、面形态

如图 5-62 所示，点在飞机乘客座椅造型设计中的运用主要体现在按键形态设计中，通过语意提示乘客正确的按键操作。线是形的轮廓，轮廓由线构成，关系着形态的美与丑，线分为曲线与直线，硬朗的直线和柔润的弧线同时左右着形的性格。线的应用主要体现在座椅造型

的轮廓与面料纹路上,采用动感、流畅的线编织的图案,寓意航班速度快、效率高;大块深色的面给人稳重、安全的视觉感觉。

图 5-62　座椅造型中的点、线、面

(4) 座椅的轻巧与稳重形态

经济舱乘客密集度比较高,需要更大的使用空间与视觉空间,所以经济舱座椅形态需表现出轻巧、通透的视觉效果;头等舱乘客密集度小,头等舱座椅的形态设计重在表现出稳重、豪华的视觉效果。提高经济舱乘客座椅重心,缩小底部面积,一般用架空处理的形式就可达到轻巧、透气的空间感;同样降低头等舱的重心,座椅底部封闭、垂直外轮廓线逐渐内收也能达到稳重的效果,如图 5-63 所示。

图 5-63　轻巧与稳重的座椅造型

3. 座椅的色彩特征

色彩可以使人变得快乐或是忧伤,可以使人感到轻松或是疲劳。通过色彩的视觉差,可以使物品看起来更大或是更小、更矮或是更高、更冷或是更热。颜色的对比,也可创造出空间更大的视觉错觉。飞机客舱里暗色的座椅可以给人带来安全和坚固的感受,而浅色让人感觉轻盈、温馨。

(1) 不同的乘客在颜色偏好方面存在着明显的差异

通过调查问卷与现场访问，红、绿和蓝色的飞机客舱座椅是较多乘客选择的结果。蓝色是天空最本质的颜色，象征着健康、纯净与深远，所以是飞机客舱设施(包括乘客座椅)使用率最高的色彩；绿色可以减少人眼睛的疲劳及舒缓精神紧张，在进行飞机客舱环境及设施设计时，设计师可参考大草原偏爱法则。比起其他类型的环境，人们对大草原环境的偏爱，也称为大草原假说(Savanna Hypothesis)。不管年龄与文化背景的异同，人们对大草原或类似公园一片绿油油的草地及零星散布的树木环境，具有普遍性的景观偏好，这种偏爱在儿童时代最为强烈。因此，在开展飞机客舱环境及设施设计时，可考虑类似大草原的环境与色彩，如图5-64所示。

图5-64　绿色调飞机客舱座椅设计

(2) 环境使用的颜色会影响乘客的偏好

相对深暗的颜色，乘客更喜欢浅淡颜色的座椅；相对不饱和的颜色，乘客更喜欢饱和颜色的座椅；座椅与客舱背景颜色相比较时，乘客更倾向于高对比度的组合，也就是深颜色的座椅与浅色的客舱组合，反之亦然。

(3) 乘客座椅色彩感性设计

用不同色调、明度和饱和度的概念词汇进行乘客座椅色彩感性设计研究的步骤如下：首先，使用两级形容词词汇如宽敞的-拥挤的、安静的-不安静的，来评价飞机客舱座椅的亮度；其次，通过因子分析，3种潜在因素被识别出来：活动因素(吸引人的、鲜艳的、快乐的)、评估因素(典雅的、精致的、舒服的、好的)、温暖因素(暖和的、闷的)。以“温暖”为例，色调的影响最大，红色被评为最温暖，绿色被评为中等、蓝色被评为低。增加明度，会使活动因素获得更高的评分。饱和度会影响评价因素，但是对活动因素的影响程度较少，随着饱和度的增加，评价因素的评分会急剧减小，但活动因素的评分会有所增加。

(4) 座椅色彩还需与文化象征、审美融合

评估客舱座椅的颜色实际上还需考虑是否会影响人们热舒适的感知，比如，人们在暖色(红色和橙色)前感到更温暖。每个国家地区都经历了不同的历史时期，都拥有不同的自然条件，由此沉淀出不同的文化背景与生活习惯，形成不同的思考和解决问题的方式，进而产生多样化的设计风格。经济舱座椅一般采用单色或者双色，单色的座椅色彩与客舱内饰色相接近，会起到整体和谐统一的视觉；单色座椅采用比客舱内饰色彩重的颜色，使人产生稳定的视觉感。商务舱或头等舱座椅采用双色系较多，更加突出座椅强大的使用功能与重量感。

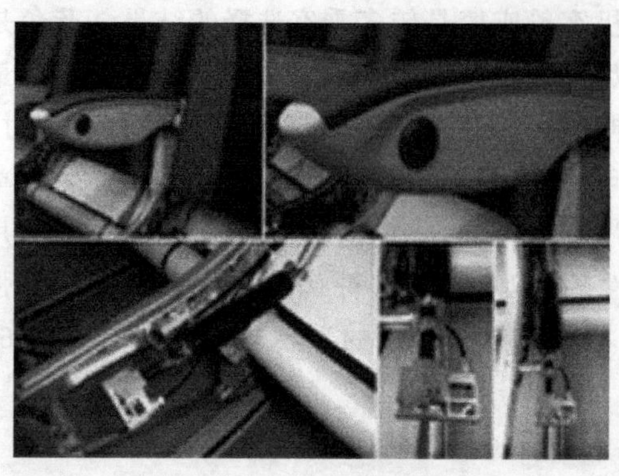

图 5-65 扶手上的 ERMS

4. 座椅结构优化特征

飞机乘客座椅结构的优化能提高安全性、改善可维护性、优化可操作性、兼顾舒适性。座椅扶手上的 ERMS(易释放模块系统)就是优化可操作性的体现，如图 5-65 所示。ERMS 是一种气体弹簧控制的高效机电系统，最适合乘客座椅背部的机械调整。ERMS 重量轻，只需要在扶手控制按键上施加很小的压力，就能恢复座椅的初始状态，最重要的是机舱可以控制该系统。当飞机将要起飞或者降落时，机组人员可以统一调整座椅的倾斜。

结合功能分析系统技术法(FAST)与发明问题解决理论(TRIZ)确定并解决飞机乘客座椅功能整合过程中产生的矛盾，提出结构优化设计方案。

(1) 需求与发明原理匹配

利用 TRIZ 理论对矛盾类型进行确定与分析后，得到了对后续设计帮助较大的四种发明原理，现将乘客需求与发明原理进行匹配，明确设计方向，匹配关系如表 5-13 所列。乘客的需求主要分为三大类，即调节需求、置物需求与充电需求，每项需求都有发明原理与之对应。触摸屏属于技术发明层面，照明在现有飞机上已经满足，所以将这两项需求剔除。

表 5-13 需求与发明原理匹配

用户需求	发明原理
可调节头枕	发明原理 15(动态化)、发明原理 7(嵌套)
可调节屏幕	
靠背调节	
置物空间	明原理 1(分割)、发明原理 17(维数变化)
物品收纳	
可充电	发明原理 7(嵌套)

(2) 座椅结构功能设计

① 调节功能设计。在用户需求中所提到的调节需求有三种，这三种调节主要都以乘客施加作用力的被动调节为主。根据动态化发明原理与嵌套发明原理，可以用电能驱动的调节方式来代替这种机械化、被动式的调节方式，即乘客只需要通过按钮等方式来操作，即可实现对应需求。头枕的主要功能是为了乘客在睡眠时可以倚靠，通过将头枕内的骨架结构设计为三片式的折叠结构，通过电能传动，实现 A、B 两侧的金属片向内翻折，让乘客可以通过按钮来调节头枕角度，而无需手动调节头枕的翻折角度。飞机乘客座椅靠背的调节主要利用机械传动结构实现，乘客在按压调节按钮后，传动装置解锁，乘客通过后仰的力量将座椅靠背向后压倒。通过固定螺杆旋转带动滑块的方式可以代替机械传动方式来精确地控制座椅靠背后倾角度，对于不同的行为需求预设不同的靠背角度，乘客通过按钮就可以获得合适的靠背角度，同时电

能驱动的方式也能减少前后排乘客因为机械式调节方式的不可控性而产生的矛盾。两种调节方式的结构设计如图 5-66 所示。IFE 屏幕的电动调节却存在困难,因为 IFE 屏幕安装于前排座椅上,若需要完成后排座椅对前排座椅 IFE 屏幕的控制可能会使系统复杂程度陡然上升,同时增加不必要的成本,因此 IFE 屏幕的调节方式仍保持原状,即利用转轴结构,由乘客手动进行调节。

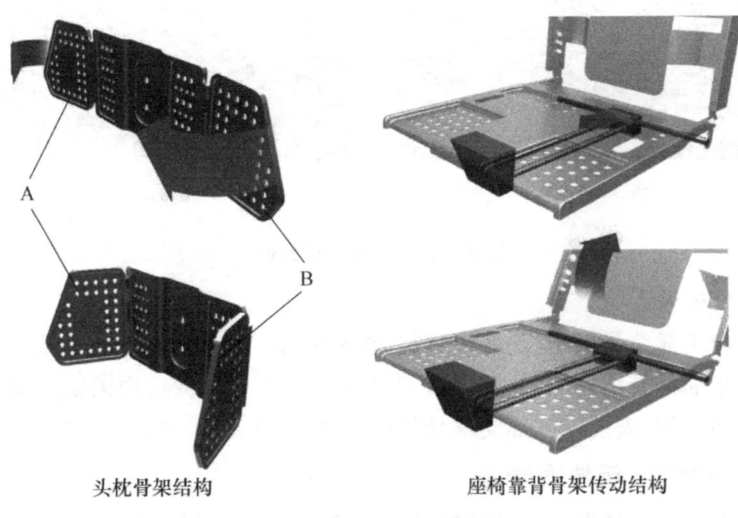

头枕骨架结构　　座椅靠背骨架传动结构

图 5-66　座椅调节功能结构设计

② 置物空间与收纳设计。飞机乘客座椅的置物与收纳功能主要由小桌板和杂志袋实现。根据分割发明原理,保证 IFE 屏幕与小桌板所必要的空间外,还可以对靠背背板进行合理的分割,在 IFE 屏幕与小桌板之间的空隙处分割出一块圆角矩形区域,再结合维数变化发明原理与嵌套发明原理,分割出的圆角矩形区域通过增加伸缩结构,使原本是平面的靠背背板发生维数变化,形成类似抽屉一样的结构,方便乘客将一些容易遗失的小物件放置在其中。同时,小桌板本身也能通过分割实现更多元化的置物需求,将小桌板的外边缘进行分割后,结合维数变化发明原理,利用卡扣结构使小桌板可以达到倾斜的状态,以此满足乘客放置书本或是平板电脑等多元化的使用需求,如图 5-67 所示。

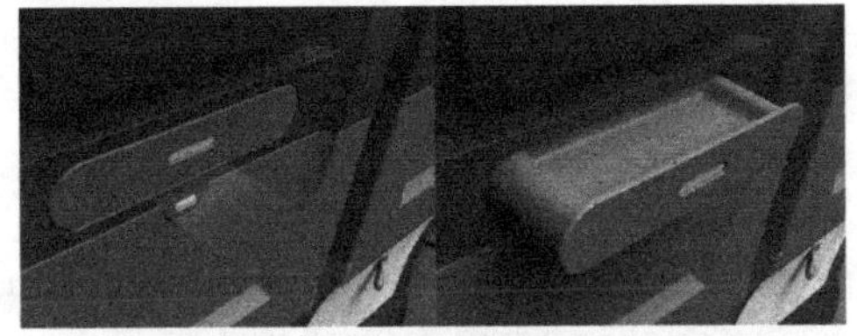

应用分割、嵌套、维数变化发明原理的收纳盒

应用分割、维数变化发明原理的小桌板

图 5-67　置物空间与收纳设计

③ 充电位置设计。经济舱飞机乘客座椅的充电位置多置于两个座椅坐垫之间的下方,因为高度相对较低,乘客在使用时会产生诸多不便。根据嵌套发明原理,可以将充电口设置在扶手上,乘客在使用时无须再弯腰寻找电源插孔的位置,并且在保证了使用便利的同时也减少了多余的外露结构。前文所述的通过维数变化与分割发明原理实现的收纳功能也可以加入无线充电功能,通过在弹出结构中加入线圈,乘客

就可以在不使用手机的时候将手机放入其中充电，如图 5－68 所示。

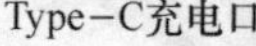
Type－C充电口

无线充电

图 5－68　充电位置设计

(3) 座椅结构布局

飞机乘客座椅由靠背骨架、坐垫底板骨架、头枕骨架、支撑骨架组成主体部分。每个座椅右侧的扶手均可依靠翻转结构抬起，其内部有对应的电子与机械结构来实现调节功能。供能的电池组合理利用空间，安装在底部支撑骨架的空隙上，如图 5－69 和图 5－70 所示。

5. 座椅的新材质、新技术特征

飞机客舱乘客座椅造型设计的材料需要同时满足航空公司与乘客的需求，在功效性、科技性和赋予现代美感的造型之间取得完美的平衡。航空公司对客舱乘客座椅材料的要求包括：重量轻、节省能耗；复合材料和钛金属配比平衡，座椅结构柔韧性好。

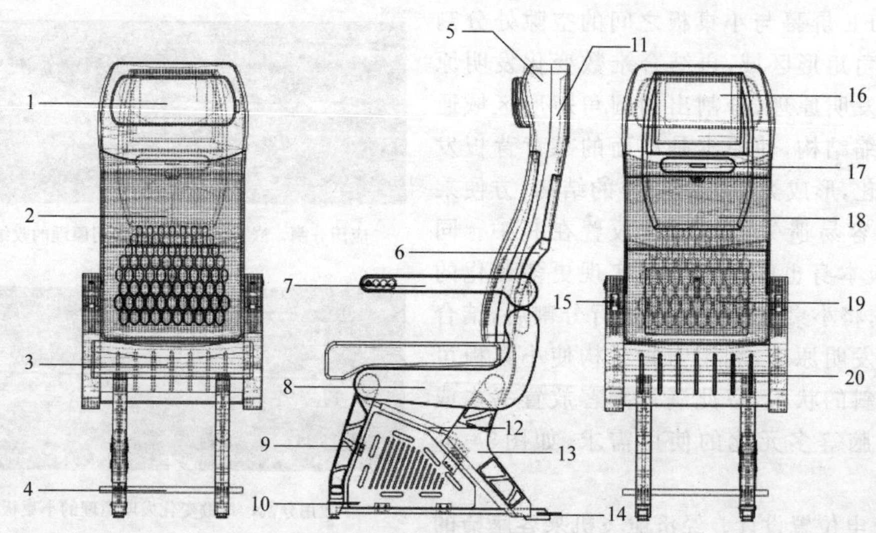

1—座椅头枕；2—座椅靠垫；3—座椅坐垫；4—行李固定杆；5—靠背骨架；6—小桌板连接件；7—扶手；8—扶手挡板；9—前侧支撑骨架；10—电池；11—座椅靠背背板；12—支撑连接件；13—后侧支撑骨架；14—底部连接件；15—扶手连接转轴结构；16—IFE屏幕；17—无线充电收纳；18—小桌板；19—杂志袋；20—后侧挡板

图 5－69　飞机乘客座椅结构分布图

(1) 座椅面料质感设计的要求

颜色与纹理要匹配；质量轻，减少燃油消耗和机舱整体重量；耐久性，确保受气候温度变化的影响小，防止褪色和斑点；舒适度不受温度的影响，在热的环境中保持凉爽的触觉；清洗方便，表面的保护层增强耐污性，如防止圆珠笔划痕、牛仔转移的污渍等；透气性好；满足健康的客舱空气品质标准；更轻、薄、耐用。如图 5－71 所示，0.35 mm 厚的不锈钢材料用在“挑战者350”客舱座椅上，视觉上感受的却是厚实与坚硬。

图 5－70　飞机乘客座椅结构优化设计效果图

图 5－71　更轻、薄、耐用的座椅装饰材质

(2) 座椅的 3D 打印技术与材料

飞机客舱乘客座椅新技术、新材料的应用一般要满足两个条件：第一，新技术、新材料应该是经济的。飞机客舱乘客座椅造型可以通过三维扫描与 3D 打印技术来实现更适合人体和更加轻便的座椅设计。第二，能更广泛应用的材料必须有可用性，包括具有无毒、隔热、阻燃等性能。采用 3D 打印技术就需要降低材料成本、增加打印速度。图 5－72 所示为 SABIC 设计的商务经济舱座椅，采用树脂纤维材料(一种先进的热塑性材料)实现 3D 打印技术，用 15 个 3D 打印组件代替传统座椅 200 个复杂结构件。铝镁合金、碳纤维等新型材料在乘客座椅上的应用，可减重 30％以上；模块化座椅关键结构件加工技术可以解决材料去除率大等问题，节省经济成本。

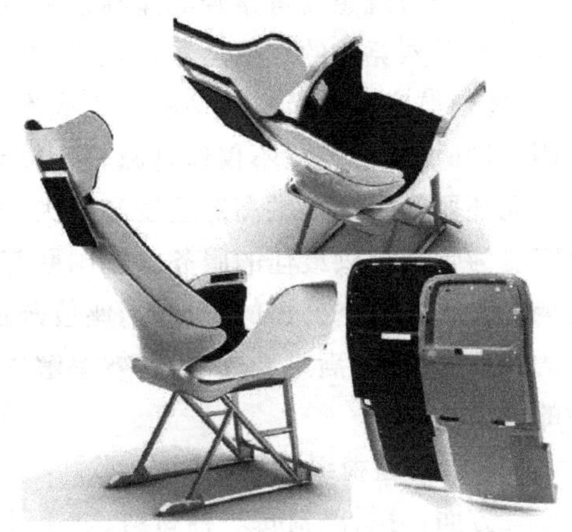

图 5－72　3D 打印座椅设计

(3) 座椅材料的物理安全与感官安全的平衡

飞机乘客座椅材料的选择是非常有限的，还要以减轻重量为目标，符合防火、阻燃、隔热等适航标准。在设计中可以使用一些看起来或摸起来像木头纹路、金属和皮革质感的材质，既有层次美感，又符合客舱座椅安全性的要求，从而获得艺术性与技术性的平衡。

(4) 座椅的智能化技术

智能化客舱座椅是未来的发展趋势。乘客已不满足现有座椅的基本功能，对信息交互性、便利性、简约性等有了更高的追求。智能化座椅能够给乘客带来最舒适的心理感受和最便利的服务，将是未来快节奏生活中的一个重要发展方向。图 5－73 所示为航空智能座椅概念设计，仿生龟壳的椅背是一个完整的触控显示屏，乘客通过触控显示屏可以娱乐与购物，还可以完成点餐、聊天、预订目的地酒店、健康监控等活动,并且座椅有坐、卧、躺、工作、看书、进餐、娱乐等多种模式供乘客选择。仿生人体脊椎结构而设计的靠背内曲线,可以根据乘客的体型自动无间隙全包围地调整。

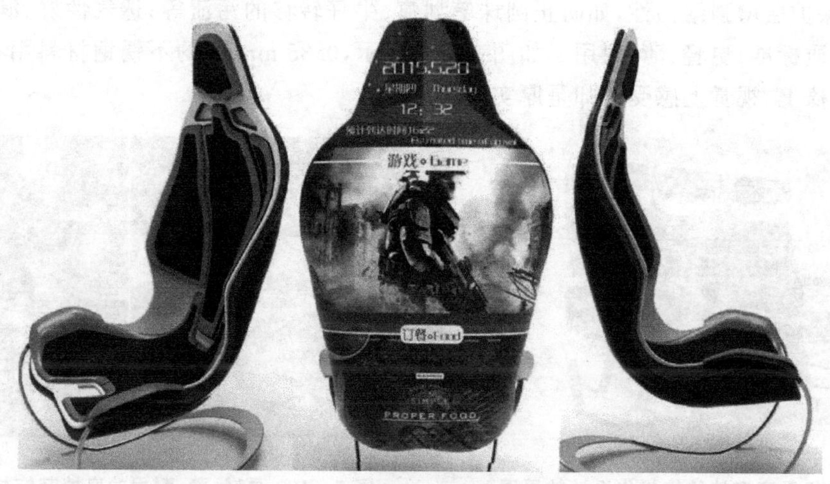

图 5-73　智能航空座椅概念设计

6. 座椅的生态特征

(1) 航空公司一直寻求一个矛盾的平衡

航空公司既想要重量轻的座椅以减轻燃料消耗,又希望有更多的乘客数量以确保更大的盈利。在激烈竞争的航空运输行业中,在航空燃油高价格的大环境下,每减少客舱一千克的重量,就能使航空公司节省更多的经济成本,减少碳排放量,因此座椅重量起着至关重要的战略作用。同时,绿色客舱不仅仅是减轻座椅重量,还要保证座椅有更好的质量和更方便维修。航空公司还要为乘客提供高舒适度和更大的空间,因此需要苗条、具有流线造型的座椅装配到飞机客舱为乘客提供最佳的服务。德国联邦航空航天工业消费者协会做了一个调研,发现 93% 的乘客在选择航空公司的航班时,座位舒适度是一个重要的考虑因素。飞机客舱乘客座椅设计的目标:一方面满足低成本、高效率解决方案的要求;另一方面以顾客为导向,满足乘客舒适性的需求。

(2) 乘客座椅绿色设计

一方面,分析座椅每一种材料、加工技术和制造工艺可达到的最小重量;另一方面,注重对环境气候的保护,在座椅生产过程中,科学系统地评估座椅产品整个生命周期的环境性能,对座椅所有零部件进行评估,评估其对环境的整体影响,评估产品在生产过程与使用过程中所消耗的能量和二氧化碳排放量,通过系统地研究与创新改善整个产品的生命周期。

5.3.3　环境的层面

飞机客舱环境(空间、灯光氛围、温度、气味等)、座位活动空间及相关设施、乘客座椅使用环境组成了乘客座椅的环境层面,乘客座椅的环境层面是系统的、重复的、多个元素的组合,环境氛围营造的好与坏会影响甚至改变乘客的思维方式与行为习惯。

1. 两个重要环境因素

乘客在飞机客舱中持续的时间和所进行的活动是影响安全与舒适的两个重要环境因素。通过对乘客问卷调查、访问、观察研究得出结论：

① 乘客乘坐飞机 2 个小时后能起身站立，不舒适感会降低很多；长途飞行中，大多数乘客认为经历了 6 个小时飞行后，在客舱中行走有利于恢复精神。

② 乘客在座椅上有 6 个主要的活动和 8 个主要的姿势。乘客的 6 个主要活动分别是：睡觉、阅读、娱乐、交谈、工作与进餐；8 个主要姿势分别是：全身 180°平躺姿势；双脚放在脚踏上，上半身向后斜躺姿势；双脚离地，且大腿与小腿 180°水平，上半身向后斜躺姿势；双脚落地，上半身向后斜躺姿势；双脚放在脚踏上，垂直坐姿；双脚落地，垂直坐姿；双脚落地，侧身与邻座乘客交谈的坐姿；双脚落地，上半身前倾且低头工作、进餐、阅读的姿势。

③ 基于乘客的身体活动与姿势，乘客首选可调性座椅。研究乘客在客舱座椅上不同的动态活动与姿势，评估座椅舒适度，其目的是根据乘客活动和身体姿势确定理想的座位参数。研究结果发现，椅盆的深度与人的身高有关，座椅的调节与人开展的活动有关；通过小桌板对腰椎支撑的研究发现，当乘客在小桌板上使用笔记本电脑工作时，与阅读相比较，乘客更希望小桌板低一些、靠近身体一些。

2. 飞行旅途中令乘客精神愉悦的主要活动

(1) 良好的睡眠是乘客感觉精神愉悦的一个重要因素

运用生物研究的方法对飞行旅途中乘客的睡眠质量进行测试，当乘客完成一个连续性、高质量的睡眠后，被空乘人员轻声唤醒，这样会让人感觉非常良好。代尔夫特理工大学师生进行了一项影响乘客在飞行过程中精神振作的因素研究：总共访问了 114 名旅客，其中年龄为 16～63 岁，访问他们在飞行(短途或长途)中什么是最令人愉悦、开心、兴奋的活动。主要选择短途航班(不少于 2 个小时)和长途(超过 6 小时)的乘客进行访问。约三分之一的乘客认为餐饮后感到精神振作，机上好的睡眠也是一大因素，也有部分乘客选择阅读和看电影是令人愉悦的活动。新加坡航空公司通过设计优良的座椅来提高乘客的乘机旅行愉悦感，如为经济舱座椅增加 IFE 设施，IFE 显示器通过角度变化集成阅读灯的功能；通过可以完全平躺的头等舱座椅、酒店客房的氛围与环境帮助乘客更好地睡眠，空乘轻声唤醒乘客的服务也能给乘客带来更好的飞行体验，如图 5－74 所示。

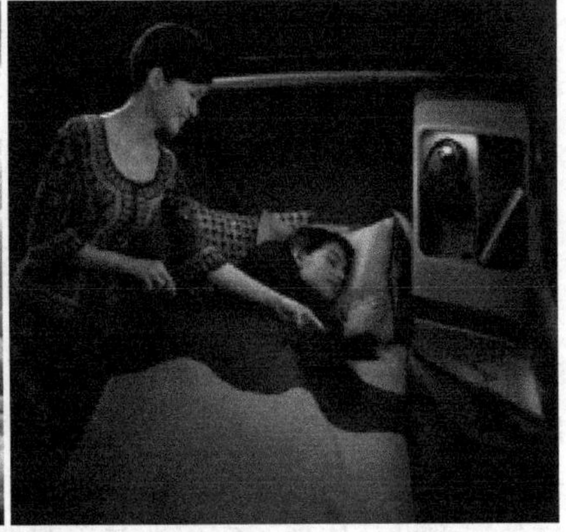

图 5－74　让乘客感觉愉悦的客舱座椅设计

(2) 时常放松是乘客感觉精神愉悦的另一个重要因素

乘客在封闭、狭窄的飞机客舱座椅上长时间保持固定的坐姿，非常需要活动身体来缓解不适感，如手的动作和姿势调整对抗疲劳很有效。通过对座椅进行改良设计能提高乘客的舒适感，Franz 提出在座椅的靠背中加入一个轻量级的按摩功能可以有效缓解疲劳。

上述研究表明，乘客从进入客舱，再到结束飞行旅程，其过程中航空公司提供的美味餐饮、体验式的 IFE、舒适与安静的阅读、高质量的睡眠等都能够让乘客感到精神愉悦；提供自助式锻炼或在座椅上游戏、激励乘客在飞机客舱里散步，可以使长时间久坐的乘客缓解与放松身体疲劳。这个结论为飞机乘客座椅及相关设施造型安全人机设计提供了理论基础。图 5-75 所示为笔者设计的具有游戏功能的经济舱座椅。

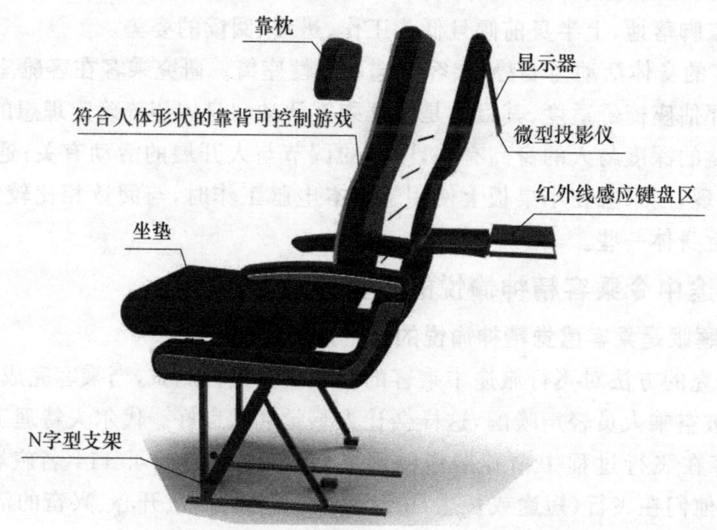

图 5-75　具有游戏体验功能的经济舱座椅设计

5.3.4　文化与美学层面

飞机乘客座椅造型的文化与美学特征是通过象征联想、符号意义的手法展现出来的。以用户为中心，通过网络问卷调查用户对经济舱座椅面料的色彩、花纹、图案搭配的不满与期待；分析问卷调查结果，在此基础上进行方案设计，并通过效果图展现，再次进行问卷实验，在定性、定量结合的基础上开展色彩、花纹、图案搭配的创新设计。

(1) “中国风”配色方案

笔者曾为国内某款经济舱座椅设计了系列“中国风”配色方案，分别提取了中国传统京剧脸谱的蓝脸、金脸、黑脸、白脸、紫脸、红脸的元素，并应用到头枕、靠背以及杂志袋上，体现出雅致热情的本土文化。中国传统文化在座椅上的应用能让乘客找到归属感，增强民族自信心，如图 5-76 所示。

(2) 人性化的杂志袋

“紫脸”的线构成了整个杂志袋，也是“中国风”元素的再次延伸与呼应。镂空的杂志袋更轻、更薄，为乘客留出更大的膝部空间，方便乘务员清洁垃圾，还具有提醒乘客不要遗漏物品的功效。杂志袋的造型设计体现了实用性与美观性的平衡，如图 5-77 所示。

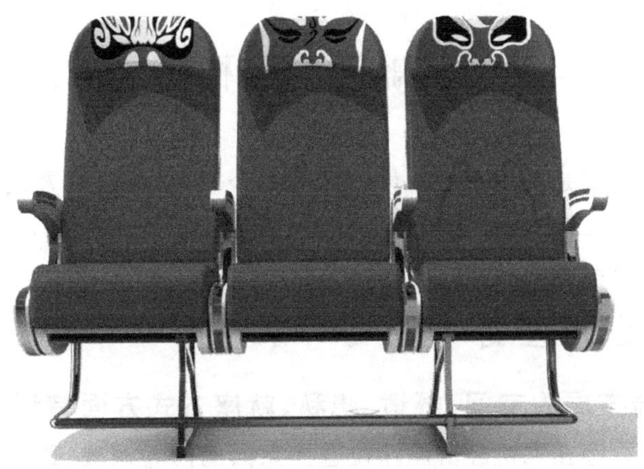

图 5-76　“紫脸”经济舱座椅造型设计

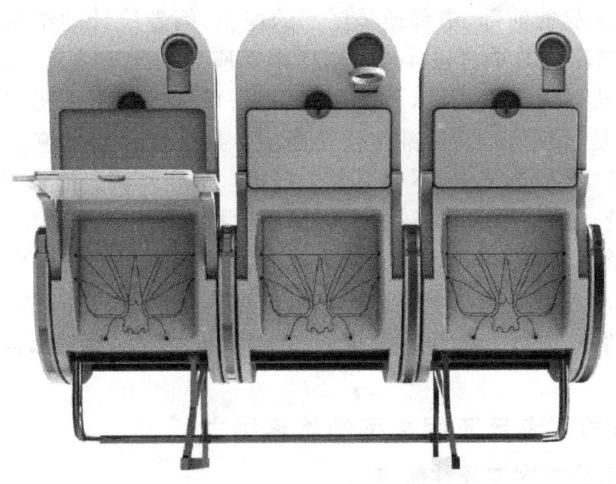

图 5-77　杂志袋造型设计

(3) 多功能的扶手与小桌板

运用“X 轴一分为二”法对中间座椅扶手进行造型设计，为乘客增加了额外的扶手空间；小桌板的造型创新点在于集成了抽屉功能，可以放置乘客的手机、耳机等随身小物品，如图 5-78所示。

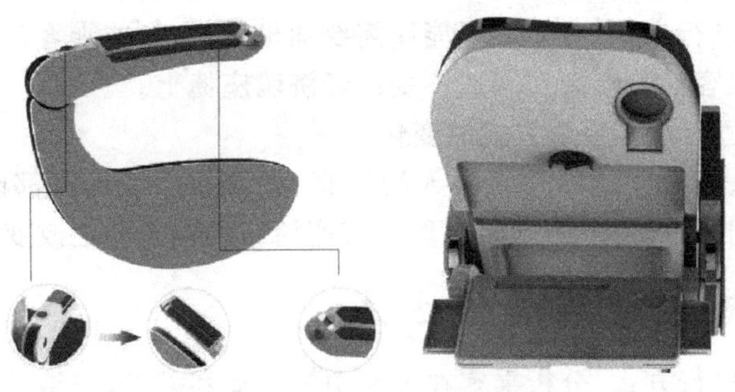

图 5-78　扶手与小桌板造型设计

5.4 经济舱乘客座椅布局方法

经济舱乘客座椅布局是民用飞机总体设计的一个重要内容，涉及安全性、人机舒适性、情感隐私性、差异性、经济性、生态性等功效，其布局方法是在飞机客舱设施造型安全人机设计方法与原则基础之上进行细化。

5.4.1 乘客对座椅布局的诉求

1. 乘客对座椅布局的空间、舒适、隐私、就座方式方面有诉求

笔者曾做过关于乘客在飞机经济舱座位选择意向的问卷调查，最前排和靠近紧急逃生舱门的座位不在问卷调研之列(排除座位空间大的选项)。问卷分两部分，一部分是经济舱前部、中部和尾部座位的选择及理由；另一部分是靠窗、靠通道和中间座位的选择及理由。首先，询问乘客更愿意选择经济舱的前部、中部还是尾部的座位，问卷统计的结果是：选择前部座位的乘客占48%，选择中部座位的乘客占49%，选择尾部座位的乘客占3%。乘客选择前部座位的理由是：噪声小；登机时通道太拥堵，不愿意往后走；可以提前下飞机；先拿到餐饮等。乘客选择中部座位的理由是：最平稳，前后部座位较颠簸。乘客选择后部座位的理由是：去盥洗室方便；后部座位可能有空位，更宽敞，不会被旁人打扰。进一步调研靠窗、靠通道和中间座位乘客的选择意向，问卷统计的结果是：65%的乘客愿意选择靠窗座位，剩下35%的乘客选择靠近通道的座位，没有乘客愿意选择中间座位。乘客选择靠窗的座位的理由是：可以看窗外的景色；睡觉不被干扰；窗户可以依靠。乘客选择靠近通道座位的理由是：活动空间大；就座方便；上厕所不打扰邻座乘客。通过分析问卷调查的结果，发现乘客对座椅布局的空间、舒适、隐私、就座方式方面有诉求。

2. 乘客座椅布局要满足不同类型的旅客需求

(1) 座椅布局要适合乘客差异性需求

有些乘客需要更多的隐私空间，有些弱势群体乘客需要更多的帮助，而有些乘客仅仅需要IFE设施。例如，一个大体型乘客坐在中间的座位，左右两边或后排中间乘客所感受的尴尬是可以想象的；独自出行的年轻女性乘客、带着一个小孩的妈妈、老年人、残疾人，或者一家人集体出行等，这些乘客都有他们特定的需求。

(2) 座椅布局要随着飞行时间的长短而改变

乘客的需求有太多的变化，这些变化往往取决于飞行过程时间的长短和乘坐飞机的潜在需求等因素而定。在飞行中，有些乘客可能还需要加班工作，有些乘客是回家的途中需要放松休息，但是所有这些乘客都被限定在一成不变的经济舱座椅上。

(3) 座椅布局要适应乘客生活方式的变化

人们的工作模式、放松方式以及人与人沟通交流的技巧、工具等都已发生翻天覆地的变化，这些变化也延伸到空中旅程中，飞机客舱乘客座椅布局也应随之改变。

5.4.2 乘客座椅布局的方法

针对当前乘客的出行方式，分析乘客在客舱中的活动和需求，归纳总结经济舱座椅布局的方法如下：

1. 差异法

当我们处理以人为中心的问题的时候，首先是辨别差异性。差异法是通过对乘客的功能需求、人机舒适、情感等因素的差异进行分析，在现有的客舱座椅布局上寻求改进的一种方法。飞机客舱中的乘客各种各样，高矮与胖瘦、欲望与要求、品味与期望都有差异。乘客对机上功能的诉求也有差异，希望睡觉休息的乘客可去休息舱、希望休闲娱乐的乘客可去娱乐舱、希望工作的乘客可去商务办公舱、希望进餐的乘客可去餐饮舱等，这些功能需求的差异会改变现有经济舱、商务舱、头等舱单一的客舱布局。

图 5－79 所示为使用差异法构思的经济舱"变形座椅"的布局设计，应用了新材料和灵活性的设计理念，可横向调整座位宽度，允许航空公司把一排三个座位变成一排两个座位，可以将高密度经济舱座位非常快速地转换成低密度的经济舱座位。"变形座椅"布局设计是旅行行业的一个革命性的创新。航空公司为那些有需求、有能力支付更多空间的乘客提供选择，从而模糊舱位等级的界限。乘客也有了更多选择的模式，他们不是在购买一个座位，而是在购买不同的空间，获得量身定做且更舒适的个性化座位。体型较小的乘客，可以出售他们的多余空间给那些需要更大、更多空间的乘客，比如那些需要在机上工作的商务旅客，或者需要更多空间照顾自己孩子的母亲，或想要更多隐私空间的乘客。

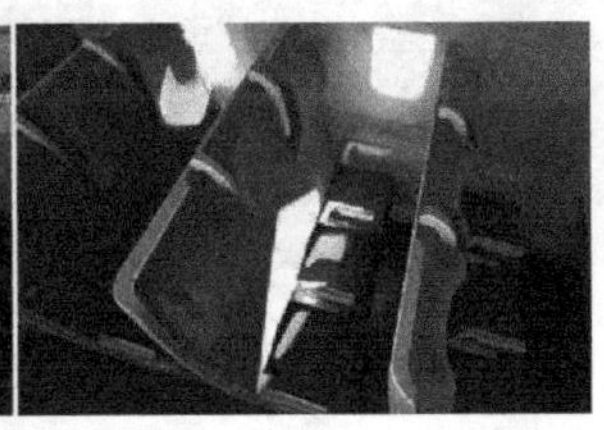

图 5－79　"变形座椅"布局设计

2. 替换法

替换法即使用功能更强、造型更美、成本更低的设施替换现有的乘客座椅设施的一种创新方法。经济舱乘客座椅布局替换法一般有功能的替换、形态的替换、使用空间的替换等，经济舱座椅布局设计通常几种替换方法结合使用。图 5－80 所示为使用空间替换法创意设计的飞机客舱双层座椅布局，双层座椅布局代替单层座椅布局能为航空公司节省成本，为乘客提供更多的活动空间；功能替换法使乘客座椅卧与坐的功能更加灵活，乘客可以舒适地交替使用。

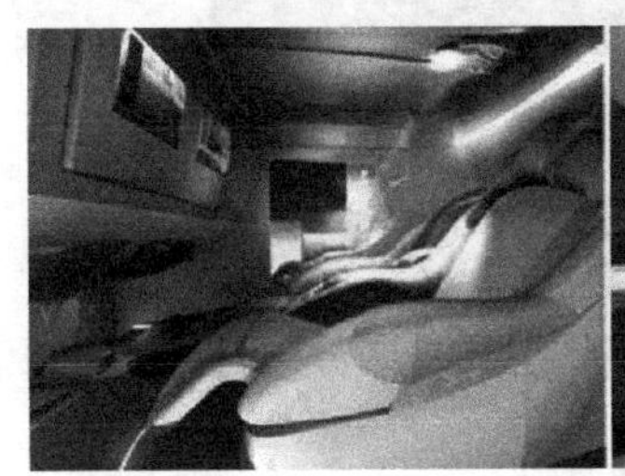

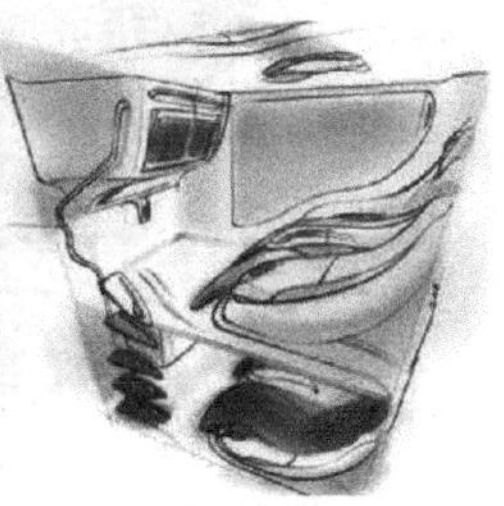

图 5－80　替换法座椅布局设计

3. 生态足迹分析法

飞机客舱生态足迹分析法是 PSS 绿色设计的方法，就是对按照预计的航程所承载的一定

数量的乘客在客舱中生活与活动所需的资源配置与消耗、能源供给、废物收纳与处理等生态系统进行设计。

运用生态足迹分析法研究民航飞机客舱乘客的生态足迹并进行座位布局，是“绿色航空”创意设计的一种方法。以双通道窄体飞机座椅创新布局设计为例，由葡萄牙航空复合材料机构、Alma 设计公司、INEGI(墨西哥国家统计局)、SETsa(加工公司)、里斯本大学以及巴西航空公司共同合作研发的双通道窄体飞机座椅创新布局如图 5－81 所示。该设计方案立足于 150 个座位、7 400 千米航程范围的窄体飞机客舱，力求通过生态足迹计算减少能耗、提高舒适性。该设计方案包括：①客舱采用 2－2－2 双通道座位布局(现有窄体飞机一般采用 3－3 单通道座位布局)，乘客能更高效地登机和下机，同时也可消除 1 排 3 座中间座位的“痛点”；②采用翻转式座椅设计可以更进一步减少乘客就坐时间。取消客舱顶部行李箱，可以有 2 125 mm 的垂直空间，乘客享受到更宽敞的客舱空间，而替代行李箱功能的是位于座位下部的大空间；③客舱中央入口处配置酒吧，自动售货机可以在任何时候为乘客提供服务，这样不占用空乘人员的服务时间，也为航空公司增加了额外的收入。

图 5－81　窄体客机“生态足迹分析法”座椅布局设计

4. 隐藏法

隐藏法就是在座椅布局中隐藏其他使用模式的方法。座位隐藏的使用模式与当前的使用模式不产生冲突，是并联设计的一种方法，通常以缩小、增大、折叠等方法进行隐藏。图 5－82 所示为“空中睡椅”设计概念，就是采用折叠隐藏法，将座椅从坐转变成卧的模式。

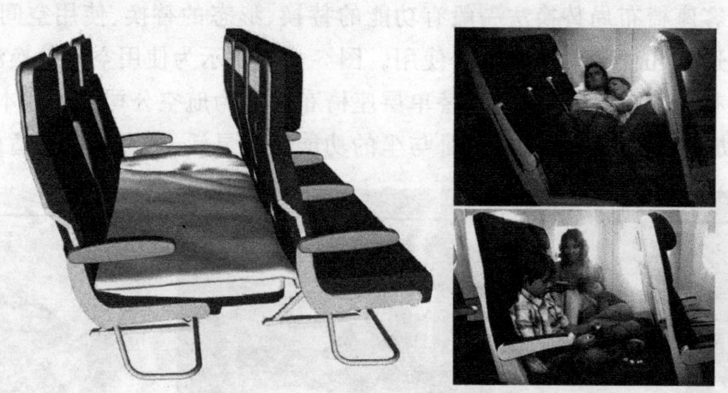

图 5－82　隐藏法座椅布局设计

5. 借用法

借用法座椅布局设计就是将客舱中一些乘客多余的座位空间通过“借用”的形式提供给需要更大座位空间的乘客。借用法也是逆向思维的方法，有意想不到的创新效果，以不改变飞机

客舱空间与座椅造型为原则，也属于“绿色航空”创意设计的方法。“自适应”座位布局设计就是借用法，如图 5－83 所示，针对不同乘客对座位间距的个性需求进行设计，飞机客舱座椅布局基本保持一致的座位间距，座椅间距大、多余的腿部空间无法提高儿童或偏瘦的小个乘客的舒适度，他们多余的空间反而可以空出来提供给高大体型乘客使用。在登机前，乘客提供自己的身高与体重给航空公司，机上乘务员会按照乘客的高矮对乘客进行混合排座。通过“自适应”座位的灵活性布局，乘客将会感到更舒适并且有了灵活的活动区域，最大限度与有效地发挥了客舱的功能。座椅保持原有的适航安全标准，可以利用现有的座椅轨道进行调节，通过无线智能控制前后移动，该客舱座椅布局创意容易在现有的客舱空间实现。

6. 极限法

极限法就是将座椅的人机尺寸、功能、形态特征、使用方式推进到极端，依据推理逻辑进行座椅布局创意的方法。“空中骑士”座椅布局设计如图 5－84 所示，是采用极限法设计的一种超高密度站式座椅布局（比传统的高密度座椅占用的空间还少），可应用于短程窄体飞机或低成本航空公司客舱布局中，为航空公司创造更大的收益。乘客坐“空中骑士”座椅像坐在小型摩托上一样，舒适且健康。座椅靠背结构由蜂窝夹芯板制成，可以容纳一个很薄的外围管状物，前排座椅靠背有助于减少后排乘客的撞击伤害。“空中骑士”座椅可布局在经济舱最后 10 排，或布局在盥洗室尾部，使飞机达到最大的客运量。

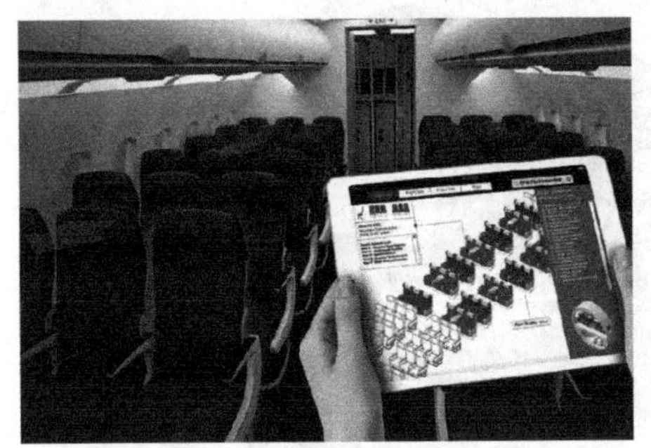

图 5－83　“自适应”座椅布局设计

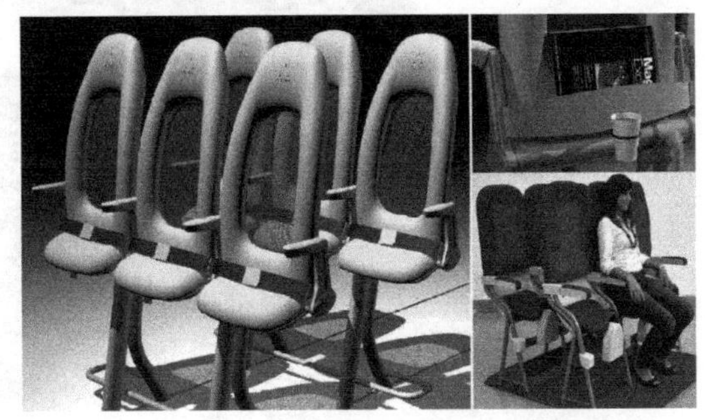

图 5－84　“空中骑士”座椅布局设计

7. “坐”“卧”结合法

“坐”“卧”结合法就是航空公司在经济舱提供座椅与卧铺两种客舱设施布局的设计方法，乘客可根据自己的需求选择购买服务。“坐”“卧”结合法布局设计原则如下：①为乘客提供可选择性；②布局设计具有灵活性；③提高客舱空间利用率；④一般在经济舱应用。每位乘客都有各自的期望值，如有的乘客仅希望购买低票价的座椅，满足简单、快捷交通的需求，有的乘客希望不花头等舱或商务舱的价格，却能拥有更多的空间与更好的睡眠，提高乘坐舒适度。经济舱“坐”“卧”结合布局创意方法能提高乘客的期望值，也为航空公司增加了额外的收入，如图 5－85所示。

8. 叠加法

叠加法座椅布局设计分为局部叠加和整体叠加两种方式，旨在更灵活、有效地利用客舱空间。局部叠加法座椅布局设计的目的是获得更舒适的座位空间，也不会使两个熟悉的乘客拉开距离；整体叠加法旨在为乘客获得更强大的功能。图 5－86 所示为整体叠加法座椅布局设计，两个独立的"包厢"式座椅连接处上方叠一个"包厢"式座椅，这样的叠加方式更稳定、更安全。

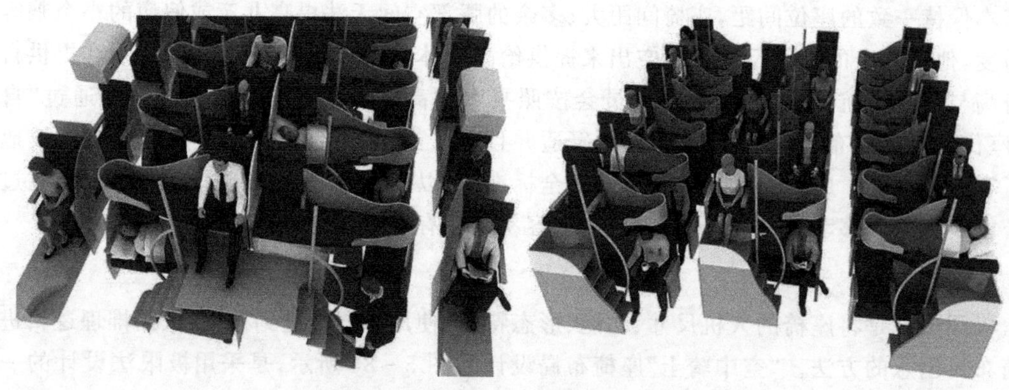

图 5－85 "坐""卧"结合法座椅布局设计

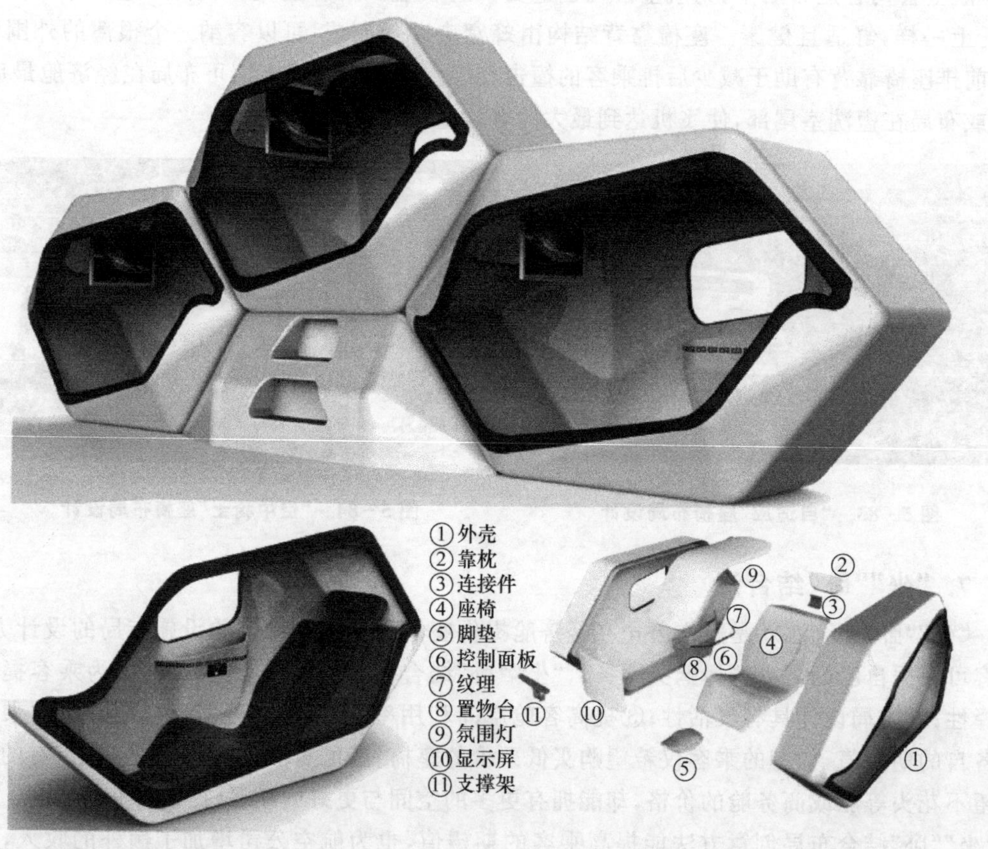

图 5－86 整体叠加法座椅布局设

9. 错位法

经济舱乘客座椅错位法布局设计具有最大化利用客舱空间、方便乘客进出、不干扰邻座乘客、更好的隐私安全等优点，主要分为"阴-阳"错位法、"曲折"错位法、"眼对眼"错位法、"阴-阳-阴"错位法、"上下"错位法、"前后"错位法座椅布局形式。

(1) “阴-阳”错位法

“阴-阳”错位法利用人的“肩宽腿窄”的体型特征，将两个座椅以“阴-阳”的形式错位组合成一个整体单元，如图 5 - 87 所示。“阴-阳”错位法座椅布局设计有三大作用：第一，乘客前后交错就座，满足不同乘客对座椅朝向的要求；第二，乘客可以直接从通道进入自己的座位空间，不影响邻座乘客；第三，可以布局更多的乘客座椅。

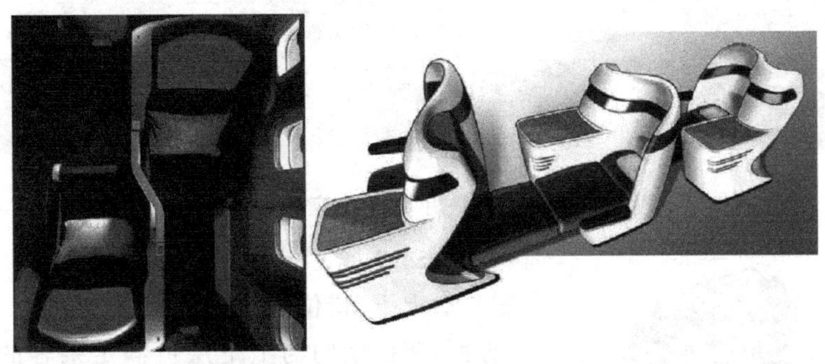

图 5 - 87　“阴-阳”错位法座椅布局设计

(2) “曲折”错位法

“曲折”错位法座位布局采用“之”形的曲折错开排列设计，如图 5 - 88 所示，其优点在于：每位乘客都可以获得更为独立的隐私空间；避免了争扶手的尴尬；乘客睡觉休息时，座椅靠背向右侧延伸，对身体侧靠起到支撑的作用。

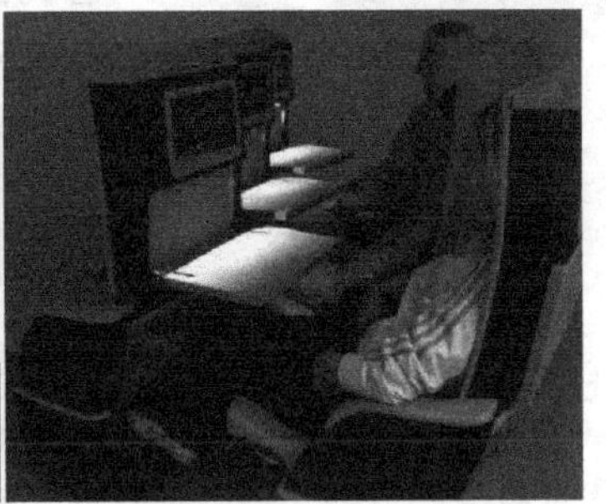

图 5 - 88　“曲折”错位法座椅布局设计

(3) “眼对眼”错位法

“眼对眼”错位法座椅布局让乘客的肩膀重叠，减少座位浪费的空间，如图 5 - 89 所示。向前朝向的座椅满足乘客观景需求，中间布局的向后朝向的座椅安全性更高。当飞机紧急制动时，向后朝向的座椅能更好地保护乘客的整个背部、颈部、头、胳膊和腿的部分区域。

图 5 - 89　“眼对眼”错位法座椅布局设计

(4) “阴-阳-阴”错位法

如图 5 - 90 所示，“阴-阳-阴”错位法的优点如下：①客舱空间利用率高；②为乘客提供更加隐私的环境；③航空公司为乘客提供灵活的座位选择，中间座位能享受比两边座位更大的空间；④三位乘客从通道走到座位非常方便，进出座位效率高，不干扰邻座乘客。

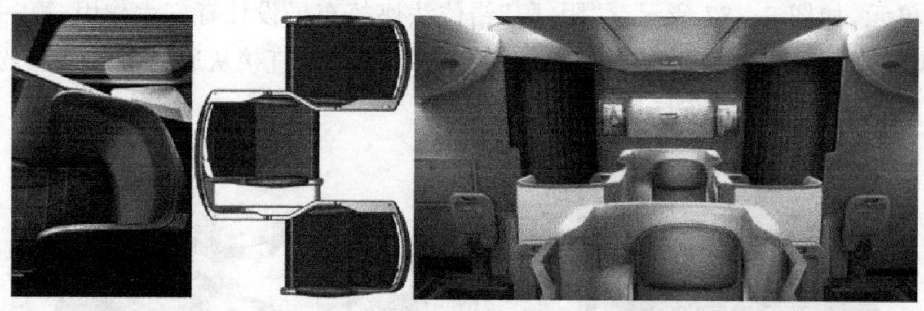

图 5-90 “阴-阳-阴”错位法座椅布局设计

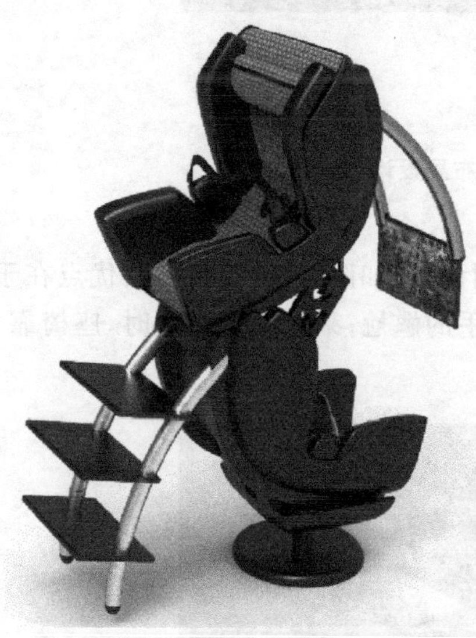

图 5-91 “上下”错位法座椅布局设计

(5) “上下”错位法

“上下”错位法座椅布局设计如图 5-91 所示。一方面，座椅朝向与上下层可满足乘客的不同喜好；另一方面，双层座椅最大化地利用了飞机客舱空间，增加了乘客数量。

(6) “前后”错位法

“前后”错位法一般用于经济舱一排三座的座椅布局设计，中间座位向前或向后错位，有利于三位乘客的隐私安全性与乘坐舒适性。

10. 乘客细分法

细分法是以乘客为中心的座椅布局设计方法。如图 5-92 左上图所示，座椅布局既有独立性功能，又能够为坐在一起的情侣提供共享晚餐的空间，提高了乘客的愉悦感。图 5-92 左下图是为一起乘机出行的家庭成员或团队提供一个像火车包厢的私密空间布局设计，不会受到客舱环境的干扰，也不会影响其他乘客的休息。图 5-92 右图所示为在最后一排座椅为情侣专门布局的空间。

图 5-92 乘客细分法座椅布局设计

11. 模块组合法

模块组合法座椅布局设计可分为单一模块(相同舱位座椅组合)与混合模块(不同舱位座椅组合)两种形式,是系统优化乘客座椅布局的一种方法。如图 5-93 所示,乘客可提前与航空公司预约,将单一的商务经济舱座椅布局改为商务会议室。

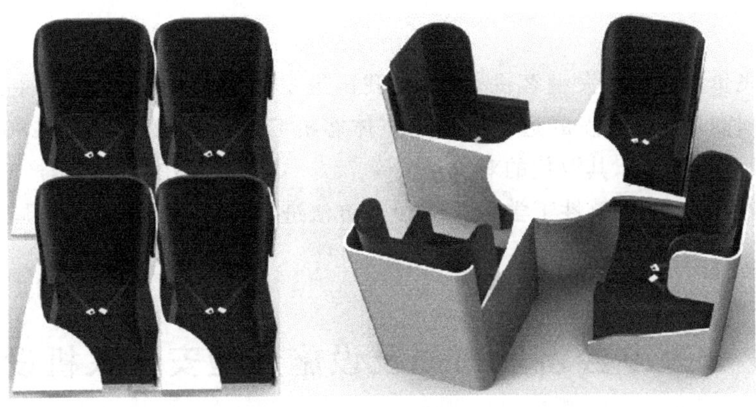

图 5-93　模块法商务经济舱座椅布局设计

第 6 章　对国产双通道宽体客机 C929 应用的研究

由中国商飞负责研制的大型客机 C929 是我国继中型客机 C919 之后自主设计的第二代大型客机。中国商飞正在研发的远程双通道宽体客机 C929 最大载客量为 280 座左右，机高 13 500 mm，航程 9 500 km，其取代的对象是波音 777。本章以正在研发的国产 C929 宽体大飞机客舱为原型，运用 TRIZ、感性工学与 PSS 设计方法进行客舱设施造型与布局的安全人机设计研究。

6.1　C929 经济舱布局及设施造型安全人机设计

在国产大型客机 C929 技术参数基础之上，研究商务经济舱合理布局以及相关设施造型的安全人机设计，分析乘客出行乘机模式与在客舱的各种行为方式和生理、心理特征，结合当前或具有一定前瞻性的科技，创新设计出更加符合未来国产宽体飞机客舱趋势的设施及布局，从而满足未来消费者的多层次、安全、健康、舒适、个性、智能、生态的需求。

6.1.1　C929 经济舱布局设计

1. 布局与内饰风格设计定位

(1) 良好睡眠是潜在需求

针对未来商务经济舱乘客出行的潜在需求进行分析研究，乘客主要分为商务人士、家庭乘员与学生三个群体，如图 6 - 1 所示。通过调研分析得出三个乘客群体乘机过程中的潜在需求如下：商务人士更加关注客舱办公、阅读与休息等功能，家庭乘员希望坐在一起进行交流、娱乐、共进餐饮等温馨的行为，学生群体更在乎通过丰富的 IFE 享受机上旅行体验。希望在客舱中得到良好的睡眠休息是三个被调研群体的共同需求。美国联合航空公司对商务舱乘客跟踪访谈超过 12 000 小时，访问他们在国际航班旅途中最看重的是什么，访谈结果是“良好的睡眠”排在首位。

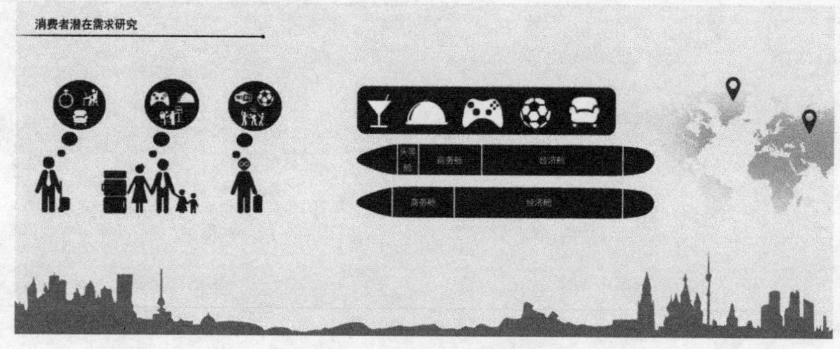

图 6 - 1　乘客出行潜在需求

(2) 客舱设施对乘客的安全与舒适性的影响

经济舱座椅的腿部空间、间距、座位形状与硬度、客舱服务、颠簸情况、噪声、照明与色彩、空气与气味、审美等都是影响乘客安全性和舒适性的因素。以人性化设计作为重点，飞机客舱设施的人性化设计主要体现在乘客使用客舱设施过程中生理、心理、审美和文化上的需求，以及乘客与乘务员的安全性和舒适性保障中。根据经济舱中不同乘客的个性化需求，可创新性地增设卧铺、空中免税店和休闲区的设计布局，如图 6-2 所示。

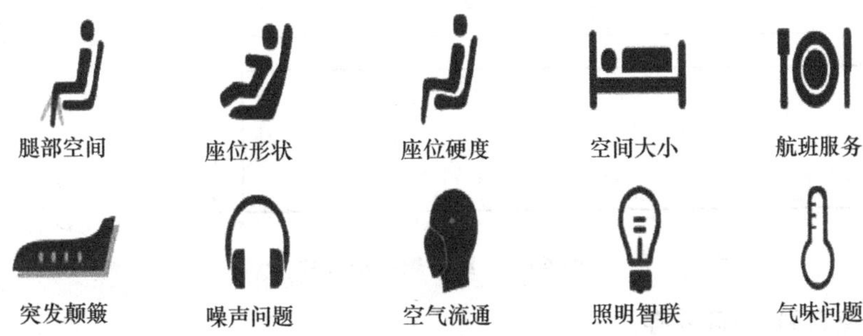

图 6-2　经济舱影响乘客安全与舒适性的因素

(3) 经济舱内饰设计风格的确定

运用意向尺度分析法调研乘客对经济舱内饰风格差异的喜好及近年来经济舱内饰风格的变化，如图 6-3 所示，选取现代与传统、柔和与硬朗两个词组对经济舱造型和风格进行分析，现代、柔和的风格更容易得到乘客的喜爱。同时，在飞机客舱设施造型设计中融入中国本土文化元素，使精神层面更具内涵美，视觉层面更具艺术形式美。

图 6-3　意向尺度分析法定位经济舱内饰风格

2. 布局上的创新

(1) 经济舱尺寸

经济舱长 29 315 mm×宽 5 963 mm×高 2 545 mm，如图 6－4 所示。

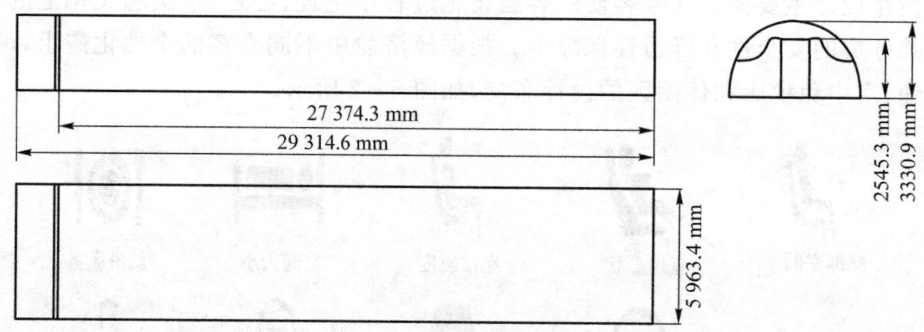

图 6－4　经济舱布局尺寸

(2) 双通道布局，坐卧并存

经济舱布局采用拼接式功能模块 PSS 设计的方法，就是将经济舱座椅与卧铺以“线型”结构进行功能模块组合连接，座椅模块与卧铺模块之间有各自不同的功能，使用功能上互不干扰，尺寸上不影响整体布局。

靠舷窗两侧各布局 1 排 3 座，共 27 排，卧铺尾部布局 2 个座位，共 164 个座位；经济舱中间区域布局卧铺，1 排 2 张卧铺床的宽度正好是 2 个座椅的宽度，卧铺上下双层、左右靠背，共 48 张，安装在地板导轨上，可模块组装与更换维护。经济舱中部两侧共设置 4 个盥洗室，对于经济舱，一般要求每 50 位或更少的乘客应配置一个盥洗室，每增加 55 位乘客应再加一个，当余数较大时，还要再加一个。C929 经济舱共容纳 164 位乘客，从舒适性考虑，经济舱布局 4 个盥洗室。盥洗室左右两边有两个紧急逃生舱门。

(3) 增加公共服务空间

图 6－5 所示为在经济舱中增加空中免税店与休闲区两个公共服务空间的布局。空中免税店布局在经济舱中间部位，连接前后卧铺，免税店两边预留两个紧急逃生通道。客舱休闲区布局在经济舱与商务舱的连接处，方便商务舱与经济舱的乘客共同使用，如图 6－6 所示。

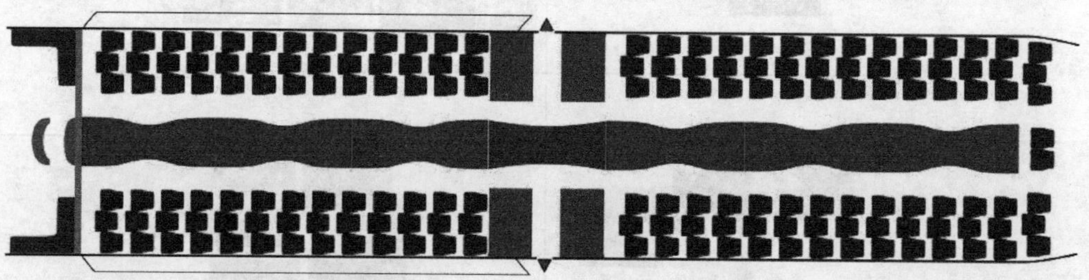

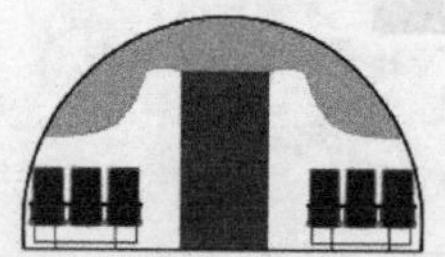

图 6－5　经济舱平面布局设计(彩图见封 3)

图 6-6　经济舱立体布局设计

(4) 全息投影技术的应用

乘客在乘机过程中希望通过大的舷窗来欣赏风景,但是大的舷窗会给飞机带来不安全的因素。首先,定义技术矛盾:机身既能切割出宽大的舷窗,又能不影响机身牢固性与安全性;其次,矛盾体现在要改善的通用工程参数:9-形状,恶化的通用工程参数:37-安全性;第三,查询矩阵矛盾;第四,运用 TRIZ 创新原理:26-用复制(品)(虚拟物体)[12]。采用全息投影技术将飞机外部风景实时投影显示,无窗化机身设计还可以降低飞机加工制造的复杂程度与制造成本,使机身更具可靠性,如图 6-7 和图 6-8 所示。

改善的通用工程参数	9 - 形状
恶化的通用工程参数	37 - 安全性

解决方案	28 替代机械系统（声、光、电磁或影响人类感觉）[5] 5 合并、组合 [37] 9 预先反作用（预先采取行动来抵消、控制、防止）[41] 26 用复制（品）（虚拟物体）[12] 17 转变到新空间维度 [20]

图 6-7　TRIZ 方法的无窗化机身设计

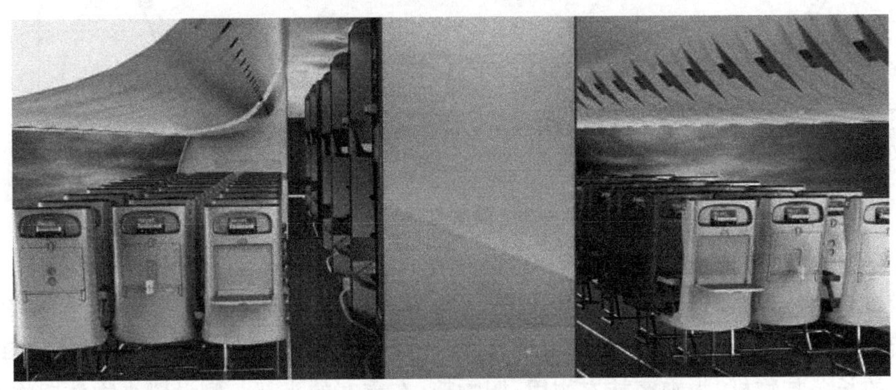

图 6-8　经济舱全息投影技术的应用

6.1.2 C929经济舱卧铺造型安全人机设计

1. 卧铺造型设计定位

卧铺能够使乘客得到更好的休息，但是卧铺因占用更大客舱空间而导致座位数量减少。运用TRIZ转变到新空间维度的方法，如图6-9所示，充分利用客舱上部空间，卧铺的数量正好是减少的座位数量。同时满足了旅客在经济舱有良好睡眠的诉求，航空公司通过高于座位价格的卧铺还得到更多的收益。

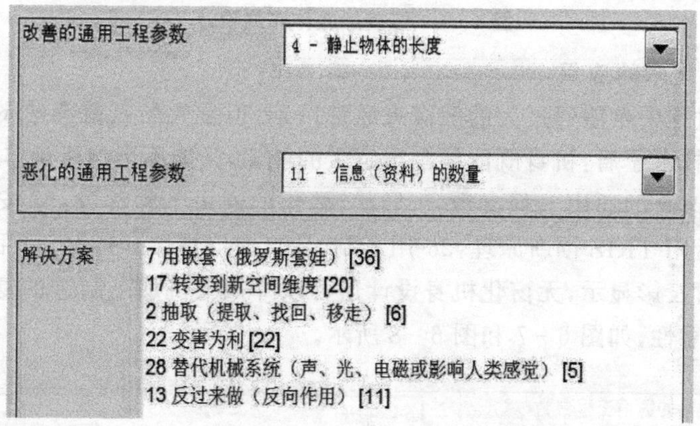

图6-9 TRIZ创新原理解决经济舱卧铺造型工程技术矛盾

2. 卧铺造型安全人机设计

(1) 卧铺人机尺寸

设计方案以成人人体尺寸为依据，遵循人肩宽腿窄的体型特征，充分利用飞机客舱的垂直空间，保证乘客躺卧活动空间的安全性与舒适度。客舱卧铺的尺寸：长2 000 mm×宽650 mm×高1 100 mm，如图6-10和图6-11所示。

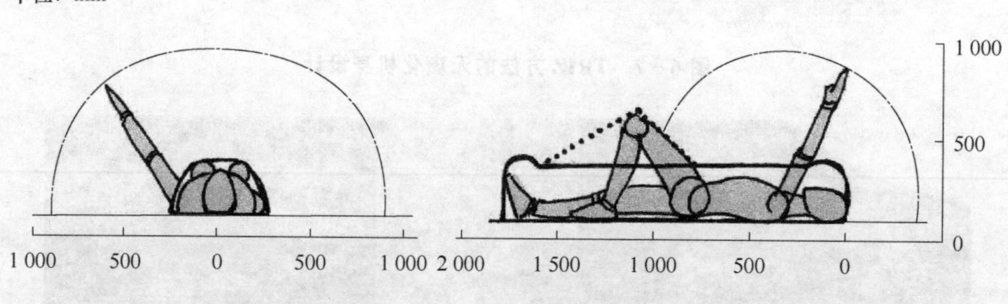

图6-10 乘客仰卧活动空间

(2) 卧铺主要配套设施

指示符号：指示符号设置在明显的位置，方便乘客快速找到自己的床铺，也易于乘务员识别服务指示灯；扶手：考虑乘客的使用习惯，便于上铺的乘客安全上下床铺；挂物杆：每个床铺设置独立的长条挂物杆，为乘客挂衣物用；搁物架：在乘客的头部一侧设置小物件搁物架，镂空状的造型设计提醒乘客下机时不遗落物品；呼叫按键：集成到小物件搁物架上，方便乘客操作；

USB 插槽:集成在床头搁物架上,满足乘客随身携带电子产品充电的需求;阅读灯;氛围灯;折叠餐桌;安全带;行李区域:卧铺行李舱位于下铺床板与客舱地板之间的空间,高度为 400 mm,比通道地板下沉 20 mm,可以防止行李滑出;放置鞋子隔板;床帘:一方面起到保护乘客隐私的作用,另一方面可阻挡客舱光源;IFE:机载娱乐设施配置能自由调节角度的 15.4 英寸可触显示屏,折叠收纳不占空间。经济舱卧铺设计方案如图 6-12 所示。

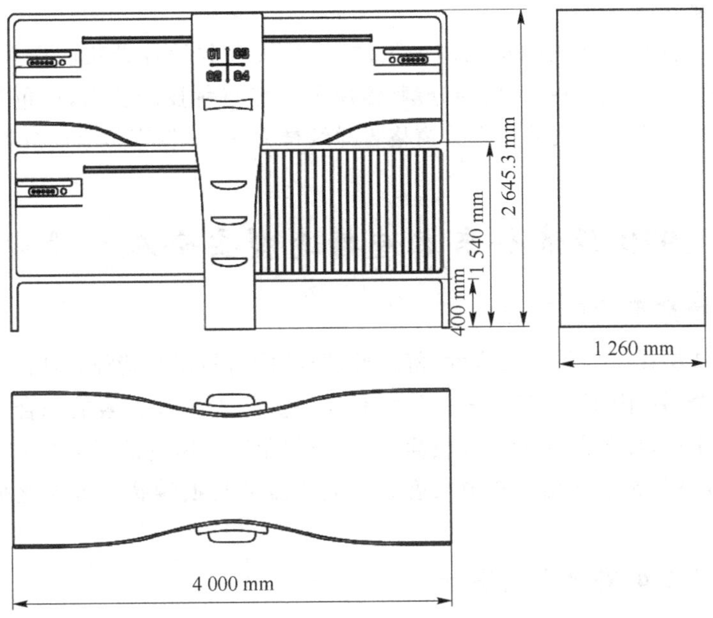

图 6-11　经济舱卧铺尺寸

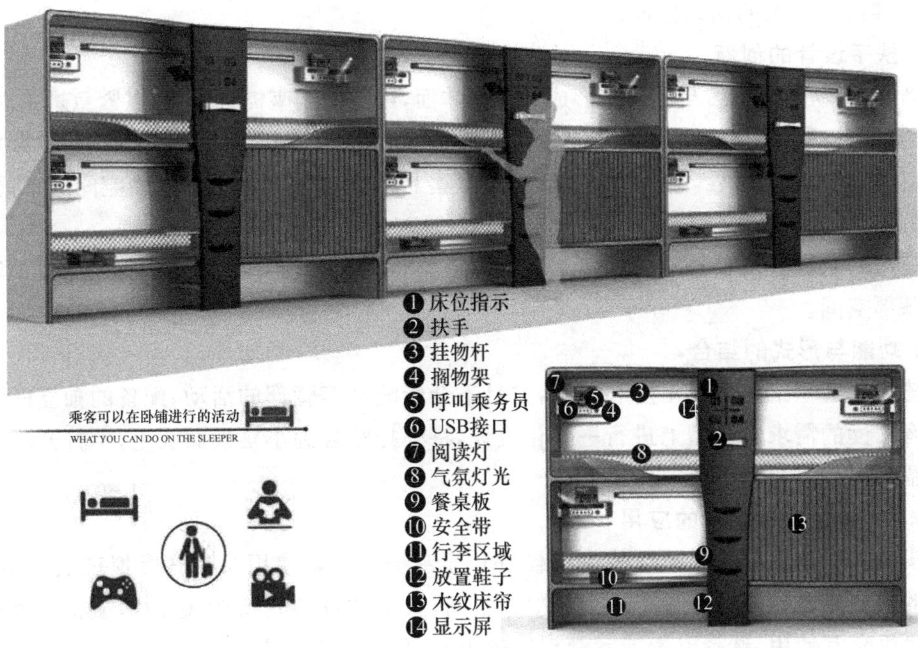

图 6-12　经济舱卧铺设计方案

(3) 卧铺造型方案

卧铺造型采用“[illegible]”的形态设计，符合人体特征，满足乘客卧躺睡眠需求。此造型设计的两张卧铺在窄的部分拼接，将扶梯设计在两张卧铺的拼接处，不占用通道空间，也更好地解决了乘客在通道上与送餐车相遇的尴尬问题。卧铺充分利用金属材质和半透明材质的丰富视觉效果，造型设计上突出整体、简洁有序，减少视觉上的拥堵。

(4) 色彩搭配方案

卧铺以冷峻、简约、科技风的灰色调为主体色，整块含蓄的哑光灰面更显沉稳。自然、坚毅、垂直线条的竹黄色床帘是线与面的分割，体现了自然与科技的和谐，蓝色数字的卧铺符号是点的应用。卧铺氛围灯图案采用中式窗格吉祥纹样元素，并贯穿整个经济舱，营造出轻松的乘坐环境。

6.1.3 C929 经济舱乘客座椅造型安全人机设计

1. 乘客座椅造型设计定位

经济舱座椅造型设计要具有安全性、舒适性、隐私性与易用性特征。产品的外观造型是用户判断其是否安全、好用的第一感觉，是尺寸、材质、色彩、工艺等因素的综合。航空公司为了经济舱容纳更多乘客，座椅的功能一般较简易，座椅间距以及座宽的尺寸相对比较小。造型复杂、操作不便的经济舱乘客座椅会造成乘客心理上的压抑与抵触感。最大化腿部空间的椅背造型较符合人体特征。

2. 乘客座椅造型安全人机设计

(1) 经济舱座椅尺寸

座椅高 464 mm×宽 557 mm×深 413 mm，靠背倾角范围为 90°～108°；850 mm 的座椅间距能给乘客留下更大的活动空间。

(2) 扶手设计的创新

创新之一：扶手放下后与座椅垫形成一个整体面，可以增加座椅垫宽度；在紧急逃生时，放下扶手可避免钩挂乘客随身携带的衣物或小件行李。创新之二：向上流线造型的扶手给乘客更大的腿部空间，符合人体工程，简洁的外观造型在视觉上显得更统一，有增大客舱空间的感觉。

(3) 最大化的膝部空间

将座椅的杂志袋从前排座椅后背下方位置上移，与挂放虚拟眼镜的部位整合，使乘客拥有更大的膝部空间。

(4) 功能与形式的结合

座椅头部造型给乘客留出隐私空间，并且不会影响乘客背部的活动，配备的独立阅读灯能满足乘客阅读的需求。造型上进行一体化设计，将杯托整合到小桌板面板上，不打开小桌板就可以放置水杯。

(5) VR 虚拟现实技术的应用

用头戴式 VR 虚拟现实眼镜替代机载 IFE 显示屏。乘客使用头戴式虚拟现实眼镜，即使在狭小的经济舱也感觉像置身于一个无限的空间，头戴式虚拟现实眼镜也可与乘客随身携带的智能手机交互使用，选择电影或定制授权的内容，包括体验世界各地名胜景点虚拟旅游，不会影响或干扰其他乘客，同时减小了座椅椅背的厚度，减轻了机载重量，增加了乘客的舒适性。

(6) 经济舱座椅配色方案

经济舱座椅有蓝、绿、紫三个色彩方案，如图 6 - 13 所示，通过营造一个清新、宁静的氛围，使乘客得到心灵上的放松。蓝色座椅明亮而华丽，搭配浅灰色座椅支架让座椅在色彩上表达出空旷感；绿色座椅是大自然色，搭配浅灰色支架让座椅在色彩上传递出青春与希望；紫色座椅是成熟的柔美中带有优雅，营造出一个有趣、新鲜、年轻和神秘的氛围，紫色搭配灰色能够让座椅在色彩上传递出高雅的气质，让人如同置身于梦境一般。

图 6 - 13　经济舱乘客座椅设计配色方案(彩图见封 3)

(7) 审美形态的贯穿性与延续性

继续沿用中式窗格吉祥纹样图案，将其融入座椅面料的材质与色彩中。座椅靠背面料使用凹凸的中式窗格吉祥纹样，能增大座椅背部的摩擦力。

(8) 错位布局更具隐私性

一排三座、错位的经济舱布局方式如图 6 - 14 所示，中间座椅与两边座椅错开 120 mm 的间距，可以给乘客留下更大的扶手空间，座椅的错位布局有利于保护乘客的隐私安全。

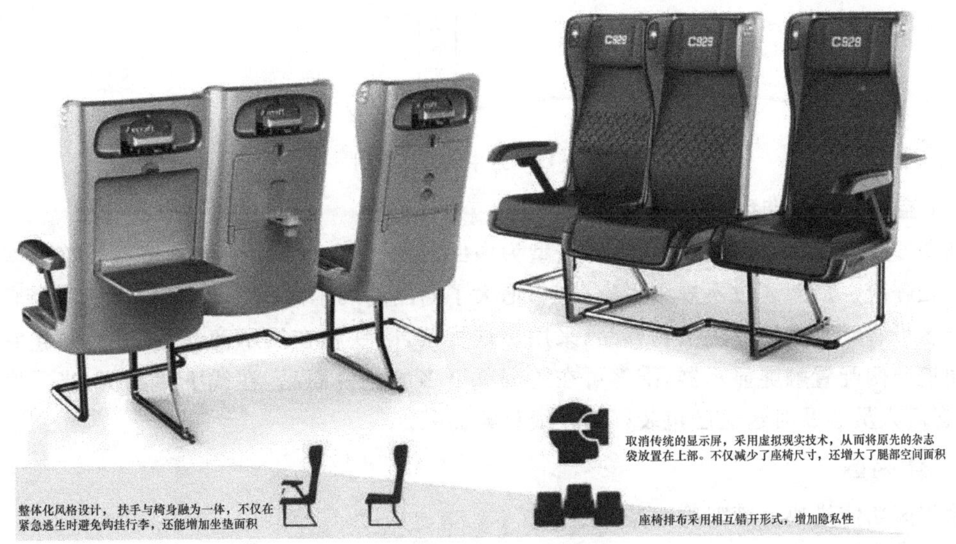

C929
C929
C929
取消传统的显示屏，采用虚拟现实技术，从而将原先的杂志袋放置在上部。不仅减少了座椅尺寸，还增大了腿部空间面积
整体化风格设计，扶手与椅身融为一体，不仅在紧急逃生时避免钩挂行李，还能增加坐垫面积
座椅排布采用相互错开形式，增加隐私性

图 6 - 14　经济舱乘客座椅设计方案

6.1.4　C929 公共服务空间造型安全人机设计

空中免税店功能模块与休闲区功能模块是母体式功能模块的 PSS 设计，即基于功能分类集合分析法为乘客设置的服务功能模块。

1. 空中免税店

(1) 设计定位

空中免税店功能模块能够为来不及购买免税商品的乘客带来方便,同时也为乘客在客舱中散步提供了好的去处,也能为航空公司带来额外的收益。

(2) 人机尺寸

如图 6 - 15 所示,空中免税店尺寸为:长 3 203 mm×宽 1 300 mm×高 2 545 mm。空中免税店两侧各留一个宽 560 mm 的通道空间(大于 510 mm 的适航标准),便于紧急状态时作为逃生通道使用。

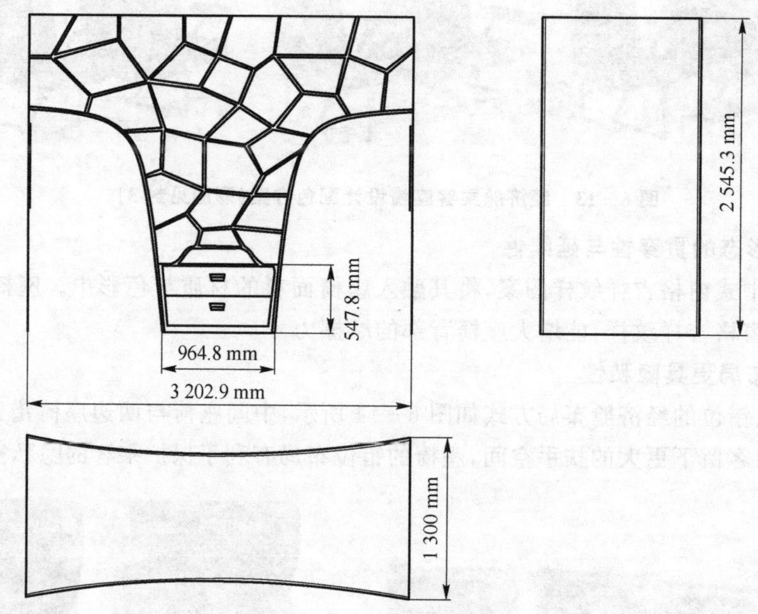

图 6 - 15　空中免税店尺寸

(3) 空中免税店造型安全人机设计

如图 6 - 16 所示,空中免税店整体造型为内凹的弧线形,现代感强,其造型风格和客舱卧铺造型相呼应。展架通过不规则形态分割,增大了商品的展示面积,有利于展示更富特色的商品。乘客可看到真实的免税实物样品,采用磁铁货架,磁铁粘在展示商品的底部,防止它们滑动。通道两侧配置触屏显示器,乘客可在线浏览更多的免税商品,在线下单购买,当乘客下飞机后,售后人员会及时送达已包装好的在线订购商品。

2. 休闲区

休闲区功能模块由酒吧与饮茶区组成。

(1) 设计定位

休闲区功能模块不仅为乘客提供吧台设施,也为有喝茶习惯的乘客提供功夫茶具及设施,休闲区还是乘客聊天交流、看书等放松身心的好去处。

(2) 人机尺寸

休闲区尺寸为:长 5 960 mm×宽 1 800 mm,吧台尺寸为:长 1 267 mm×宽 474 mm×高 802 mm。

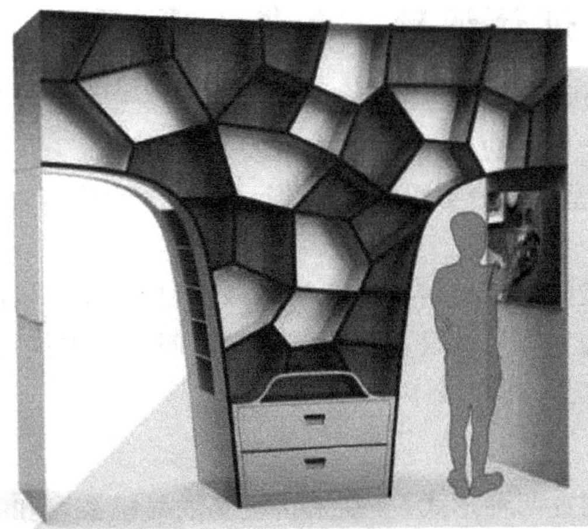

空中免税店展示部分商品样品，售卖中国文化产品。你可以查看实体样品，并通过线上下单，当你下机时机场工作人员已为你打包好商品。空中免税店免去了机上的无聊时间，而且节约了在机场免税店的购买时间，一举两得。

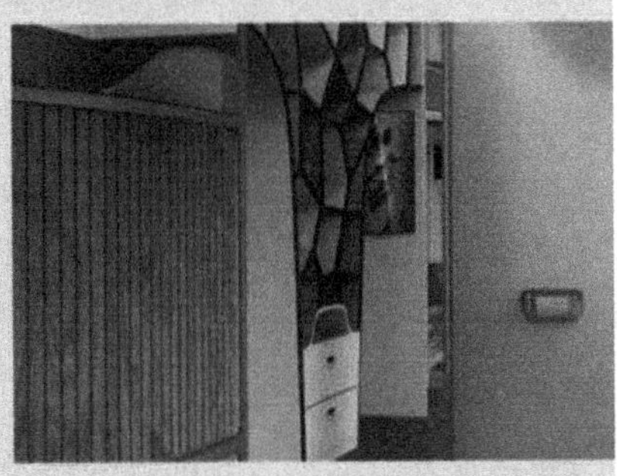

图 6－16　空中免税店设计方案

(3) 休息区造型安全人机设计

模块化设计将两个可折叠座椅融入酒吧吧台的整体造型中，饮酒的乘客需要使用时打开即可就座，当乘客离开时此折叠座椅会自动收回，恢复吧台的整体造型，不占用额外客舱空间，也不影响过往乘员安全通过。镶嵌在酒吧吧台正面上部仿木纹复合材质上的黄白相间的传统窗格吉祥图案纹样彰显出了典雅与别致。酒吧吧台两边对称配备了休闲沙发座椅，一体化造型的茶几设计符合中国乘客共享功夫茶的习惯。智能触屏与茶几台面结合，方便乘客查询航班、天气等信息，该模块化设计将安全、舒适、使用方式、交互体验很好地进行了融合，如图6－17所示。

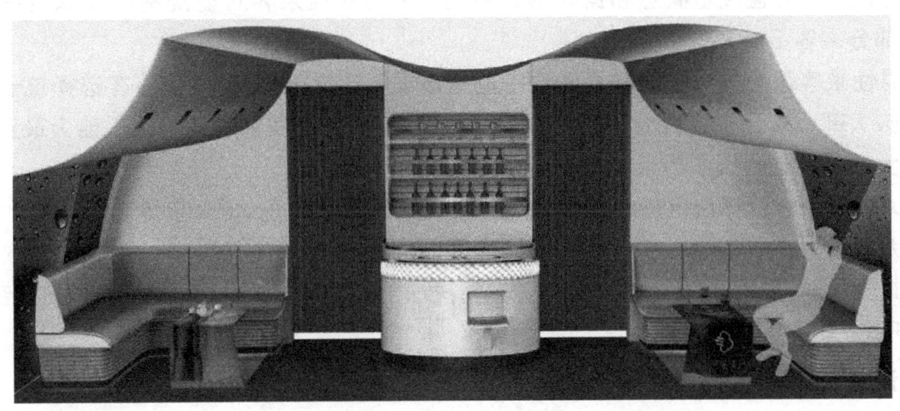

图 6－17　客舱酒吧与饮茶区设计方案

6.2　C929 经济舱盥洗室布局及设施造型安全人机设计

大型客机 C929 经济舱盥洗室的组成部分主要包括：空间组件（门、天花板、地板与隔墙板、带“有人”或“无人”标志的门闩等）、洗手台及设施组件、马桶系统、辅助设施组件（扶手、储存柜、婴儿换尿布台等）、残疾乘客辅助设施等。

6.2.1 C929 经济舱盥洗室设计调研与分析

盥洗室既是公共空间，又是私密性空间。因此，飞机客舱盥洗室布局及设施造型设计是乘客的生理空间尺度与心理空间尺度的再呈现。站在功能的角度，盥洗室在空间布局上可划分为方便区、梳妆区；站在使用人群的角度，盥洗室可分为男性乘客小便区、残疾人无障碍区以及母婴专用区等。

针对当前民航客机经济舱盥洗室布局及设施的使用情况展开问卷调查，目的在于了解乘客对现有经济舱盥洗室的满意度和经济舱盥洗室布局及设施给乘客带来的问题及困扰，在满足适航标准的条件下加以设计改进，使乘客有更好的乘机体验。

1. 问卷调查

问卷调查分为纸张问卷调查和网络问卷调查两种形式，分别采访机场的候机乘客和有过乘坐飞机出行经历的网民，其中男性乘客占比 45%，女性乘客占比 55%，多数为青年男女乘客。

2. 调查总结

① 大部分男性乘客去盥洗室的次数为 1～2 次，少数乘客不去盥洗室或去 2 次以上。

② 大部分乘客认为去盥洗室基本上不需排队，少数乘客认为需要等候五分钟以上。

③ 近 2/3 乘客觉得盥洗室大小适中，1/3 乘客认为盥洗室太小，有特殊需求的乘客(如肥胖乘客等)觉得盥洗室非常小。

④ 少数男性乘客认为盥洗室有异味，一半女性乘客认为盥洗室有异味。

⑤ 男性乘客对盥洗室满意和良好的比例为 1∶2，女性乘客对盥洗室满意和良好比例为 1∶1，少部分乘客不满意。

⑥ 男性乘客认为盥洗室的马桶和洗手池是最重要的设施，个别男性乘客选择镜子为最重要的设施；大部分女性乘客认为马桶为最重要的设施，少数女性乘客认为洗手池为最重要的设施，个别女性乘客选择镜子为最重要的设施。

⑦ 大多数乘客选择白色的盥洗室，个别乘客选择蓝色、银色、米黄色等。

⑧ 大多数乘客认为盥洗室必须要有烘手机，个别乘客希望有盆栽、香薰等设施。

⑨ 其他问题：卫生间门闩、扶手等不安全；洗手池出水小；缺少物品放置架；门把手太紧，不易打开；设备更换不及时等。

3. 设计定位

一方面，经济舱盥洗室的空间往往受一些局限性因素所限制，如航空公司从经济成本的角度尽量布局更多的座位，缩减了客舱公共空间的面积，由此造成盥洗室空间狭小、空间不规则、残疾乘客使用不便等问题，这就需要我们在盥洗室设施与布局设计上最大化地利用空间，通过无障碍设计给乘客更多的安全保护。另一方面，盥洗室设施造型设计应满足整体统一与无障碍、无伤害的要求。

对现有的马桶造型从人机、使用方式及与周边设施的关系进行改进与优化，使其更符合乘客使用的安全性与舒适性要求。运用头脑风暴法对经济舱盥洗室存在的主要问题进行分析，去粗取精，主要分析行动不便乘客的无障碍使用、洗手池的水再循环利用、安全人机尺寸、空间最大化利用、减轻重量、节能环保等问题，如图 6-18 所示。

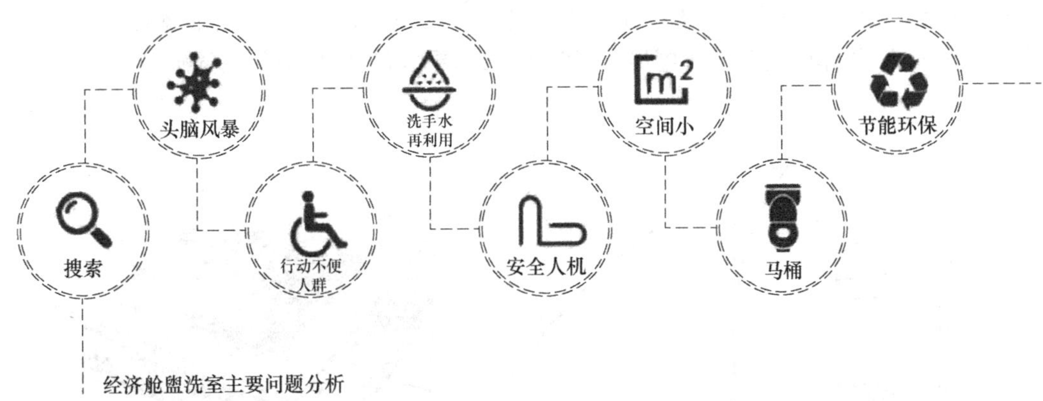

图 6－18　经济舱盥洗室主要问题分析

(1) 乘客与盥洗室空间

经济舱盥洗室一般较简易，狭小的盥洗室空间容易使乘客产生压迫感。轮椅使用者不能方便进出盥洗室，在狭窄空间内使用设施不便利，都会造成乘客生理、心理上的尴尬。经济舱盥洗室设施基本上都使用的是白色系的冷色调，会给人一种生冷的感觉，白色的盥洗室设施长时间使用后会显得陈旧，给乘客带来不干净、不卫生的心理感受。

(2) 乘客与盥洗室设施

经济舱盥洗室设施的外形尺寸既要满足普通乘客的使用，还要满足弱势群体乘客的使用，如坐在轮椅上的乘客需要能够方便地接近盥洗室洗手台面，同时还能够操作洗手台上的设施。设施外形不能给任何乘客造成伤害，如以曲线与弧度的面代替尖锐与棱角的造型。

(3) 盥洗室空间中的设施

盥洗室设施应满足易清洁、绿色环保等要求，如地面防湿防滑、洗手的水可继续循环冲洗马桶等。

6.2.2　C929 经济舱盥洗室设施造型安全人机设计构思

经济舱盥洗室设施造型安全人机设计主要流程为：分析盥洗室设施组成部分、造型安全人机设计、确定最终设计方案。

1. 设计方案一

如图 6－19 所示，此设计方案以关爱弱势乘客为出发点。经济舱盥洗室的扶手是为乘客提供力度支撑的辅助设施，可以为使用者提供安全保护。在设计中可以考虑将扶手和洗手台相结合，将扶手隐藏在洗手台之下，并处于同一水平面，不产生突兀的结构，有利于乘客的安全使用，这样能达到在设计盥洗室设施的某一功能时，不会使产品本身产生不安全的因素，做到真正意义上的安全设计。将扶手与洗手台融合，也能避免使用者有受歧视的心理感受。通过将竹纹巧妙地运用到洗手台表面材质上，能给乘客带来更亲近自然的感官体验。

2. 设计方案二

如图 6－20 所示，此设计方案采用硬朗、简约、理性的造型风格贯穿整个盥洗室区域，镜面以由磨砂金属材质制成的两条平行线作为视觉中心；深色的马桶与冷色调水龙头组件互相映衬，简练的造型显得整个空间干净利落，在狭小的空间里不显膨胀；在飞机强烈颠簸时，光滑柔

美的水龙头系列组件也不会与乘客产生二次碰撞而带来伤害；大范围几何形体切割使得盥洗室设施更加纯粹，整体的造型设计更加美观时尚，带给乘客简洁、舒适的视觉感受。

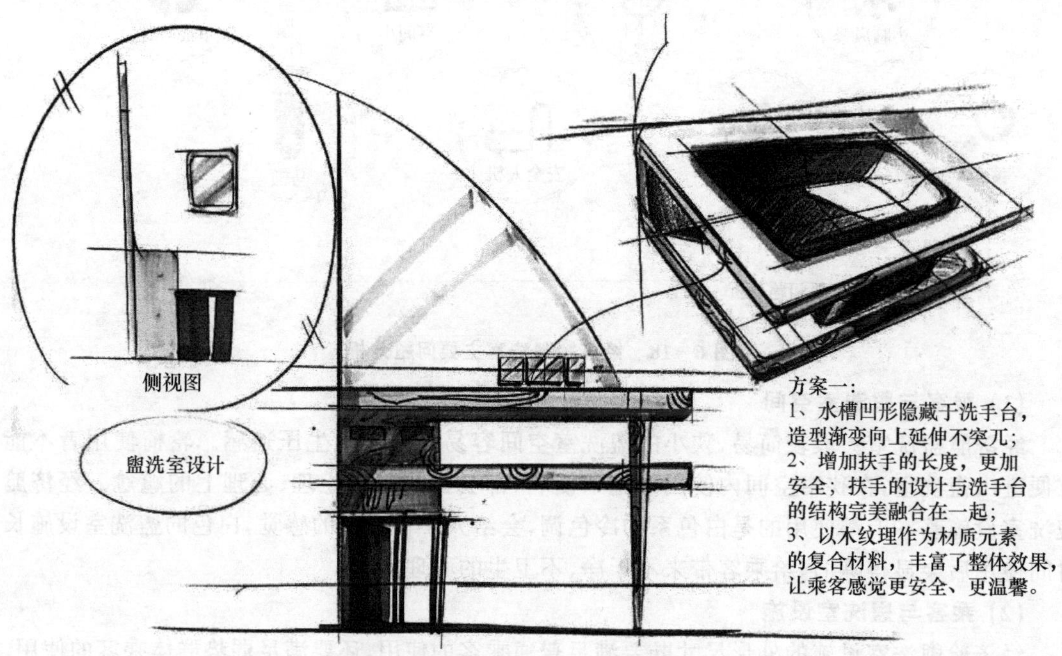

侧视图
盥洗室设计
方案一：
1、水槽凹形隐藏于洗手台，造型渐变向上延伸不突兀；
2、增加扶手的长度，更加安全；扶手的设计与洗手台的结构完美融合在一起；
3、以木纹理作为材质元素的复合材料，丰富了整体效果，让乘客感觉更安全、更温馨。

图 6-19 经济舱盥洗室草图设计方案一

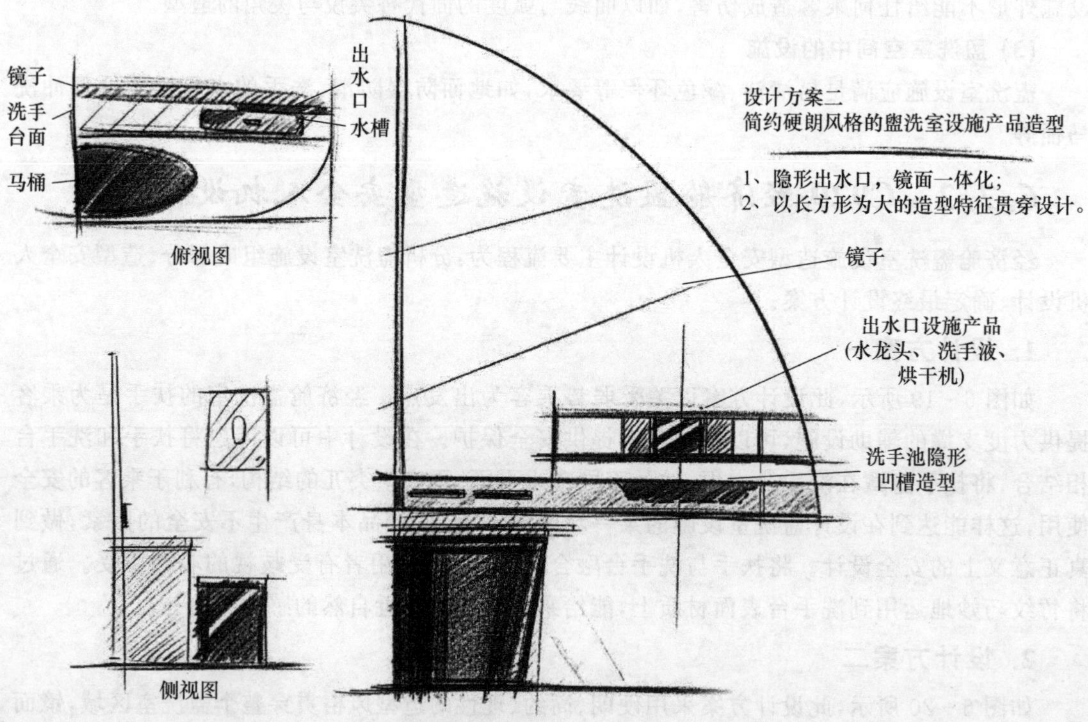

简约硬朗风格的盥洗室设施产品造型
1、隐形出水口，镜面一体化；
2、以长方形为大的造型特征贯穿设计。

出水口设施产品
(水龙头、洗手液、烘干机)
洗手池隐形凹槽造型

图 6-20 经济舱盥洗室草图设计方案二

3. 设计方案三

如图 6－21 所示，此设计方案体以绿色设计为创新点。盥洗室设施采用简约、一体化造型设计，选取圆滑光面的衔接方式处理产品与产品之间的关系，传达出细腻而又圆润的触觉、视觉感受。马桶＋洗手台的一体式设计体现了绿色航空的设计理念：第一，可以节省马桶蓄水箱的空间；第二，节约飞机客舱材料，减轻重量；第三，当乘客洗手后，存储的废水可以用来冲洗马桶，实现废水的二次利用。

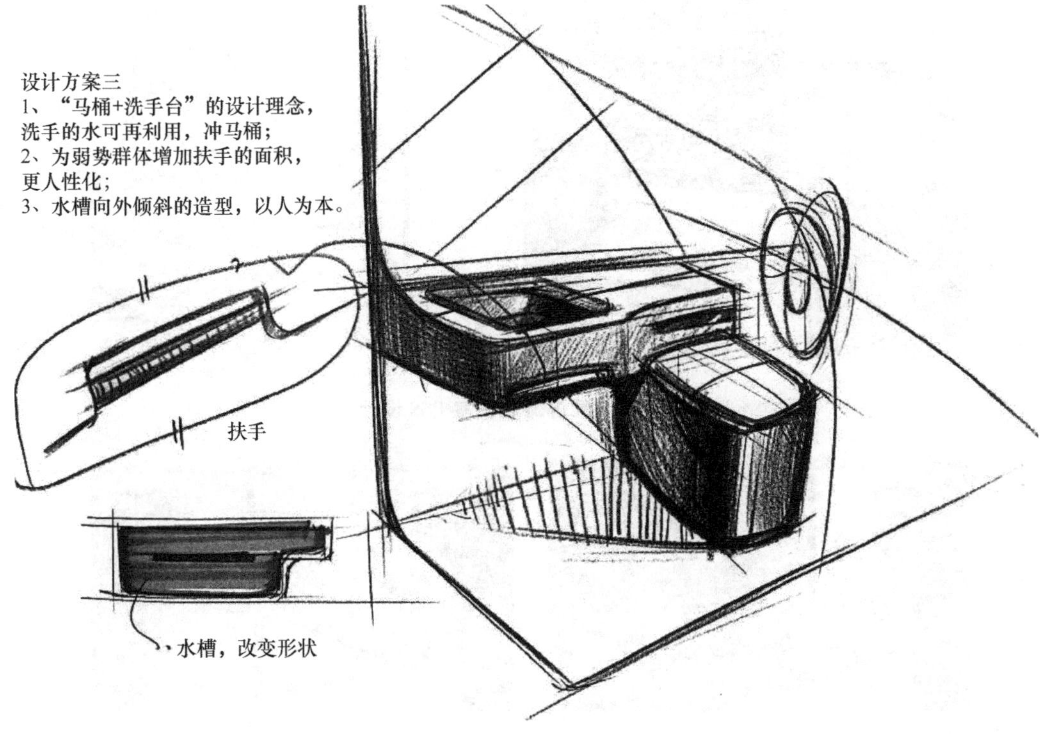

设计方案三
1、“马桶+洗手台”的设计理念，
洗手的水可再利用，冲马桶；
2、为弱势群体增加扶手的面积，
更人性化；
3、水槽向外倾斜的造型，以人为本。
扶手
水槽，改变形状

图 6－21　经济舱盥洗室草图设计方案三

6.2.3　C929 经济舱盥洗室设施造型及布局安全人机设计方案

飞机客舱设施的外观造型会导致空间的变化，造型适合的产品会体现出环境空间简洁、有序与风格统一，空间利用率高；造型不合适的产品会造成整个空间杂乱无序，带给人使用上的障碍与不安全的感受。C929 经济舱盥洗室设施造型采用简洁的几何体块与曲线衔接而成，简约的风格中带着柔美的变化。

1. 经济舱盥洗室 PSS 设计

现有的经济舱盥洗室的门一般是单扇向外开启或折叠式的，坐轮椅的乘客进出盥洗室需要多次调整轮椅角度，内部活动空间也非常有限，会给坐轮椅乘客造成使用上的不便与心理上的不安，甚至在乘机旅途中不愿意进盥洗室。民航为保障轮椅使用者的权益，要求航空公司设置残疾人专用盥洗室。本设计方案通过 PSS“个”与“集”的方法解决问题，如图 6－22 和图 6－23所示，将经济舱盥洗室设置为双开门，正常使用状态下，固定一扇门，另一扇门向外开启。

当坐轮椅乘客使用盥洗室时，可以把相对的两个盥洗室的四扇门同时向外开启，通过插销固定，盥洗室与通道的空间融为一体，使用空间面积变大，轮椅使用者能在盥洗室里轻松自由地活动。在客舱总体布局不改变的基础上，满足残疾乘客的个性需求。

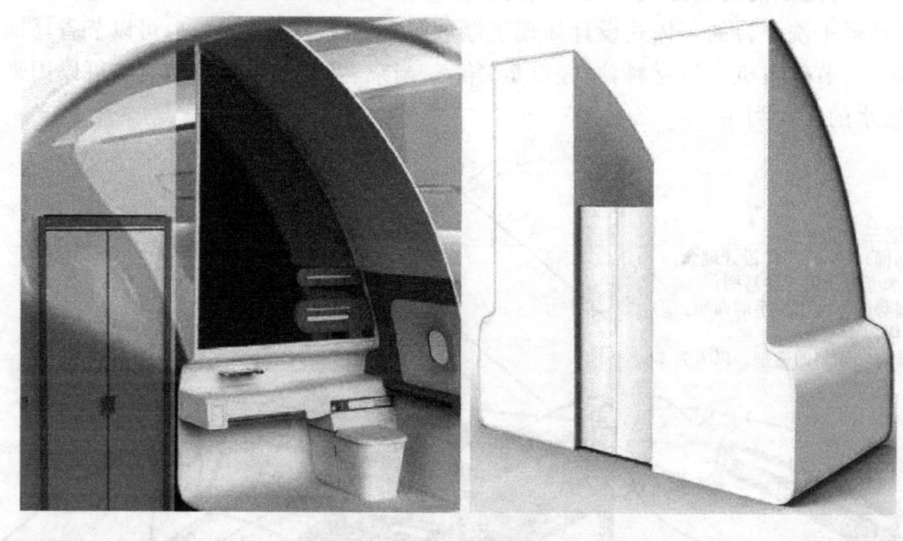

图 6-22　经济舱盥洗室 PSS 设计

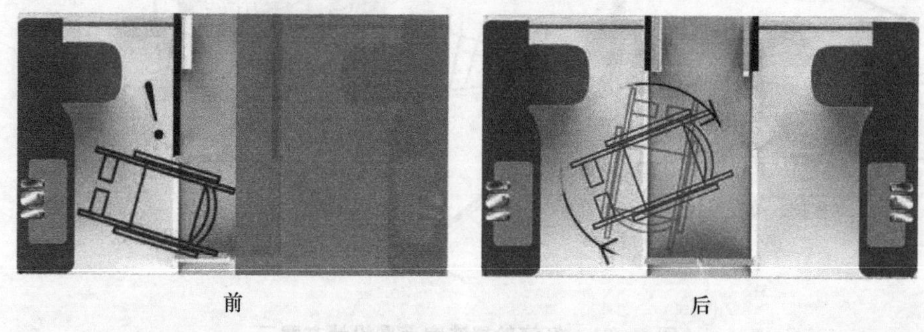

图 6-23　经济舱盥洗室 PSS 设计的前后对比

2. 经济舱盥洗室人机尺寸与造型

经济舱盥洗室长 1 200 mm×宽 1 680 mm×高 2 100 mm，洗手台面离地面的高度为 760 mm，能满足坐轮椅乘客与儿童的无障碍使用。洗手台下部留空，空间尺寸长 1 090 mm×宽 1 680 mm×高 560 mm，坐轮椅乘客可以无障碍地靠近盥洗室洗手台。洗手台与马桶采用一体化造型设计，"S"台面为乘客留出了更多的自由活动空间。扶手在洗手台下方，扶手尺寸长 700mm×高 560 mm，直径 24 mm，扶手的高度符合坐在马桶上的乘客能支撑身体站立的要求，扶手采用手握形状的圆弧形态，与洗手台融于一体，更显简洁与美观。

如图 6-24 所示，在狭窄的盥洗室空间中，要想形成具有整体性与一气呵成延伸感的视线运动轨迹，衬托出环境的柔和效果，这就需要合理使用曲线及其韵律功能，避免尖锐拐点的形成，这样乘客的视线在运动过程中就不会停留在局部突兀的形态上。形态以乘客的感性需求为前提，硬朗、简洁的造型与圆润的边缘过渡相融，避免了尖锐的棱角，体现了尚美航空的理念。将洗手台面、镜子与马桶进行整体造型，外形都由简洁的几何形体组成，再以圆润的弧面

进行过渡，形态上保持一致。色彩方案以干净的乳白色为主色调，辅以仿木纹的自然色，体现出简约大方、洁净、自然。材质上主要采用隔热、阻燃、耐高温、防变形、易清洗的复合材质。提高有限空间的利用率，便于维修与清洁卫生。

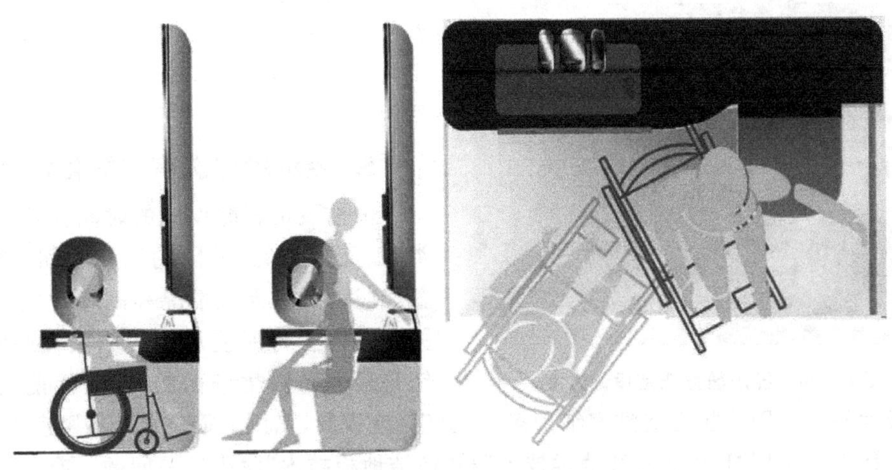

图 6－24　经济舱盥洗室设施造型设计

3. 经济舱盥洗室人性化设计

如图 6－25 所示，经济舱盥洗室设施设计以用户为中心。可折叠式婴儿台方便妈妈给婴儿换尿布使用；一体化水龙头组件并排放置，减少乘客使用时转身的频率；乘客心理上排斥在公共场所直接接触公用设施，因此盥洗室设施水龙头、烘干机、马桶冲水按钮等均采用无触摸自动感应设计。

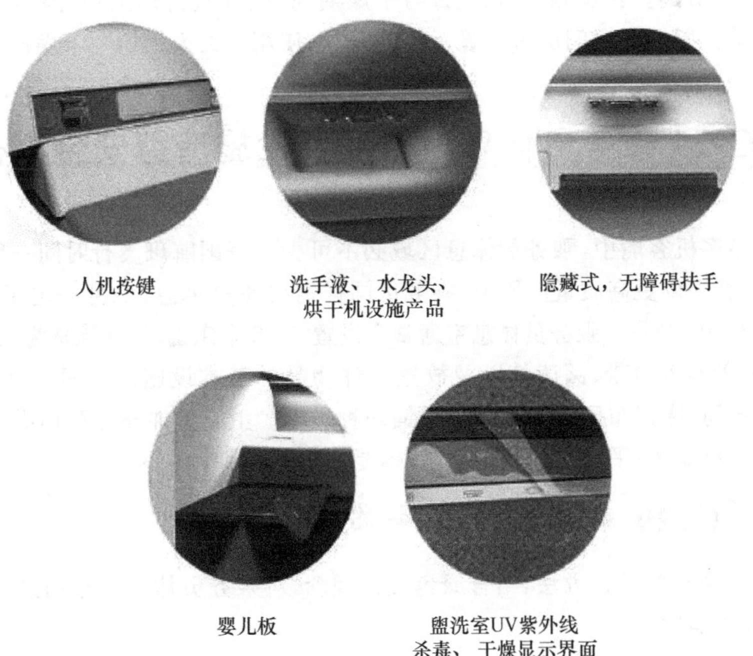

图 6－25　经济舱盥洗室客舱设施造型安全人机设计细节

4. 经济舱盥洗室绿色设计

如图 6－26 所示，将洗手台与马桶进行整体式造型设计，乘客洗手的水能存储下来给马桶二次使用。下沉式洗手盆向右倾斜的角度造型使洗手盆的水容易流到收集处，也避免洗手盆内积水滋生细菌，起到保持干净卫生的作用。

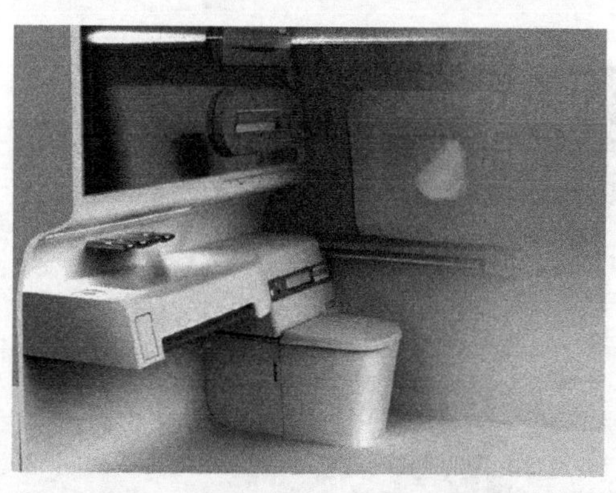

图 6－26　经济舱盥洗室设计方案

5. 经济舱盥洗室智能化设计

清洁飞机客舱设施的时间长短与飞机的类型、飞行时间、着陆的周转时间、飞机的位置、到达时间、天气情况和高峰时段等因素有关。飞机上厕所使用极为频繁，厕所内的旋钮是最容易滋生细菌的，这对饭前使用厕所的乘客极为不利。因为担心盥洗室细菌多、不卫生、地板湿，飞机上很多乘客不愿意去盥洗室。

该设计方案采用“UV 紫外线消毒技术”和“清洁地板技术”解决这一问题。弗劳恩霍夫界面工程和生物技术 IGB 研究人员发现，在二氧化钛分子和阳光的双重作用下，飞机客舱内饰热塑性塑料和触摸屏显示器可以自洁，当这些二氧化钛分子由太阳光线“激活”成 UV 光，它们作为一种催化剂可以发生杀细菌、真菌和类似微生物的电化学反应，进一步破坏细菌的有机物质，使其不会粘在材料的表面上。

当盥洗室无人使用时，UV 紫外线自启杀毒与干燥地面的功能，从而可以做到随时自洁。只需要 3 分钟就可以通过紫外线消灭盥洗室空间的细菌，同时对地面和台面上的积水进行干燥处理，防止乘客滑倒。在智能杀菌、消毒与干燥期间，盥洗室自动上锁，限制乘客入内，完成消毒后自动解锁。盥洗室门闩屏幕会显示当前“正在使用”“无人使用”“干燥消毒”的标识。

6.3　C929 乘务员休息室布局及设施造型安全人机设计

在长途大型客机客舱中，乘务员休息区域必不可少。跨国航班飞行时间一般要超过 10 个小时，为了给乘客提供更高质量的服务，乘务员同样需要轮岗休息，机型决定了乘务员休息区所处的位置和床铺的数量。乘务员休息室通常会设置 6～8 个床铺，尺寸规格为长 1 820 mm×宽 700 mm，床铺一般有安全带、阅读灯以及放置小件物品的基本设施。空间大小决定了乘务员休息室床铺的布局，床铺布局有上下铺与平铺两种类型。上下铺能充分利用纵向空间，但是坐高会让乘务员有局促感；平铺空间视觉宽敞，但是床铺数量少。

6.3.1　C929 乘务员休息室布局设计

通过 PSS 模块化的设计方法，结合绿色设计理念，对乘务员休息室布局进行创新，满足多种使用模式的功能需求。

1. 80/20 法则

一个系统中，效果的好坏是由 20％的关键因素起决定性作用的。将 80/20 法则也用到设

计中，航空公司 80%的经济收益来自于 20%的乘客，企业高管等商务乘客是 20%的主要人群，商务乘客往往希望在乘机旅途中可以无干扰地开展工作。因此，下面依据 80/20 法则在 C929 客舱布局设计中构思商务功能空间的设计方案。

2. 乘务员休息室功能模块与商务工作功能模块共生

80/20 法则的目的是满足乘客功能个性化与多元化的需求、客舱使用效率最大化以及经济效益最大化。如果针对每位乘客设计完全定制化的客舱设施，以获取乘客的最大满意度，则必然会增加航空公司的研发与制造成本。如果为所有的乘客提供单一的客舱设施，则必然会大大降低乘客的满意度，两者均不可取。基于乘客对客舱空间功能需求意向的配置方法，通过定制模块的选择、组合，尽可能少地定制标准件以实现乘客最大化的个性化。因此构思设计乘务员功能模块与商务工作功能模块共生的设计方案，以满足不同乘客的意向需求。

3. PSS 理念的布局创新

以用户使用为导向，采用共生式功能模块 PSS 设计方法，根据乘客订票需求，将乘务员休息室模块化灵活布局为三个模式，如图 6－27 所示。

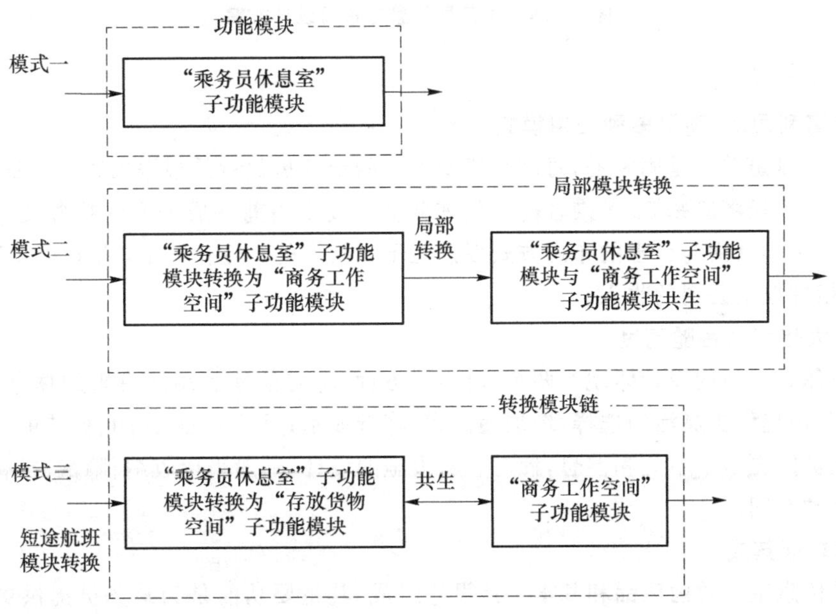

图 6－27　乘务员休息共生式功能模块 PSS 布局设计模型

如图 6－28 所示，模式一，单一乘务员休息室模式；可以布局 8 张床铺，乘务员休息室尺寸长 5 850 mm×宽 5 000 mm×高 2 000 mm。模式二，乘务员休息室与商务会议室并存模式；可以布局有 6 张床铺的乘务员休息室与两个独立的商务会议室；乘务员休息室尺寸长 3 500 mm×宽 5 000 mm×高 2 000 mm，商务会议室尺寸长 2 350 mm×宽 5 000 mm×高 2 000 mm。模式三，当短途航班不需要乘务员床铺时，设计折叠床铺，可以将乘务员休息室作为放置货物的空间。

6.3.2　C929 乘务员休息室设施造型安全人机设计

操作简易、适合各类使用人群的智能技术已经越来越多地融入飞机客舱中。通过智能设计满足乘务员休息室与设施造型的安全性、舒适性与经济性的要求，以人的生理尺寸为基础，运用 TRIZ、感性工学与 PSS 设计方法，结合最新的材料与工艺，融入本土文化元素，使航空公司、乘务员以及乘客的诉求在飞机客舱中达到一种平衡。

图 6－28 乘务员休息室布局设计方案

1. 设计分析

(1) 提高利用率，满足多种使用模式

乘务员的排班并不是固定的，每趟航班所配置的乘务员数量是根据乘客的数量来确定的，航空公司一般为经济舱每 50 名乘客配 1 位乘务员。改变当前一成不变的乘务员休息室的布局模式，设计更加灵活与合理的布局方式以满足不同乘客的个性化需求，从而提高飞机客舱空间利用率，增加航空公司的收入。

(2) 最大化利用客舱高度

乘务员休息空间的设计体现在两个方面：一方面，尽可能地利用好有限的休息空间，给乘务员、航空公司提供更灵活的选择，增加使用率，降低成本；另一方面，封闭、拥堵的飞机客舱空间反馈给乘员的更多是不安和惶恐，针对客舱设施的设计，一般采用收纳、隐藏、折叠的设计方法来节省活动空间。

(3) 多功能集成

乘务员休息室主要由床铺和基本生活设施组成，其主要功能是为乘务员提供更高质量的休息。对乘务员的床铺结构进行改良设计，不局限于单一的休息功能，改善空间布局，采用组合、折叠、隐藏等手法实现多功能化。

2. 乘务员床铺造型安全人机设计

飞机客舱内饰的造型曲面较多，过于复杂的曲面形态常常会造成实际生产过程中的不确定性，通过点、线、面的设计手法可以将复杂的曲面化繁为简。在进行乘务员休息室床铺造型设计之前，要通过线对整个空间进行整体划分，线能起到承上启下的作用，既可以丰富产品的造型，也能够实现区域分割的功能作用。在考虑空间分割时，不仅要考虑乘务员的实际生活空间，还要考虑乘务员的自由活动空间，乘务员休息室通道宽以 500 mm 为基准。

在封闭的飞机客舱空间内，客舱设施外观尽量简洁，保留大块面、直线的几何造型，使客舱设施简约化、标准化、最少化、整体化和合理化，少装饰的美学观承了理性化及功能主义的设

计思路，TRIZ 创新设计方法的应用有助于解决乘务员床铺收纳的问题。

(1) 采用感性工学方法设计床铺外观与色彩

首先，从网页、杂志、报纸广告等收集感性词汇 112 个，以词汇含义分析为主，研究小组依据自己的经验进行分类，分别对乘务员休息室床铺的形态与色彩感性词汇进行选择和确定，最终分别确定 10 组代表性的词汇，如表 6－1 所列。与形态相关的词汇及反义词包括：简洁-繁琐、大方-拘谨、圆润-锐利、休闲-正式、个性-大众、亲切-冷漠、轻松-压抑、流线-几何；与色彩相关的词汇及反义词包括：亮丽-素雅、柔和-硬朗。其次，将有代表性的几何造型设计元素进行分解，形态分为正面轮廓、侧面轮廓、长\宽\厚度的比例，外形轮廓的基本形态元素可分解成直线型、曲线型、曲直结合型。最后，通过语意差异法调查消费者的感性意向，确定乘务员床铺基本形态设计元素以曲直结合为主，色彩以白色为主，搭配多种颜色。图 6－29 所示为床铺外观造型推敲过程。

表 6－1　折叠床铺造型感性词汇分类

分类	词汇的含义	选定代表性感性词汇（包括反义词）
1	形态相关词汇（8 个）	简洁（繁琐）、大方（拘谨）、圆润（锐利）、休闲（正式）、个性（大众）、亲切（冷漠）、轻松（压抑）、流线（几何）
2	色彩相关词汇（2 个）	亮丽（素雅）、柔和（硬朗）

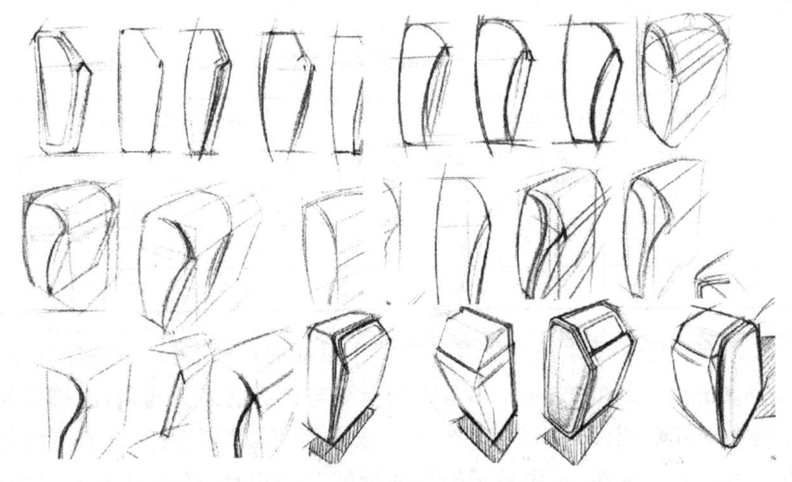

图 6－29　折叠床铺外观造型推敲过程

(2) 采用 TRIZ 方法设计床铺收纳结构

为寻求最节省空间的折叠方式，满足床铺使用的安全性、稳定性与舒适性，首先定义技术矛盾，即改善的通用工程参数为床铺的体积，恶化的通用工程参数为床铺的复杂性。然后，查询 TRIZ 矛盾矩阵表，以提高物体的可分性为解决方案。最后，利用提高可分性的折叠方法让小空间变成大空间，床铺采用滑轨加转轴的结构进行收纳，从而提高空间的利用率。将乘务员折叠床铺的总长分为三段：床铺前段固定不动，中段与后段折叠后，收纳到前段形成一个完整封闭的几何体。床铺分为床垫和支架两部分，通过固定的连接实现收纳。床铺内部有安全带、可折叠餐桌、机载娱乐显示屏、阅读灯、充电插座与 USB 插口等基本设施。图 6－30 所示为折叠床铺设计方案。

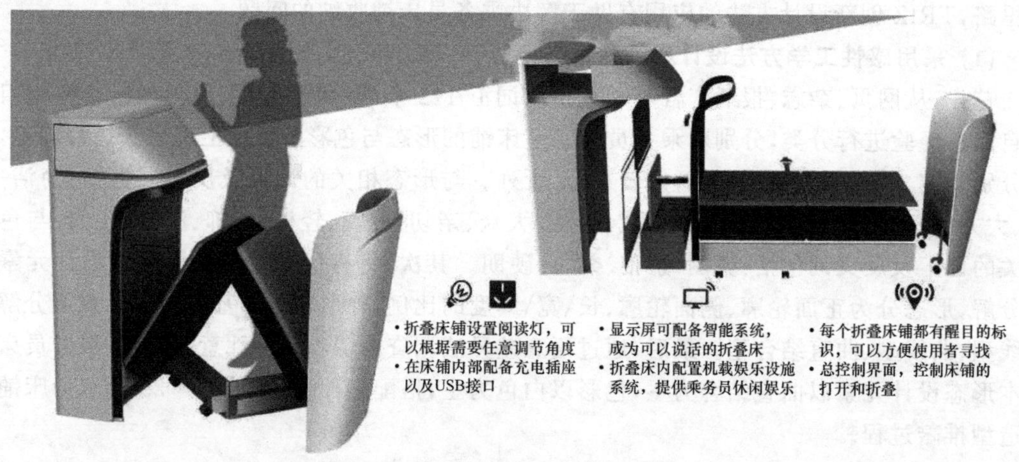

• 折叠床铺设置阅读灯，可以根据需要任意调节角度
• 在床铺内部配备充电插座以及USB接口
• 显示屏可配备智能系统，成为可以说话的折叠床
• 折叠床内配置机载娱乐设施系统，提供乘务员休闲娱乐
• 每个折叠床铺都有醒目的标识，可以方便使用者寻找
• 总控制界面，控制床铺的打开和折叠

图 6-30　乘务员折叠床铺设计方案

(3) 折叠床铺人机尺寸

参考单人床的数据标准(长 1 850 mm×宽 800 mm×高 420 mm)国内机上乘务员的身高在 163 cm 与 182 cm 之间。床铺完全折叠后，床铺到地面的高度也会影响整个飞机客舱空间的大小，因此借鉴榻榻米的高度，确定乘务员可折叠床铺的尺寸为：长 1 850 mm×宽 700 mm×高 200 mm，如表 6-2 所列。

表 6-2　床铺人机尺寸

单人床常用尺寸/mm				双人床常用尺寸/mm			
规格	长 L	宽 B	高 H	规格	长 L	宽 B	高 H
大	2 000	1 000	480	大	2 000	1 500	480
中	1 920	900	440	中	1 920	1 350	440
小	1 850	800	420	小	1 850	1 250	420

参考成年人标准坐姿的尺寸及飞机客舱座椅小桌板的尺寸，确定折叠床铺小桌板尺寸为：长 330 mm×宽 600 mm×高 350 mm。参考人的坐姿与光源的来源与角度，确定阅读灯到小桌板桌面的高度为 400 mm，阅读灯提供 269～431 1x 的照度以提高乘务员的使用舒适性。阅读灯的亮度与方向性具有可调性，采用易于操作的旋转开关设计，顺时针方向灯光渐亮，反之则渐暗至熄灭，如图 6-31 所示。

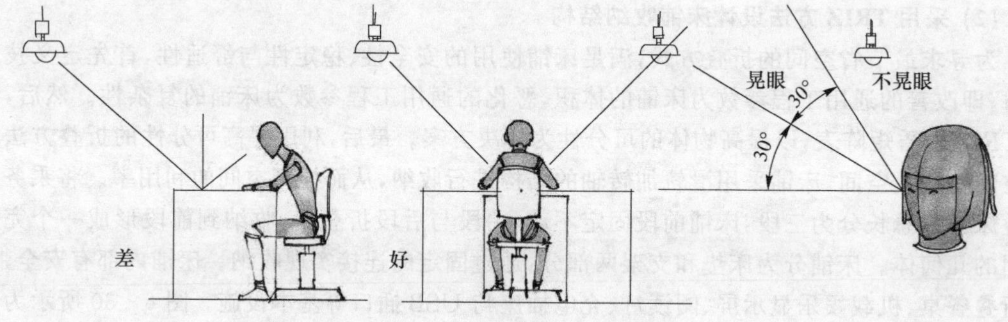

图 6-31　人体坐姿与灯照明分析

乘务员休息室床铺有一个智能控制终端，乘务员刷卡确认身份后，床铺被激活，折叠床铺展开，并显示相应的床铺信息。每个折叠床铺都有可发光的编号标识，方便使用者识别辨认，如图 6－32 所示。

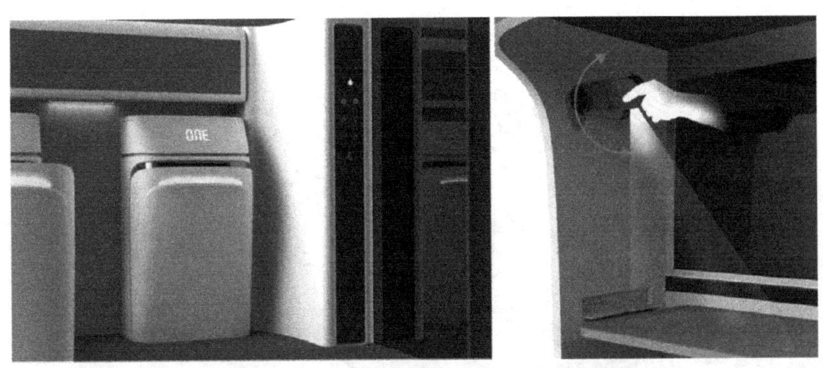

图 6－32　乘务员折叠床使用方式设计方案

6.3.3　C929 商务会议室设施造型安全人机设计

通过分仓隔断将乘务员休息室划分出商务模块空间，该空间既具有商务工作的功能，又能为商务乘客提供更舒适的休息空间，从而成为航空公司在市场上的有利竞争因素。

1. 商务会议室人机尺寸

商务会议室设施包括：折叠沙发、视频会议控制工作台、投影仪、音响设备、耳麦、安全带以及小桌板等。基于商务人群乘客中男性第 95 百分位，为满足大多数男性乘客使用，确定折叠沙发尺寸为：长 2 000 mm×宽 450 mm×高 450 mm，折叠沙发完全打开后的总宽为 900 mm，靠背角度向后倾斜 17°更舒适。从人的视角和客舱空间来考虑，显示屏的尺寸为长 800 mm×宽 750 mm，其操作台桌面倾斜 17°为最佳人机视野角度。

2. 基于感性工学的商务会议室设施造型设计

商务会议室的空间布局与设施造型是乘客关注的重点，在产品的形态、色彩、装饰以及材料等元素中融入情感设计的方法，可以让冷冰冰的产品也有语言表达能力，从而拉近与使用者的距离。基于商务人群严谨、稳重与高效等特征，商务会议室选用黑、灰、蓝三种颜色，黑、灰色为主色调，简洁大方，增加了空间层次感，蓝色贯穿整个空间，营造出科技蓝的氛围。简洁、流线型的外形设计体现了高效、安全、隐私及尊贵的气质。图 6－33 所示为商务会议室设施造型草图。

3. 商务会议室 PSS 设计

采用 PSS 设计方法设计集休息与工作一体化的商务会议室，如图 6－34 所示。功能上可以满足四位乘客召开小型会议，也可满足管理者在空中连接地面召开视频会议，还可以作为休息室使用。商务会议室内的沙发隐藏了小桌板，沙发上设有安全带，防止飞机颠簸对乘客的伤害，沙发还可以展开成全平躺的床。用 LED 屏代替舷窗可以全息投影窗外天空的风景，缓解乘客在封闭空间的恐惧感。沙发对面的曲屏用于视频会议或娱乐，沙发两侧分别配置音响设备，在沙发一侧有操控界面台，可以控制整个房间的电器开关，在控制台下是一个小储存箱，箱体分为两部分，上半部分以升降方式打开，内置无线耳机等设备，无线耳机的作用是防止飞机的噪声太大影响会议讨论，下半部分以抽拉方式打开，里面装有酒水饮料可以提供给乘客饮用。

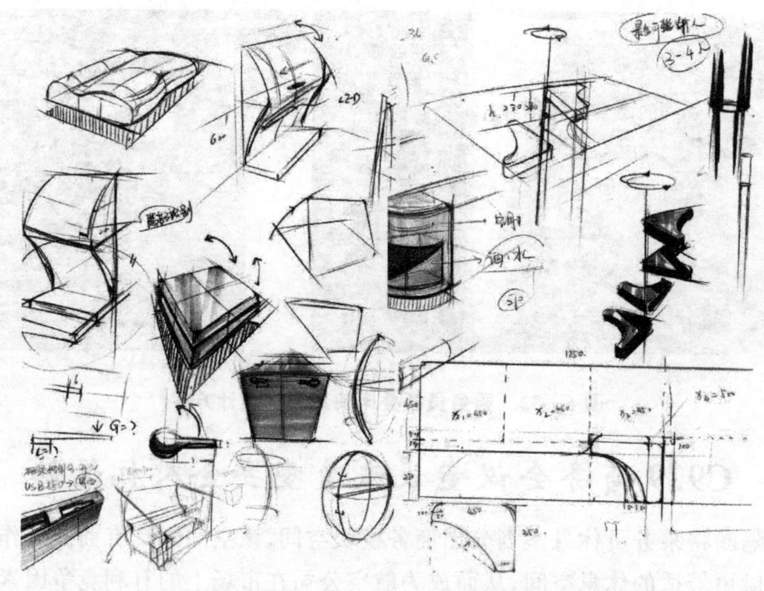

图 6－33　商务会议室设施造型草图设计方案

图 6－34　商务会议室 PSS 设计

6.4　C929 厨房布局及设施造型安全人机设计

6.4.1　C929 厨房布局及设施造型设计分析

1. 飞机厨房设施

C929 厨房主要设计内容包括厨房的布局、柜与箱的组件、运输设施（手推车）与服务设施（餐具）等。厨房内的每个柜子上都贴有相应的标签，方便辨识；厨房里可以移动的部件都用锁扣扣住，防止飞机颠簸时部件意外滑落给乘务员与乘客带来伤害；厨房的垃圾收集箱用的是阻燃材料，防止火灾的发生；厨房结构包括由复合材料制成的基本组件、侧壁板、后壁板等组件，

并分成了许多格，每个分隔空间中分别放置垃圾箱、推车、储存柜箱、烤箱、水加热器等，实际上是一个容纳厨房各种设备的橱柜；橱柜内部设有导向条结构，能方便地从厨房结构中拉出或推进手推餐车、储存柜、箱体，便于食品饮料的装机和分发。

飞机客舱设施智能控制正逐步取代传统控制模式，使用安全、方便快捷、整体简洁、智能一体化是未来民航飞机厨房设施及布局的发展趋势。

(1) 主要设施

① 柜与箱的组件。柜门：厨房的一些分隔区安装有柜门，如管道系统接近门、杂物柜柜门、垃圾箱门等，有门闩装置更为整齐和美观。储存柜箱：长方体的储存柜箱外侧表面上都有铆接把手，便于搬运时提拿；储存柜箱的箱门上有门闩，以确保飞机在颠簸状态下储存柜箱内的物品不会掉出来。②手推车。乘务员使用手推车将食物和饮料分发给各位乘客，手推车车门及物品箱的约束装置防止因飞机颠簸导致物品散落，手推车还有制动刹车装置，这些装置保障了乘务员在操作手推车时的稳定性与安全性。③航空餐具。主要包括主餐盘、副餐盘、小浅盘、饮料杯、匙、筷子等，航空餐具要求体积小、省空间、重量轻、易回收、成本低、具有美观性，还要符合标准手推车的尺寸规格。

(2) 针对主要设施进行问卷与访谈调研

通过问卷与访谈调研，厨房设施造型存在的问题如下：①厨房设施外形存在凸出物，尤其是尖锐的直角；②存在死角，不易清洗与维修；③存在因操作不当而导致的机组人员受伤和食物加热失败的不安全因素；④智能化程度不高；⑤形态和色彩航空美学与文化品位有待提升。

2. 飞机厨房设施布局原则

经过问卷与访谈调研，总结客机厨房设施造型及布局设计要点如下：以高效的方式尽可能为更多的乘客提供食物；厨房地板应防滑；减少乘务员在使用厨房设施过程中的操作步骤；有效与合理利用乘务员能接触的厨房空间。从安全人机系统来看，厨房设施布局要依据重要性原则、使用频率原则、系列原则以及使用顺序原则，为准确、方便操作提供保障。

6.4.2　C929 厨房布局与橱柜造型安全人机设计

合理设计客舱厨房设施，减少乘务员操作步骤，从而有效利用空间，以高效的方式为乘客服务。

1. 厨房布局安全人机设计

飞机厨房设施布局设计应从高效利用空间、优化使用方式这两个方面分析与构思，以此提升机组人员的使用安全性与工作效率，加快餐饮补给与飞机周转，降低航空公司的经济成本。

(1) “整体移动”厨房概念

如图 6－35 所示，“整体移动”厨房概念的设计灵感来源于可以移动的手推餐车，可移动餐车内部是配备好的食物与饮料。基于“整体移动”厨房这个设计概念，将配备完整的厨房模块固定在地板轨道上向前移动，在不影响或损坏飞机内部装饰、地板和设备的情况下，将其移动到厨房空间。飞机的货仓舱门从机尾打开，然后将货物从机尾装进与运出，借用这种模式，我们可以将已经补给好的餐饮与整体厨房设施在飞机尾部通过固定轨道非常迅速地移动到厨房区域，通过模块安装，提高效率。当航班到达地面之后，空乘人员往往只有 15 分钟的时间来做整架飞机的清洁工作，通过整体移动厨房的设计模式，在飞机降落前航空公司陆地后勤人员准备好需要装机的整体厨房，在飞机降落后非常迅速地把整体厨房进行更换，然后模块组装一个全新的厨房进入飞机。移动厨房模式可以减少空乘人员的工作量，而移动下去的厨房可以得到及时检修，同时最大程度地减少了旅客周转与等待的时间，降低了航空公司的经济成本。

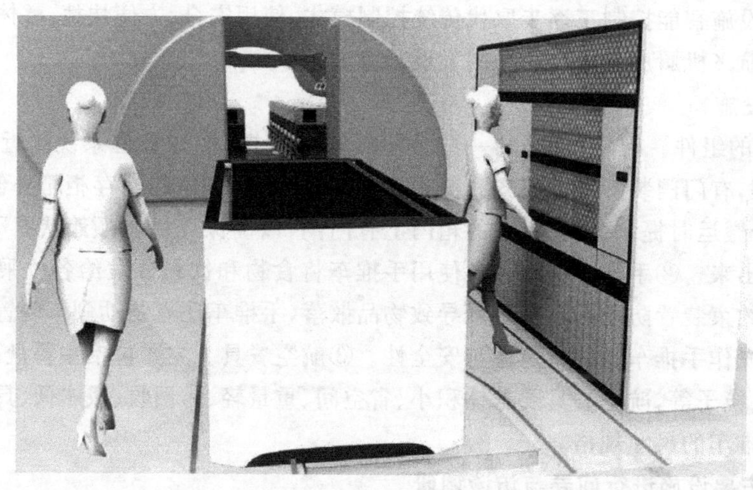

图 6-35 "整体移动"厨房设计

(2) 效率与审美

"整体移动"厨房按照使用功能的不同分为两个部分：一部分为餐车柜(餐车柜台面同时作为乘务员操作台，包括手推车、杂货箱、操作台等设施)；另一部分为功能柜。"整体移动"厨房将餐车与操作台设计成一个单独柜体，餐车柜上方便是操作台，大大增加了乘务员作业面积。功能柜主要是为满足厨房需求而定制的智能控制电器，如冰箱、烤箱等集成整合为一体，形成一个单一的大柜体，代替现有橱柜内置电器设施的模式，这些电器产品排列成一排组合成整体厨房，设计风格美观、大方、简洁，易互换和维修。智能化设计的控制与使用模式操作方便，使用效率高，节省了原有橱柜放置客舱餐具等设施的空间，增加了电器设施的内部空间，如可以冷藏更多餐饮等，减轻了飞机的重量。

(3) 人机尺寸

环境空间中的产品造型设计涉及范围很广，首要满足的条件是功能环境空间与人体尺度相适应。乘务员在厨房的主要作业内容为搬运、存取和简单加工食品，以立姿作业为主。因此，厨房主要设施设计应参考人立姿空间的设计标准，如表 6-3 所列，从而确定大型客机 C929 厨房设施的主要尺寸，如图 6-36 所示。①大型客机厨房功能柜尺寸为：长 3 380 mm×宽 630 mm×高 2 080 mm；功能柜中杂物箱柜尺寸为：长 400 mm×宽 446 mm×高 400 mm；冰箱保鲜柜尺寸为：长 600 mm×宽 446 mm×高 1 400 mm；冰箱冷藏柜尺寸为：长 600 mm×宽 446 mm×高 600 mm；烤箱柜尺寸为：长 400 mm×宽 570 mm×高 800 mm；咖啡机与热水器尺寸为：长 400 mm×宽 446 mm×高 400 mm；大抽屉柜尺寸为：长 800 mm×宽 506 mm×高 600 mm；小抽屉柜尺寸为：长 400 mm×宽 446 mm×高 150 mm；柜体门上的智能屏幕尺寸为：长 90 mm×宽 2 mm×高 50 mm。②大型客机厨房餐车柜尺寸为：长 3 720 mm×宽 1 240 mm×高 1 090 mm；餐车柜柜门尺寸为：长 342 mm×宽 1 000 mm×高 1 030 mm；餐车柜操作台尺寸为：长 3 420 mm×宽 1 000 mm×高 60 mm；餐车柜操作台扶手尺寸为：长 3 380 mm、直径 65 mm(可握直径为 40 mm)。③大型客机厨房功能柜与餐车柜之间的间距为 1 000 mm，确保

不会妨碍功能柜的柜门与抽屉的打开使用，同时，在操作使用情况下还能留出乘务员正常行走的空间，餐车柜也留有足够空间保证手推车的取放，如图 6－37 所示。

表 6－3　飞机厨房操作台面与功能柜设计尺寸范围

标　号	名　称	尺寸范围/mm	说　明
A	立姿肘高	1 070	女乘务员身高 162～170 cm，立姿肘高取 99 百分位数为 1 050 mm，加穿鞋修正 20 mm。
B	操作台面上沿高度	970～1 030	立姿时在略低于肘高的位置操作最适宜，即 *A* -(100～40 mm)
C	最上层柜门把手高度	1 750～1 850	依据女乘务员举双手高度的 95 百分位数，加上穿鞋修正
D	操作台面进深	1 000～1 200	取女子 10 百分位数的“上肢功能前伸长”619 mm，考虑台面使用效率，两人相对使用
E	人体厚度需要	250	男、女乘务员 P_{50}胸厚的平均值(212＋199)/2＝206 mm，加穿衣修正
F	通行者体宽	1 000～1 200	取女子 95 百分位数的“最大肩宽”377 mm，加穿衣修正 21 mm，加端餐盘两肘略张开 160 mm，考虑通行空间两人同时在工作的因素
G	人行侧边余裕	50～100	根据机型宽度酌情选取
H	厨房总宽度		*D*＋*E*＋2*G*＋*F*

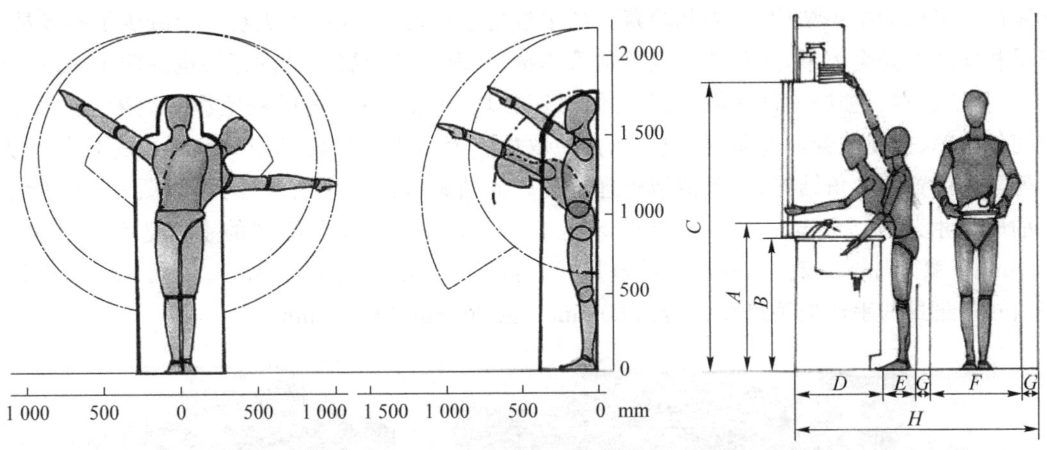

图 6－36　乘务员操作厨房台面与储物柜的活动空间(图中标号与表 6－3 对应)

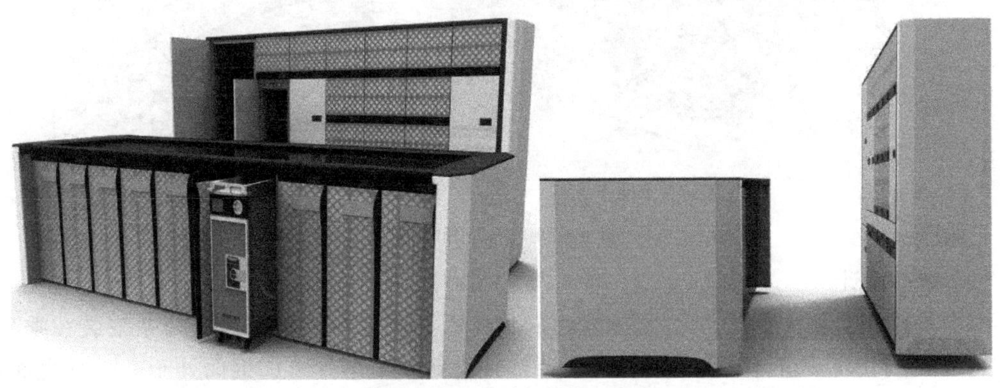

图 6－37　厨房餐车柜与功能柜

2. 一体化橱柜造型设计

飞机厨房橱柜采用一体化造型设计风格与模块化组合方式，厨房设施符合人机尺寸，避免使用障碍与对使用者的身体造成伤害。将厨房内设施合理分配在一个具有规划性的空间结构内，使空乘人员在使用过程中一目了然。充分利用客舱垂直上部空间，留出下面的工作台面，提高空间利用率。

(1) 酒水饮料柜造型设计

在酒水饮料柜前部增加挡板结构，形成一个阻隔面，防止因颠簸而导致的酒水饮料倾倒砸落。酒水饮料柜增加独立的存储架，单个摆放，避免瓶罐间的碰撞与摩擦。

(2) 橱柜的造型设计

传统的厨房柜门采用双保险安全锁结构，保险锁的结构向外凸出，防止柜内物体及餐车的滑出，但飞机厨房中凸出的物体对于空乘人员是不安全的，很可能导致空乘人员因此而撞伤、划伤的风险。采用智能面板控制整个厨房的柜门打开方式，使整个厨房设施内没有任何突出的拉手结构，智能化触控面板的一键化开启装置，省去了原本的卡扣结构，能够简化操作步骤，提升工作效率，这也是本次设计中的一大亮点。

(3) 抽屉造型与人机尺寸

在抽屉收纳方面采用三层设计，外部设置柜门，防止因飞机颠簸导致抽屉滑出。取缔传统抽屉向外突出的把手结构，以内扣隐藏式的手位把手替代，这样在很大程度上减少了乘务员与把手相撞的不安全因素，外观造型也更加整体统一，取消了金属部件的把手也减轻了客舱的重量、降低了成本。抽屉内部区域采用高效的“四方块”内格设计，可以避免物品混淆，提高抽屉空间使用率，也使放置的物品更加整洁、方便取放。为防止抽屉内部划分区域内的死角积灰，在死角上设置防尘角结构，便于清洁整理。设计的抽屉可以用来放置餐具，如图 6－38 所示，大抽屉尺寸为：长 760 mm×宽 466 mm×高 186 mm，抽屉内扣隐藏式的手位把手尺寸为：长 760 mm×宽 20 mm×高 20 mm，小抽屉尺寸为：长 360 mm×宽 406 mm×高 110 mm，其中抽屉内扣隐藏式的手位把手尺寸为：长 360 mm×宽 20 mm×高 20 mm。

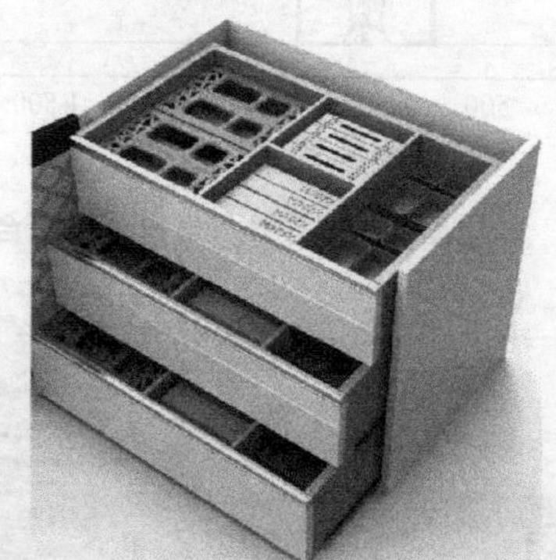

图 6－38 抽屉爆炸图

(4) 细节设计

乘务员操作台整体下凹，可以防止台面的物体因飞机颠簸而滑出。防撞条安装在乘务员操作台边缘，采用软性防火阻燃、防水的复合材料包裹。操作台面和柜面处于一个垂直面，在拿取餐车时膝盖会不经意地撞到柜门上，防撞条可以给膝盖和脚增加安全性，同时这个防撞条

也是一个扶手，在空乘人员取放餐车时，给手部一个安放的位置，可以起到支撑的作用。

(5) 色彩的应用

色彩在厨房设施设计中起着至关重要的作用，好的色彩搭配设计能够使厨房具有焕然一新、整洁清新的效果。当前飞机上的厨房基本上使用铝合金材料的本色，颜色单一、沉闷。C929 厨房色彩采用黑、白、蓝相结合的色彩基调，在柜门部分运用纯净的天空蓝色，用蓝白花纹点缀整体效果，给人干净空旷的整洁感，并使得产品风格生动活泼起来。白色的花纹融入中国传统窗格图案元素，代表着吉祥、平安，寓意飞行一帆风顺。白色是最原始的颜色，纯净却不单调，呼应蓝色的色彩基调，仿佛空中云朵，令人心旷神怡。黑色元素一般在产品设计中起收边的效果，在边缘部位运用得最多，给人稳重与安全的感受，在柜体运用黑色的边缘，与控制面板上黑色的屏幕相呼应，简洁的色彩能够让人们疲惫的心灵得到放松。厨房设施的工作界面和收纳箱柜外缘使用最干净朴素的白色，在下方部分采用稳重内收的黑色，让整体厨房布局营造出一个宁静的氛围。整体黑白色彩的搭配不会因为内置产品颜色丰富，而使得整体颜色混杂。抽屉的部分使用明亮的白色和温暖的木纹本色，竖状木纹带来理性的利落感，在视觉上给人一种增加了空间容量的感觉，如图 6－39 所示。

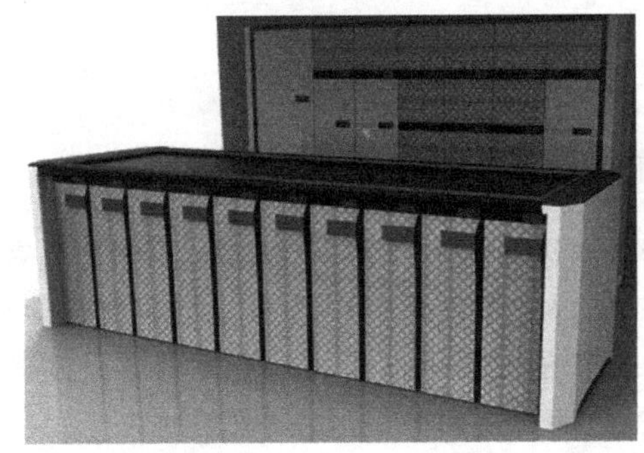

图 6－39　厨房配色方案(彩图见封 3)

(6) 智能触屏

功能柜柜门开关结构采用智能触屏技术，取缔原来的旋转门闩设计，方便操作，简化了使用方式。触屏手滑式人机开关杜绝了因误操作而导致的不安全行为方式。

(7) 流线型造型风格

乘务员操作台面造型采用流线型设计风格，杜绝尖锐角的存在，符合乘务员使用习惯。客舱设施边缘与细节处理是一个设计重点，优良的产品边缘设计不仅是安全的，防止磕碰撞伤，还可以提升产品整体造型档次。餐车柜与功能柜的边缘均采用利落的大块面倒角造型，使原本呆板方正的四方体造型变得活泼、圆润、有亲和力，倒角柔化了直角边缘存在的危险性。

6.4.3　C929 客舱运输服务设施造型安全人机设计

机上运输服务设施设计主要是手推车的设计。20 世纪 60 年代，出现了早期的手推送餐车，手推车是在飞机客舱中为乘客提供餐饮服务的重要设施，可运送和储存各种客舱服务品。

手推车不仅仅是轮子上的盒子，它们是集餐饮、零售及废物管理等多功能的服务设施，通过创新理念与设计服务增强乘客体验，为航空公司增加利润。手推车按使用功能划分，一般分为餐车和废弃物车，餐车是存放食品与托盘的手推车，废弃物车是收集废弃物的手推车。按照尺寸划分，手推车可以分为全长手推车和半长手推车，主要用于装载饮料、物品箱、食物、食品和垃圾。按照收纳功能划分，手推车还可以分为可折叠手推车与不可折叠手推车。飞机客舱中手推车功能越来越细化，其种类也越来越多，如手推送餐车、垃圾回收车、送水车等，其中手推餐车起着主导的作用。

1. 手推车造型设计问题的提出

2015 年，中国民航局对全国各航空公司的服务满意度进行过调查统计，如图 6-40 所示，其中旅客留言的关键词"餐食"占到了 10.63%，居于第二位，"客舱设施"占到了 10.19%，居于第三位。因此，飞机客舱送餐手推车的造型设计会影响乘客对服务满意度的评价。

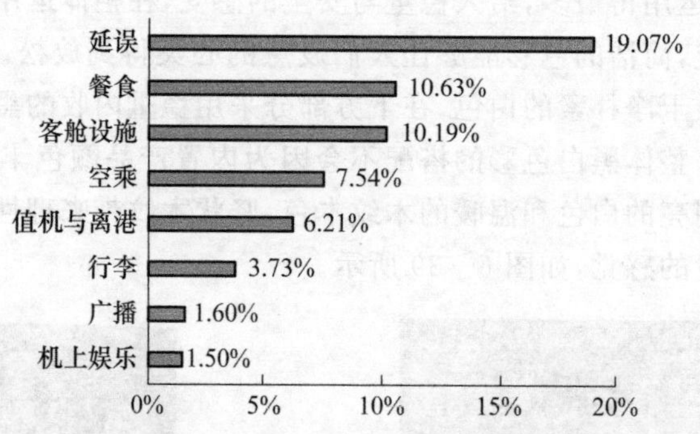

图 6-40　2019 年航空服务测评旅客留言关键词分布①

进一步通过询问访谈机上乘客与乘务员，分析可知送餐期间的主要问题如下：①飞机客舱的通道太窄，乘务员使用手推车送餐时通道太拥挤，使得去盥洗室的乘客只能待在原位等待，给急于去盥洗室的乘客带来巨大的苦恼；②乘务员送餐是根据手推车从上至下的顺序发送餐饮，而递送餐饮的速度有限，坐在后方的乘客只能焦急地等待；③乘务员在取餐时由于手推餐车空间有限，需要弯腰甚至蹲下去取餐盒，大大降低了送餐的效率，也为乘务员带来了许多不便。

2. 手推餐饮车设计方案

(1) 手推餐饮车设计概念

手推餐饮车采用并联式模块设计方法，以手推餐车为主体，提供标准接口，可以模块组合饮品机，从而将手推餐车与手推饮品车功能进行二合一。饮品机可以提供茶、咖啡、果汁以及浓缩物与水制成的近 30 种不同的软饮料或混合饮料。手推餐饮车采用触摸显示控制，45°倾斜显示屏符合空乘人员最佳视角，能更有效率地操作，显示屏会显示每款饮料容器的代码，并自动显示每种饮料的余量。使用饮品机混合生成饮料时，唯一需要添加是二氧化碳。二合一的手推餐饮车为乘务员提供了更高效的操作体验，并能为乘客提供味道更独特的碳酸饮料②。

(2) 确定造型意向关键词

收集现有手推餐车的数据资料，挑选具有代表性的手推餐车样本，筛选感性形容词，建立意向空间，分析总结其功能、造型以及使用方式。通过感性意象的方法定位"简洁"与"时尚"的

---

① 航联传播旗下民航旅客服务评测(CAPSE)发布《2020 年航空公司服务评测报告》。

② 空客公司曾开发了手推饮品车，车没有液体时空车重量是 45 kg，装满容量是 85 kg；所有的饮料是集成装在 830 ml 的容器盒中，一盒可以生产超过 220 杯，其中每杯 180 ml。

造型关键词，确定“效率”与“多功能”的共性特征。造型是用户判断产品是否能够使用的最直接表现，是功能、形态、材质、人机尺寸和比例的一个综合。流线型设计、上窄下宽的形态比例使手推餐饮车更具稳定性，面与面通过圆弧过渡减少了对乘客碰撞所造成的伤害。

(3) 人机尺寸

影响乘务员使用手推车的安全性、舒适性因素主要为：人的体格、人的输出功率、人的上肌力、人的疲劳等。空乘人员在推餐车时，主要的关节活动是肘关节和手腕关节的旋转运送、手指关节的屈伸运动，还有脚部关节的制动与取消制动。

设人的手长为 L，即在手伸直的情况下，从中指指尖点至连接桡骨茎突点和尺骨茎突点的掌侧面连线的中点的距离；设人的手宽为 B，即从桡侧掌骨点至尺侧掌骨点的直线距离；设人的手握围为 ϕ，即当握住一个圆锥体时，食指与拇指围成的圆环内圈长度。人握、捏的关键部位为手腕，右手手腕的握力平均值为 47.8 kg，其中标准偏差 6.4 kg，左手手腕的握力平均值为 44.9 kg，其中标准偏差 6.2 kg，如图 6－41 所示。

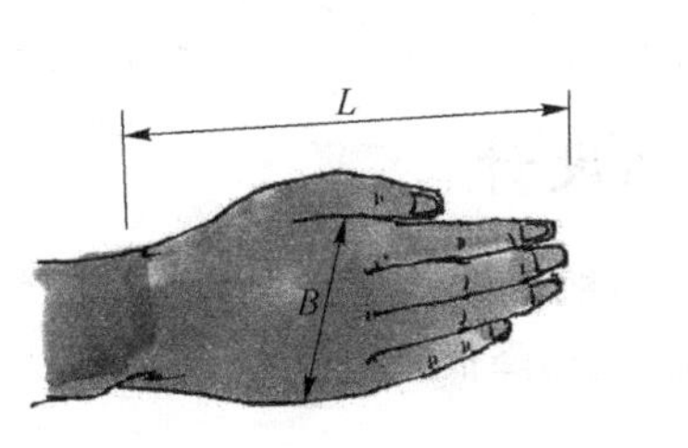

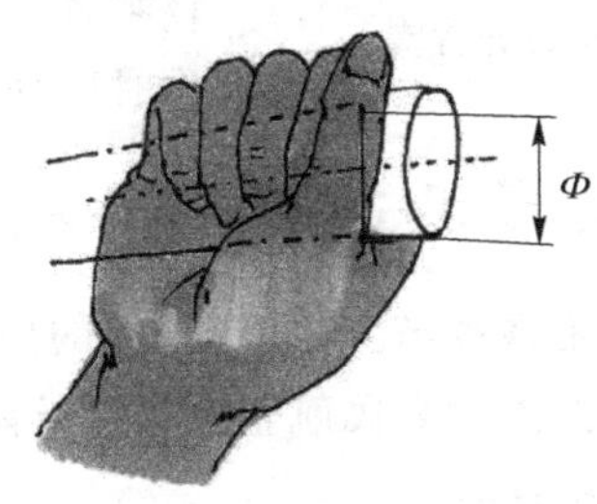

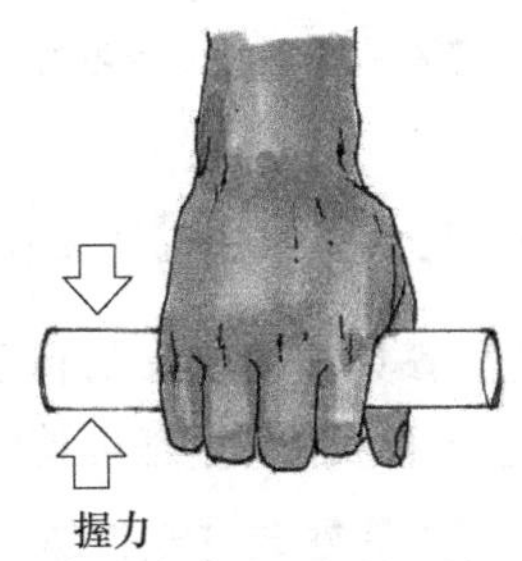

图 6－41　乘务员的手部测量与握力范围

参考民机女性乘务员立姿身高范围 162～170 cm，最舒适的手推方式是推车高度在人的腰部以下。手推餐饮车的设计尺寸为：长 1 085 mm×宽 301 mm×高 1 030 mm；饮品机的设计尺寸为：长 271 mm×宽 210 mm×高 271 mm。手推餐车的把手处手握围为 25～30 mm，两手的间距为 180 mm，为方便送餐人员的手来回移动，手握处采用磨砂材料，且手握处的位置与整体宽度有较好的比例关系。手推餐饮车上门采用单手旋转开锁方式，方便快速取物，设计旋转锁直径为 76 mm，旋转轴的宽度为 20 mm；手推餐饮车下部空间主要存放餐饮，考虑到下门在送餐过程中不会过多的开关使用，上下门使用方式略有不同，下门采用旋转和拉手同时开门的操作，下门开锁直径比上门开锁直径缩小了 6 mm，下门开锁直径为 70 mm。

(4) 空间分类细化

对手推餐饮车的空间结构进行创新，饮品液体原料放置在车体前部空间，餐盒放置在车体后部空间，便于检修。将前部存餐空间合理划分为同等大小的透明抽屉式格子，方便拆卸清洗与组合装餐。每个格子放置不同品种的餐盒，最上层抽拉部分主要用于存放纸杯、水果等物品，其他部分全部用于存放餐盒，合理利用空间，分类清晰，提高发餐效率。手推餐饮车上部柜门内部配置一个小型的储物盒，可以放置吸管等小件物品，优化分类这样的内部结构只需一位乘务员就可完成所有的程序，改变了以往送餐过程中前后两位乘务员发餐的模式。

(5) 改进使用方式

在手推餐饮车内部采用抽拉式的方式进行取餐，可以使空乘人员在送餐的过程中减少弯腰或下蹲取餐的姿势，提高送餐效率，节省送餐的时间，增加乘客的满意度，减轻乘务员的疲

劳。传统手推餐车开门需要解锁与开门两个步骤,新的设计方案采用了旋转开门方式,将两个步骤简化为一个步骤。餐饮车的抽屉格上部有很大的开口凹槽,手拉的人机造型设计方便乘务员使用。

图 6-42　C929 手推餐饮车设计方案

(6) CMF 设计

如图 6-42 所示,手推餐饮车以蓝灰色为主体色,营造出宁静的氛围,搭配浅灰色的边缘色,显得轻松而愉快。深灰色和红色点缀的旋转锁,大方醒目,能够让乘务员第一时间找到开门的位置,并判断餐饮车是否固定。素朴的白色能让人联想到健康与光明。手推餐饮车采用高硬度、轻重量的碳纤维材质,在手握位置采用了磨砂软性材质,加强了摩擦力,减轻乘务员送餐时手握的压力,能让乘务员在工作时更加舒适。

6.4.4　C929 航空餐具造型安全人机设计

航空餐具造型设计的精髓是精神与文化、形与神的融合,航空餐具造型设计的系统性、功能性、艺术审美性、生态可持续性能提高民航企业品牌的附加值,降低经济成本与消耗。

1. 航空餐具 PSS“集”的设计

基于 PSS“集”的设计方法分析乘客点餐、等餐、用餐的过程。航空餐具在这个系统过程中不是唯一的设计主体,航空餐具、乘客点餐、乘客用餐、乘务员回收餐具以及服务共同构成了设计主体,如图 6-43 所示。

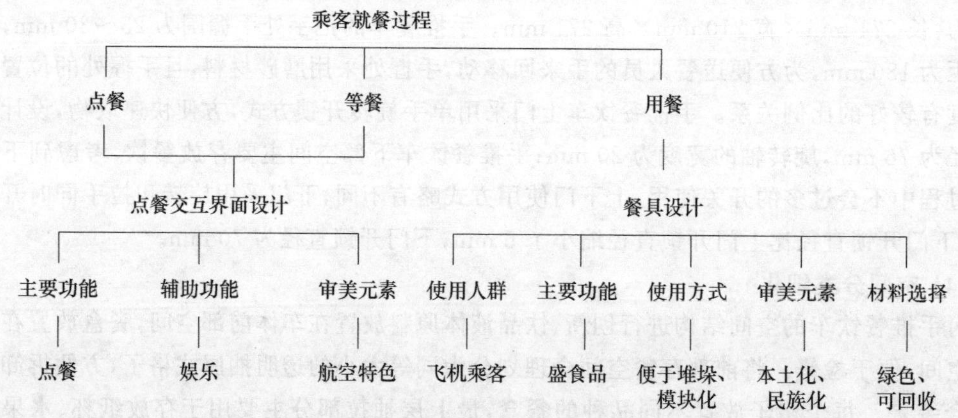

图 6-43　C929 航空餐具 PSS“集”的设计

2. “致用”与“尚美”的商务经济舱餐具造型设计

C929 商务经济舱餐具造型设计通过“致用”与“尚美”来满足乘客的使用功能与情感审美功能需求。

(1) 尺度空间体现“致用”功能

“致用”功能一方面体现在适合的航空餐具尺寸上，确保经济舱航空餐具大小尺寸与小桌板适合、航空餐具与乘客的使用习惯适合，在可利用的尺寸范围内保障乘客舒适进餐；另一方面，“致用”功能体现在更加灵活与优化的组合方式，从而节省空间、方便运输与回收存放。C929 商务经济舱餐具采用“U”型结构，更易在送餐手推车上堆垛存放。商务经济舱餐具结构设计草图如图 6－44 所示。

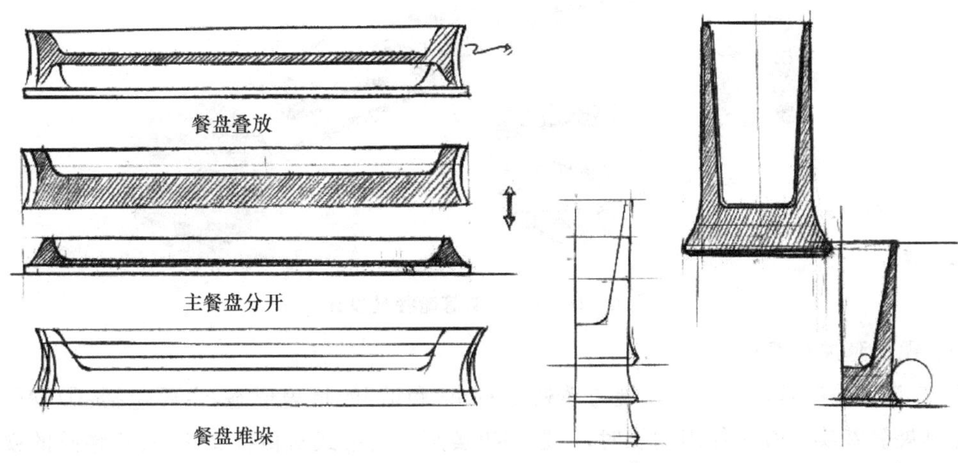

图 6－44　商务经济舱餐具结构设计草图

(2) 形色匹配体现“尚美”功能

“形”是航空餐具的外在形式，“色”是航空餐具的一种感性语言，形色匹配实现了 C929 商务经济舱餐具造型设计的“尚美”功能。C929 商务经济舱餐具将竹节外部轮廓线应用到餐盘立体造型设计中，采用洁净的白色与静谧的竹黄色协调匹配，使乘客得到视觉上的愉悦与放松，如图 6－45 所示。

3. “和谐”与“适度”的头等舱餐具造型设计

“和谐”与“适度”是在民族文化与航空文化背景下由感性、理性、伦理因素凝聚而成的审美形态。国产大飞机 C929 客舱设施造型安全人机设计必然是根植于中华民族文化土壤中、受哲学思想影响的造型艺术形式与风格，航空餐具也不例外。C929 头等舱餐具设计不是简单地将某些中国图案或造型元素进行打散重组再应用，或是将其抽象变形后强行套用浅层次的“符号化”造型，而是应该建立在“和谐”与“适度”的中国传统审美基础之上的形、色、质、用的设计，如图 6－46 所示。

图 6－45　C929 商务经济舱餐具设计方案

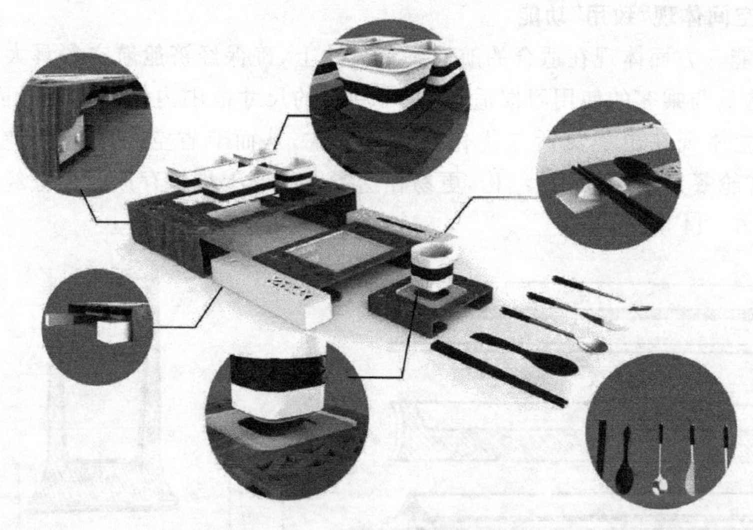

图 6-46　C929 头等舱餐具设计

(1) 视觉延展与系列化

C929 头等舱餐具通过视觉延展与系列化实现“和谐”的审美形态，主要包括：①航空餐具的视觉延展。在实现餐具使用功能时，以造型审美形态的形式对传统文化、民族情感的视觉进行再现与传播。餐盘、筷子、勺子与收纳盒的造型设计大面积使用了不规则的传统图案元素，体现出整体中求变化、变化融于整体的形式美。②航空餐具通过传统文化元素延续系列化设计风格。筷子、勺子等餐具手柄上的立体图案，既起到使用时的防滑功能，又能通过质感的对比强化视觉美感。碗采用“圆角方形”造型设计，无尖锐角和面，同时最大化盛放容积；碗壁外缘与碗底一圈延续传统文化的图案元素风格，增大了与餐盘接触面的摩擦力，提升了稳固性；餐盘左右侧有两耳，方便使用者提放。

(2) 化繁为简与色质天然

C929 头等舱餐具通过化繁为简与色质天然实现“适度”的审美形态，主要包括：①化繁为简主要体现在航空餐具功能布局与外观形态上。例如 C929 头等舱餐具假山造型的筷架演变成连贯的面，可两面翻转使用，收纳时不占用餐盒上下叠放空间。②色质天然的生态自然之美体现了中国哲学思想“天人合一”的可持续设计理念。餐具在整体色调上采用浅棕和白色搭配，浅棕象征大地和家乡，能勾起乘客内心深处的记忆；白色给人以想象的空间，白色的果盘和水杯、棕红色图案稳重而内敛，与整体相得益彰。联合利华和曼彻斯特大学的研究员做了关于环境噪声影响乘客对食物特性感知的实验，研究结果表明，静音材质的航空餐具能给进餐中的乘客带来更好的食物口感与更舒适的体验。在航空餐具材料的选择中，主要采用可降解的聚乳酸(PLA)和竹材料，这两种材料质轻、易加工、环保，适合作为航空餐具材料使用。

4. 点餐系统交互界面设计

2013 年由几家航空公司联合发起的对影响乘客乘机旅途舒适性因素的调研中，8%的乘客提到了航空餐饮。通过对航空餐具与点餐交互界面结合起来进行创新设计，可以弥补航空餐饮影响乘客旅途体验的不足。点餐系统是以乘客为中心的 PSS 设计，如图 6-47 所示。

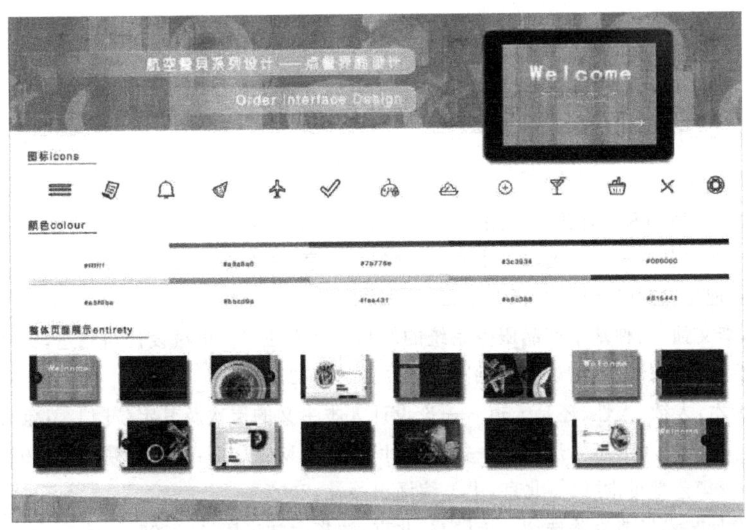

图 6-47　C929 点餐界面设计方案

首先，确定航空公司的品牌视觉定位以及目标用户，并将航空公司的视觉元素融入界面布局与设计中，将内在文化价值以外在美的形式呈现。其次，归纳与提炼点餐界面的感性概念词汇，收集相关感性词汇并使乘客产生情感共鸣的素材元素。第三，确定点餐界面视觉风格。点餐界面视觉风格设计体现在三个方面：布局上方便乘客操作使用点餐功能与娱乐辅助功能；视觉上增加乘客的食欲；融入航空设计文化。

参考文献

[1] 刘训涛,曹贺,陈国晶. TRIZ 理论及应用[M]. 北京:北京大学出版社,2011.

[2] 小竹進. 感性工学の基礎——美とエントロピー[M]. 东京:丸善株式会社,2005.

[3] 李砚祖. 设计新理念:感性工学[J]. 新美术,2003(4):21.

[4] 季兰坤,李彦,李文强. 一种基于产品服务系统的产品设计方法[J]. 机械设计与制造,2010(7):251.

[5] 于帆. 现代产品系统设计从系统认识开始[J]. 装饰,2004(12):38.

[6] 吕杰锋. 以人为本:人欲、人性、还是人道——论设计人本主义的层次及其定位[J]. 美苑,2009(2):32-34.

[7] 海因茨·富克斯. 产品·形态·历史——德国设计 150 年[M]. 北京:对外关系学会,1985.

[8] 杭间,张丽娉. 清华艺术讲堂[M]. 北京:中央编译出版社,2007.

[9] 李砚祖. 外国设计艺术经典论著选读·上[M]. 北京:清华大学出版社,2006.

[10] 凌继尧,徐恒醇. 艺术设计学[M]. 上海:上海人民出版社,2006.

[11] 潘先进. 民用飞机内饰材料研究[J]. 装备制造技术,2014(8):238.

[12] 赵雯. 飞机客舱内饰设计中材质设计的探究[J]. 科技信息,2013(18):445.

[13] 白晓. 民用飞机座舱内饰及生活设施色彩浅析[J]. 内燃机与配件,2017(16):147-148.

[14] 冯立飞. 民用飞机客户化选型研究[J]. 科技创新导报,2015(24):226-228.

[15] 许松林,周健,樊彦予. 民用支线飞机客舱空间舒适性评价研究[J]. 航空科学技术,2014(7):17-22.

[16] 罗晓利,孟斌,李海龙. 民机研发中的人因学设计方法[J]. 中国民用航空,2014(7):87-89.

[17] 汪洋,余隋怀,杨延璞. 基于 QFD 和 AHP 的飞机客舱内环境人机系统评价[J]. 航空制造技术,2013(8):86-91.

[18] 蒋超,余隋怀,姚澜. 飞机客舱内环境人机性能层次灰关联评价[J]. 机械科学与技术,2014,33(5):785-788.

[19] 付秀民. 民用飞机客舱空间尺寸人机工程评估研究[J]. 内燃机与配件,2017(15):17-19.

[20] 李耀华. 飞机座舱人机工程设计中的几个环境因素[J]. 飞机工程,2007(3):27-33.

[21] 田华. 飞机座舱内部装饰对于飞行员视觉工效的影响研究[J]. 机电信息,2017(24):164-165.

[22] 许为,陈勇. 人机功效学在民用客机研发中应用的新进展及建议[J]. 航空科学技术,2012(6):18-21.

[23] 阳娟,刘仟. 基于人机工程学的新型轻薄航空座椅优化研究[J]. 科技展望,2016(23):177.

[24] 王永,杨宏. 民用飞机机载设备适航与安全性设计[J]. 航空科学技术,2014,25(8):27-33.

[25] 张维方. 民用飞机舱内装饰与设备的适坠性研究[J]. 民用飞机设计与研究,2009(1):5-9.

[26] 肖芸,张国军. 客舱安全文化初探[J]. 交通企业管理,2010(10):65-66.

[27] 田玲玲,华迎春. 民航客舱安全风险综合分析与评价方法[J]. 中国民用航空,2016(6):87-91.

[28] 李虹. 客舱安全隐患及对策[J]. 民航管理,2005(12):58-61.

[29] 宋靓. 商用飞机的客舱无障碍设计研究[J]. 民用飞机设计与研究,2015(4):58-61.

[30] 林红兵,陈晨,王燕青. 民机客舱乘客应急逃生群体行为特征研究[J]. 消防科学与技术,2014,33(7):818-821.

[31] 刘小娟. 客舱安全中的威胁和疏失现象[J]. 中国民航大学学报,2007,25(S1):75-76.

[32] 李国辉,赵力增,王颖. 飞机客舱安全疏散影响因素研究[J]. 火灾科学,2016,7(8):239-244.

[33] 冯立飞. 民用飞机客舱舒适性研究[J]. 科技展望,2016(14):294.

[34] 艾玲英. 民用飞机客舱空间舒适性评价[J]. 中国科技信息,2016(13):97-98.

[35] 郭天鹏,孙学德,汪光文.基于调查统计的民用飞机客舱舒适性主观体验研究[J].科技视窗,2017(11):218-219.

[36] 薛飞,陈凡.3D打印技术对民用飞机内饰设计的影响探讨[J].装备制造技术,2016(5):103-105.

[37] 左恒峰,彭露.基于CMF的民用飞机内饰研究与设计创意[J].装饰,2017,295(11):100-103.

[38] 白晓.民用飞机客舱内装饰设计浅析[J].内燃机与配件,2017(17):149-150.

[39] 李枫.浅谈民用飞机客舱内饰的工程设计[J].装备制造技术,2014(8):96-99.

[40] 王政.支线飞机客舱设计影响因素探讨[J].科技创新导报,2015(25):147-148.

[41] 王乐宁.浅谈用户体验研究在民用飞机内饰设计中的应用[J].装备制造技术,2016(7):85-87.

[42] 冯振安.民用飞机特殊座椅设计研究[J].包装工程,2009,30(9):132-134.

[43] 吴洪.现代民用飞机客舱盥洗室的设计发展研究[J].航空科学技术,2013(3):50-51.

[44] 杨五一.浅谈民用飞机客舱顶部行李箱的设计[J].装备制造技术,2014(8):238.

[45] 徐江华,徐波,张敏.梦飞行——航空器创意设计绘制[M].北京:北京航空航天大学出版社,2016.

[46] 陈全.事故致因因素和危险源理论分析[J].中国安全科学学报,2009,19(10):69-70.

[47] 李红博.事故理论及其对策措施分析[J].科技信息,2013(6):99.

[48] 傅山.民用运输类飞机驾驶舱人为因素设计原则[M].上海:上海交通大学出版社,2013.

[49] 英国DK出版社.飞机全书[M].北京:北京航空航天大学出版社,2015.

[50] (美)Robert Hoekman Jr.用户体验设计[M].阿布,刘杰,译.北京:人民邮电出版社,2017.

[51] (德)Polaine A,(挪)Lovlie L,(英)Reason B.服务设计与创新实践[M].王国胜,张盈盈,付美平,等译.北京:清华大学出版社,2015.

[52] 徐德蜀,邱成.安全文化通论[M].北京:化学工业出版社,2008.

[53] 徐德蜀,安全文化、安全科技与科学安全生产观[J].中国安全科学学报,2006,16(3):79.

[54] 何永军.民机旅客座椅的动态特性分析[J].民用飞机设计与研究,2012(S1):49.

[55] 中华人民共和国工业和信息化部.民用飞机旅客座椅设计要求:HB7045—2014[S].北京:中国航空综合技术研究所,2014-11-01.

[56] 王黎静.飞机人因设计[M].北京:北京航空航天大学出版社,2015.

[57] 邢庆华.设计文化“回归”论[J].东南大学学报:哲学社会科学版,2011,13(1):101.

[58] 曹芹,蒋照宇.集散控制系统作业安全人机环工程研究[J].中国安全生产科学技术,2009,5(3):167.

[59] 冯肇瑞,叶继香.职业安全卫生词典[M].成都:四川人民出版社,1990.

[60] 张舒,史秀志.安全心理与行为干预的研究[J].中国安全科学学报,2011,21(1):23-29.

[61] 周刚,程卫民,诸葛福民,等.人因失误与人不安全行为相关原理的分析与探讨[J].中国安全科学学报,2008,18(3):10-14.

[62] 邓铸,余嘉元.问题解决中对问题的外部表征与内部表征[J].中国安全科学学报,2001,9(3):193-200.

[63] 李双蓉,王卫华,吴超.安全心理学的核心原理研究[J].中国安全科学学报,2015,25(9):8-13.

[64] 丁锋,吴卫.深泽直人与他的“无意识设计”[J].湖南工业大学学报:社会科学版,2011,16(2):138-141.

[65] 吴俭涛,陈玉.“无意识设计”中偶然性与必然性的问题[J].燕山大学学报:哲学社会科学版,2011,12(4):131-133.

[66] 罗明强,冯昊成,刘虎,等.民用飞机客舱快速设计及自动化调整[J].航空学报,2009,30(1):73-79.

[67] 丁玉兰.人机工程学[M].北京:北京理工大学出版社,2000:226.

[68] 李泽厚,汝信.美学百科全书[M].北京:社会科学文献出版社,1990.

[69] 原研哉.设计中的设计[M].济南:山东人民出版社,2008.

[70] 崔胜辉,洪华生,黄云凤,等.生态安全研究进展[J].生态学报,2005,25(4)1:861-867.

[71] 葛鲁嘉.心理学研究的生态方法论[J].社会科学研究,2009(2):140-144.

[72] 何文广,宋广文.生态心理学的理论取向及其意义[J].南京师范大学学报:社会科学版,2012(4):110-115.

[73] 罗玲玲,王磊.可供性概念辨析[J].哲学分析,2017,8(4):118-133.
[74] 曲琛,韩西丽.城市邻里环境在儿童户外体力活动方面的可供性研究——以北京市燕东园社区为例[J].北京大学学报:自然科学版,2015,51(3):537.
[75] 王义,罗玲玲.可供性具身认知的设计方法论意义[J].自然辩证法通讯,2018,40(2):122-128.
[76] (日)后腾武,佐佐木正人,深泽直人.设计的生态学[M].黄友玫,译.南宁:广西师范大学出版社,2016:169.
[77] 刘尚,史冬岩,基于可供性分析的技术系统理想度提高方法[J].机械设计,2013,30(3):12-16.
[78] 许晓峰,高颖.服务设计中的可供性评价体系及其应用研究[J].装饰,2015,262(2):108-110.
[79] 张宏梁.论艺术与仿生学的结缘[J].东南大学学报:哲学社会科学版,2001(3)1:82-86.
[80] 中华人民共和国工业和信息化部.民用飞机复合材料结构设计通用要求:HB8438—2014[S].北京:中国航空综合技术研究所,2014-11-01.
[81] 江牧.工业产品设计安全原则[M].北京:中国建筑工业出版社,2008.
[82] 柳智慧.民航飞机客舱设备选型的研究和思考[J].航空保障,2008,94(12):90.
[83] 余晓宝.安全感设计[J].艺术百家,2003(2):127.
[84] 中华人民共和国国家技术监督局.在产品设计中应用人体尺寸百分位数的通则:GB/T12985-91[S].北京:中国标准出版社,1992-03-01.
[85] 窦金花,张芳燕.面向弱势群体的产品情感化设计关键方法研究[J].包装工程,2013,34(12):94.
[86] 丁俊武,杨东涛,曹亚东,等.基于情感的产品创新设计研究综述[J].科技进步与对策,2010,27(15):156.
[87] (美)DONALD A. NORMAN.情感化设计[M].付秋芳,程进三,译.北京:电子工业出版社,2008.
[88] 黄厚石,孙海燕.设计原理[M].南京:东南大学出版社,2005.
[89] 教育部高等学校安全工程学科教学指导委员会.安全学原理[M].北京:中国劳动社会保障出版社,2009.
[90] 苏良兴,杨正.产品使用方式在设计中的表征形式探析[J].机械设计,2013,30(4):106.
[91] 柳冠中.设计事理学论纲[M].长沙:中南大学出版社,2005.
[92] 郑春东,陈雅,李晓亮,等.产品使用方式的认知一致性对品牌延伸的影响[J].工业工程与管理,2013,18(5):130-135.
[93] 王琥.中国传统器具设计研究[M].南京:江苏美术出版社,2004.
[94] 程宏.寻找新的关系——功能主义的困境与抉择[J].新美术,2015(9):107-109.
[95] 张岩鑫.艺术设计美学中的功能主义评析[J].艺术百家,2006,90(4):175.
[96] 熊艳,李彦,李文强,等.基于形态特征线意向量化的产品形态设计方法[J].四川大学学报:工程科学版,2011,42(3):234.
[97] 杨杰.形象造型语言的格式塔美学特征分析[J].文艺争鸣,2010(20):124.
[98] 刘小路.由“技艺”到“方法”:格式塔理论在包豪斯与乌尔姆的发展[J].装饰,2014,254(6):76-77.
[99] 吴翔.产品系统设计[M].北京:中国轻工业出版社,2000.
[100] (英)彭妮·斯帕克.大设计:BBC 写给大众的设计史[M].张朵朵,译.桂林:广西师范大学出版社,2012.
[101] 中华人民共和国工业和信息化部.民用飞机内外部应急标识:HB8396—2013[S].北京:中国航空综合技术研究所,2013-09-01.
[102] (日)奥博斯科编辑部.配色设计原理[M].北京:中国青年出版社,2009.
[103] (日)黑川雅之吴.素材与身体[M].俊伸,译.石家庄:河北美术出版社,2013.
[104] (英)彼得·多默.现代设计的意义[M].张蓓,译.南京:译林出版社,2013.
[105] 严林芳,马双云,叶军晖,等.智能化民用飞机概述[J].民用飞机设计与研究,2017,126(3):133.

[106] (美)Kevin N. Otto,Kristin L. Wood. 产品设计[M]. 齐春萍,宫晓东,张帆,译. 北京:电子工业出版社,2005.

[107] 魏屹东,王敬. 论情景认知的本质特征[J]. 自然辩证法通讯,2018,40(2):39-44.

[108] (法)马克·第亚尼. 非物质社会——后工业世界的设计、文化与技术[M]. 滕守尧,译. 成都:四川人民出版社,2008.

[109] 余鲁,刘蔓. 论灵活可变的室内空间[J]. 四川三峡学院学报,1998,14(4):93-96.

[110] 霍志勤. 民用航空安全文化建设刍论[J]. 中国民航学院学报,2005,23(1):40-44.

[111] 周旭,易心. 浅谈现代设计中的本土文化意识[J]. 美术研究,2008(1):101-103.

[112] 杨守森. 论美学的实用性研究[J]. 人文社会科学版:福建论坛,2017(11):43-49.

[113] 孟祥勇. 论设计与民生之美[J]. 美苑,2010(4):68-71.

[114] 赵越让. 适航理念与原则[M]. 上海:上海交通大学出版社,2013.

[115] (美)前田约翰(John Maeda). 简单法则[M]. 张凌燕,译. 北京:机械工业出版社,2014.

[116] 唐纳德·A·诺曼. 设计心理学[M]. 上海:上海人民出版社,2007.

[117] (美)鲁·阿恩海姆. 艺术心理学新论[M]. 北京:商务印书馆,1994.

[118] 刘征,顾建新,潘凯,等. 基于TRIZ的产品生态设计方法研究——融合规则和案例推理[J]. 浙江大学学报:工学版,2014,48(03):437.

[119] 张士运,林岳. TRIZ创新理论研究与应用[M]. 北京:华龄出版社,2010.

[120] 张建一,郭艳玲,杨树财,等. 基于TRIZ理论的产品创新设计[J]. 机械设计,2009,26(2):35.

[121] (英)卡伦·加德. TRIZ for Engineers:Enabling Inventive Problem Solving[M]. 罗德明,王灵运,姜建庭,等译. 北京:国防工业出版社,2015.

[122] 刘志峰,杨明,张雷. 基于TRIZ的可拆卸连接结构设计研究[J]. 中国机械工程,2010,21(7):852-859.

[123] 苏建宁,王鹏,张书涛,等. 产品意象造型设计关键技术研究进展[J]. 机械设计,2013,30(1):97.

[124] 李勇,梁春慧,柳小龙. 中日感性工学研究现状及启示[J]. 装饰,2016,278(6):95.

[125] 汤凌洁. 情感设计产品——产品研发中的感性工学方法论探究[J]. 艺术百家,2007,99(6):148.

[126] 张尧,韩宇翃. 感官体验思维下的乘客飞行体验设计研究[J]. 设计,2017(23):146.

[127] (英国)盖伊·朱利耶. 设计的文化[M]. 钱凤根,译. 南京:译林出版社,2015.

[128] 张宗登. 用科学的方法研究设计文化——读胡俊红先生《设计的因缘》随想[J]. 创意设计,2010(6):82.

[129] 杨先艺. 论设计文化[J]. 装饰,2003,117(1):38.

[130] 简召全. 工业设计方法学[M]. 3版. 北京:北京理工大学出版社,2011.

[131] (德)鲍姆嘉通. 美学[M]. 王旭晓,译. 北京:文化艺术出版社,1987.

[132] 陈望衡. 中国古典美学史上卷[M]. 2版. 武汉:武汉大学出版社,2007.

[133] 宫浩钦. 从历史发展角度看飞机的气动造型与速度之美[J]. 装饰,2014,253(5):96.

[134] (英国)彭妮·斯帕克. 设计与文化导论[M]. 钱凤根,于晓红,译. 南京:译林出版社,2012.

[135] 顾新建,李晓,祁国宁,等. 产品服务系统理论和关键技术探讨[J]. 浙江大学学报:工学版,2009,43(12):2240.

[136] 杜鹤民. 基于系统化思想的产品服务系统设计方法研究[J]. 现代制造工程,2013(8):43.

[137] 李小聪. 面向产品服务系统的产品设计策略研究[J]. 现代制造工程,2012(1):90.

[138] 杨向东. 产品系统设计[M]. 北京:高等教育出版社,2008.

[139] 童时中. 模块化原理设计方法及应用[M]. 北京:中国标准出版社,2000.

[140] 李屹,李曦. 认知网络中的人工智能[M]. 北京:北京邮电大学出版社. 2014.

[141] 钟义信. 信息转换原理:信息、知识、智能的一体化理论[J]. 科学通报,2013,58(14):1300-1306.

[142] 金青,张忠. 智能产品的工业服务设计研究[J]. 工业技术经济,2016,277(11):93.

[143] 李浩,祁国宁,纪杨建,等. 面向服务的产品模块化设计方法及其展望[J]. 中国机械工程,2013,24

(12):1692.

[144] 张耘,胡睿.超大型城市智慧化治理体系建设研究——基于整体性治理理论[J].行政管理改革,2018(6):36.

[145] 石珂.关于飞机旅客座椅的维护与选型[J].百科论坛,2013,25(10):367.

[146] 中国航空工业总公司.民用飞机旅客安全带设计要求:HB7048—94[S].北京:中国科学技术出版社,1994.

[147] 陆峥.浅析民用飞机座椅造型和色彩设计[J].民用飞机设计与研究,1990(3):31.

[148] 胡飞,杨瑞.设计符号与产品语意——理论、方法及应用[M].北京:中国建筑工业出版社,2003:47.

[149] 伍玉林,王大鹏.基于唯物史观主体人的层面探析李约瑟问题[J].边疆经济与文化,2009,64(4):54.

[150] 中华人民共和国国家标准.中国成年人人体尺寸:HB10000-88[S].北京:国家技术监督局,1989.

[151] (荷)彼得·温克,克劳斯·劳布尔.飞机客舱舒适性设计[M].党铁红,译.上海:上海交通大学出版社,2013.

[152] (美)Mark S. Sanders,Ernest J. McCormick.工程和设计中的人因学[M].7版.于瑞峰,卢岚,译.北京:清华大学出版社,2013.

[153] 刘刚,卢颖,李兴洋,等.坐姿人体体表剪力分布实验与数值模拟[J].机械设计与研究,2009,25(3):100.

[154] 刘德良.隐私与隐私权问题研究[J].社会科学,2003(8):52.

[155] 顾世敏.飞向安全——航空飞行的进步之源[M].北京:北京航空航天大学出版社,2016.

[156] 许鑫,薛红军,罗晓鹏.大型客机客舱座椅布局设计中的舒适问题[J].科学技术与工程,2009,9(2):316.

[157] 龙爱华,张志强,苏志勇.生态足迹评介及国际研究前沿[J].地球科学进展,2004,19(6):971.

[158] 张青萍.室内设计中传统文化元素的融入[J].南京林业大学学报:哲学社会科学版,2013(4),129-132.

[159] 中国民用航空局.CCAR-25-R4中国民用航空规章第25部运输类飞机适航标准[S].北京:中国民用航空局,2011.

[160] 杨蕾,李瑞君.中国古代盥洗室的发展及启示[J].艺术设计研究,2014(3):147.

[161] 中国航空工业总公司.民用飞机盥洗室设计要求:HB7051—94[S].北京:中国科学技术出版社,1995.

[162] 中国民用航空局.飞机厨房手推车、物品箱及相关组件的最低设计和性能:MH/T6061—2010[S].北京:中国科学技术出版社,2010.

[163] 周传记.民用飞机厨房设计[J].民用飞机设计与研究,2002(3):31.

[164] 任和,徐庆宏,等.民用飞机工业设计的理论与实践[M].上海:上海交通大学出版社,2017.

[165] 中国航空工业总公司.民用飞机厨房通用规范:HB7050—94[S].北京:中国科学技术出版社,1995.

[166] 中华人民共和国国家技术监督局.工作空间人体尺寸:GB/T13547—92[S].北京:中国标准出版社,1993.

[167] 中国民用航空局.飞机机舱用手推车和食品箱容火实验:MH/T6098—2013[S].北京:北京航空航天大学出版社,2013.

[168] 徐江华.融入“竹元素”的航空餐具创新设计[J].南昌航空大学学报:社会科学版,2016,18(3):89-94.

[169] 王国胜.服务设计与创新[M].北京:中国建筑工业出版社,2015.

[170] 刘伟.人机界面设计[M].北京:北京邮电大学出版社,2011.

[171] 王建疆.审美形态新论[J].甘肃社会科学,2007(4):155.

[172] 徐江华.竹器物审美形态在航空文化产品设计中的应用[J].包装工程,2016,37(24):146-149.

[173] Manzini E,Vezzoli C. Product-service systems:using an existing concept as a new approach to sustainability[J]. Journal of Design Technology, 2001.

[174] Mont O K. Clarifying the concept of product—service system[J]. Journal of Cleaner Production, 2002,

10(3):237 - 245.

[175] Xenakis I, Arnellos A. The relation between interaction aesthetics and affordances[J]. Design Studies, 2013, 34(1):57 - 73.

[176] Hitos K, Cannon M, Cannon S, et al. Effect of leg exercises on popliteal venous blood flow during prolonged immobility of seated subjects: implications for prevention of travel - related deep vein thrombosis [J]. Journal of Thrombosis and Haemostasis, 2007, (5):1890.

[177] Park B J, Tsunetsugu Y, Kasetani T, et al. The physiological effects of Shinrin - yoku (taking in the forest atmosphere, or forest bathing): evidence from field experiments in 24 forests across Japan[J]. Environmental Health and Preventive Medicine, 2010(15):22.

[178] Mellert V, Baumann I, Freese N, et al. Impact of sound and vibration on health, travel comfort and performance of flight attendants and pilots[J]. Aerospace Science & Technology, 2008, 12(1):18.

[179] Blok M, Vink P, Kamp I. Comfortable vliegen: comfort van het vliegtuiginterieur door de ogen van de gebruiker[J]. Tijdschrift voor Ergonomie, 2007, 32(4):4 - 11.

[180] Tukker A, Tischner U. Product - services as a research field: Past, present and future, reflections from a decade research[J]. Journal of Cleaner Production, 2006, 14(17).

[181] Dan N R, Chen B, Gscheidle G, et al. Comparisons of seated postures between office tasks[J]. Proceedings of HFES 2008(Human Factors and Ergonomics Society), 2008:695.

[182] Rosmalen D M K V, Groenesteijn L, Boess S, et al. Using both qualitative and quantitative types of research to design a cofortable television chair[J]. J. of Design Research, 2009, 8(1):87 - 100.

[183] Akerstedt T, Hume K, Minors D, et al. The subjective meaning of good sleep, an intra - individual approach using the Karolinska sleep diary[J]. Perceptual & Motor Skills, 1994, 79(1Pt 1):290.

[184] Vink P. The sweetness of discomfort, inaugural address[J]. Delft University of Technology, 2014.

[185] Lueder R. Ergonomics of seated movement: a review of the scientific literature[M]. [S. l.]: Humanics ErgoSystems, Inc. , 2004.

[186] Franz M, Zenk R, Vink P, et al. The effect of a lightweight massage system in a car seat on comfort and electromyogram[J]. Journal of Manipulative and Physiological Therapeutics, 2011, 34(2):110.

[187] Peter V, Klaus B. Aircraft interior comfort and design[M]. New York: CRC Press, 2010.

[188] Fischer V. Design Now: industry or art? [M]. [S. 1.]: Thames & Hudson, 1995.

[189] Shales, Ezra. Safe, design takes on risk: the museum of modern art[J]. Dessign Issues, 2014, 22(3):66 - 69.

[190] Center for Chemical Process Safety. Safe Design and Operation of Process Vents and Emission Control [M]. [S. 1.]: Center for Chemical Process Safety/AIChE Publishing, 2006.

[191] Alfred Neudörfer. The Design of Safe Machines: Corresponding to International Standards[M]. London: Springer Publishing, 2011.

[192] Prabhu. Study of Headpaths and Hic Data for Aircraft Seat and Cabin Certification[M]. Ghanashyam: Lambert Academic Publishing, 2010.

[193] Vink P. Aircraft Interior Comfort and Design[M]. Florida: CRC Press, 2011.

[194] Ericson C A. Hazard Analysis Techniques for System Safety[M]. [S. 1.]: Wiley - Interscience, 2005.

[195] Clifton A. System Safety Primer [M]. [S. 1.]: Ericson Create Space Independent Publishing Platform, 2011.

[196] Abbott H. Safer by Design: A Guide to the Management and Law of Designing for Product Safety[M]. Ashgate Publishing, 1997.

[197] Elishakoff I E. Safety Factors and Reliability: Friends or Foes? [M]. [S. 1.]: Springer Publishing, 2004.

[198] Martinussen M. Aviation Psychology and Human Factors[M]. Florida:CRC Press,2009.

[199] Woodsen W E. Human Factors and Ergonomics Design Handbook[M]. 3rd ed. New York:McGraw - Hill Professional,2014.

[200] George A. Human Safety (Volume 2)[M]. [S. 1.]:CreateSpace Independent Publishing Platform,2013.

[201] Spicer B. Introduction to Aircraft Interiors[M]. South Carolina:CreateSpace Independent,2009.

[202] Kevin J. A comparison of anthropometrics methods[M]. [S. 1.]:REEDER,2001.

[203] Rocca A. Natural Architecture[M]. [S. 1.]:Princeton Architectural Press,2007.

[204] Hoffacker S. Universal Design For Safety:Creating Safe & Accessible Living Spaces For All Ages[M]. [S. 1.]:Hoffacker Associates LLC Publishing,2013.

[205] Lovegrove K. Airline:identity,design and culture[M]. [S. 1.]:Laurence King Publishing,2000.

[206] Karwowski W,Soares M,Stanton N A. Human Factors and Ergonomics in Consumer Product Design:Methods and Techniques (Handbook of Human Factors in Consumer Product Design) [M]. Florida:CRC Press Publishing,2011.

[207] Anca. Multimodal Safety Management and Human Factors[M]. [S. 1.]:Ashgate Publishing. 2007.

[208] Fishel C. Design Secrets[M]. [S. 1.]:Justin Henderson,2005.

[209] Soares C G. Advances in Safety and Reliability[M]. [S. 1.]:Pergamon Publishing,1997.

[210] Hammer W. Product Safety Management and Engineering[M]. [S. 1.]:American Society of Safety Engineers Publishing,1993.

[211] Ojeda O R,Pasnik M. Architecture in Detail:Materials[M]. [S. 1.]:Rockport Publishers,2005.

[212] Harry N. Color for Interior Design[M]. [S. 1.]:Abrams,2005.

[213] Hall S. This Means This,This Means That:A User's Guide to Semiotics[M]. [S. 1.]:Laurence King Publishers,2007.

[214] Chandler D. Semiotics:The Basics[M]. [S. 1.]:Routledge,2007.

[215] Clifton A. Ericson. Clif's Notes on System Safety [M]. [S. 1.]:CreateSpace Independent Publishing,2012.

[216] Park S,Hellwig R T,Grün G,et al. Local and overall thermal comfort in an aircraft cabin and their interrelations[J]. Building and Environment,2011,46(5):1056 - 1064.

[217] Winzen J,Marggraf - Micheel C. Climate preferences and expectations and their influence on comfort evaluations in an aircraft cabin[J]. Building and Environment,2013 (64):146 - 151.

[218] Ftikhar I,Abbasov B,Iacheslav V,et al. Computational modeling of passenger amphibian aircraft Be - 200 cabin interior[J]. Advances in Engineering Software,2014 (76):154 - 160.

[219] Maier J,Marggraf - Micheel C,Dehne T,et al. Thermal comfort of different displacement ventilation systems in an aircraft passenger cabin[J]. Building and Environment,2017 (111):256 - 264.

[220] AhmadpourGitte N,Lindgaard G,Robert J M,et al. The thematic structure of passenger comfort experience and its relationship to the context features in the aircraft cabin[J]. Ergonomics,2014,57(6):801 - 815.

[221] Hocking M B. Indoor air quality:recommendations relevant to aircraft passenger cabins[J]. American Industrial Hygiene Association Journal,1998,59(7):446 - 454.

[222] Hocking,Martin B. Trends in cabin air quality of commercial aircraft:industry and passenger perspectives[J]. Reviews on Environmental Health,2002,17(3):1 - 49.

[223] Pennig S,Quehl J,Rolny V. Effects of aircraft cabin noise on passenger comfort[J]. Ergonomics,2012,55(10):1252 - 1265.

[224] Maier J,Marggraf - Micheel C. Weighting of climate parameters for the prediction of thermal comfort in

an aircraft passenger cabin[J]. Building and Environment,2015,84:214 - 220.

[225] Hocking M B. Passenger aircraft cabin air quality: trends, effects, societal costs, proposals[J]. Chemosphere,2000,41(4):603 - 615.

[226] Cui W L,Ouyang Q,Zhu Y X,et al. Spatial distribution of thermal environment parameters and its impact on passengers' comfort in 14 boeing 737 aircraft cabins[J]. Springer Librarian, 2014 (261): 113 - 120.

[227] Vink P,Bazley C,Kamp I,et al. Possibilities to improve the aircraft interior comfort experience[J]. Applied Ergonomics,2012,43(2):354 - 359.

[228] Hodder S. Aircraft interior comfort and design[J]. Ergonomics,2012,55(5):600 - 601.

[229] Haghighat F,Allard F,Megri A C,et al. Measurement of thermal comfort and indoor air quality aboard 43 flights on commercial airlines[J]. Indoor Built Environ,1999,8(1):58 - 66.

[230] Murawski J. Air quality in airplane cabins and similar enclosed spaces[J]. springer,2005,(4):169 - 190.

[231] Perdana H,Rustono D,Birowo I. Ergonomics application in the N250 aircraft design process,approach, analysis,and assessment model[J]. Journal of Human Ergology,1996,25(1):86 - 93.

[232] Ree H D,Martin V,Brand T,et al. Health risk assessment of exposure to TriCresyl Phosphates (TCPs) in aircraft: A commentary[J]. Neurotoxicology,2014,(45):209 - 215.

[233] Kokorikou A,Vink P,de Pauw I C,et al. Exploring the design of a lightweight,sustainable and comfortable aircraft seat[J]. Work,2016,54(4):941 - 954.

[234] Nijholt N,Tuinhof T,Bouwens J M A,et al. An estimation of the human head,neck and back contour in an aircraft seat[J]. Work,2016,54(4):913 - 923.

[235] Smulders M,Berghman K,Koenraads M,et al. Comfort and pressure distribution in a human contour shaped aircraft seat (developed with 3D scans of the human body)[J]. Work,2016,54(4):925 - 940.

[236] Mastrigt H V,Groenesteijn L,Vink P,et al. Predicting passenger seat comfort and discomfort on the basis of human, context and seat characteristics: a literature review[J]. Ergonomics, 2017, 60 (7): 889 - 911.

[237] Menegon L S,Vincenzi S L,A D M Eugênio,et al. Interaction levels between comfort and discomfort in aircraft seats[J]. Work,2016,54(4):905 - 912.

[238] Occhipinti E,Colombini D,Molteni G,et al. Criteria for the ergonomic evaluation of work chairs[J]. La Medicina del lavoro,1993,84(4):274 - 285.

[239] Martin M G. Forget about ergonomics in chair design? Focus on aesthetics and comfort! [J]. Ergonomics,2003,46(13 - 14):1306 - 1319.

[240] Gurses A P,Ozok A A,Pronovost P J. Time to accelerate integration of human factors and ergonomics in patient safety[J]. BMJ Quality and Safety,2012,21(4):347 - 351.

[241] Syakirah K,Faieza A A,Yusuff M R. Development of an ergonomic infant seat with restraint system for use in an aircraft[J]. Applied Mechanics and Materials,2014,564:99 - 104.

[242] Koradecka D. Ergonomics and safety in societies in transfer[J]. Ergonomics,1997,40(10):1130 - 1147.

[243] Shikdar A A,Sawaqed N M. Ergonomics and occupational health and safety in the oil industry: a managers' response[J]. Computers & Industrial Engineering,2004,47(2 - 3):223 - 232.

[244] Kincl L D,Anton D,Hess J A,et al. Safety voice for ergonomics (SAVE) project: protocol for a workplace cluster - randomized controlled trial to reduce musculoskeletal disorders in masonry apprentices [J]. BMC public health,2016,16:362.

[245] Mattila M. Computer - aided ergonomics and safety——a challenge for integrated ergonomics[J]. International Journal of Industrial Ergonomics,1996,17(4):309 - 314.

[246] Rost K A, Alvero A M. Participatory approaches to workplace safety management: bridging the gap between behavioral safety and participatory ergonomics[J]. International Journal of Occupational Safety and Ergonomics, 2018, 13: 1 - 10.

[247] Smith, Thomas J. Synergism of Ergonomics, Safety, and Quality - A Behavioral Cybernetic Analysis[J]. International Journal of Occupational Safety and Ergonomics, 1999, 5(2): 247 - 278.

[248] Azadeh A, Fam I M, Khoshnoud M, et al. Design and implementation of a fuzzy expert system for performance assessment of an integrated health, safety, environment (HSE) and ergonomics system: the case of a gas refinery[J]. Information Sciences, 2008, 178(22): 4280 - 4300.

[249] Tim B, David T. Incorporating organisational safety culture within ergonomics practice[J]. Ergonomics, 2010, 53(10): 1167 - 1174.

[250] Kawakami T, Kogi K. Ergonomics support for local initiative in improving safety and health at work: international labour organization experiences in industrially developing countries[J]. Ergonomics, 2005, 48(5): 581 - 590.